U0259620

CAD 建筑行业项目实战系列丛书

PKPM 建筑结构设计从入门到精通

李 波 等编著

机械工业出版社

PKPM 已经成为面向建筑工程全生命周期的集建筑、结构、设备、节能、概预算、施工技术、施工管理、企业信息化于一体的大型建筑工程软件系统，以其全方位发展的技术领域确立了在业界独一无二的领先地位。

本书以 PKPM 2010 版本为基础，共为分 11 章，包括 PKPM 结构软件基础入门、APM 建筑设计入门、PKPM 结构设计快速入门、PMCAD 结构平面计算机辅助设计、SATWE 多高层建筑结构有限元分析、梁柱墙施工图设计、JCCAD 基础设计、STS 钢结构软件设计实例简述、小区住宅楼结构施工图的绘制、教学楼结构施工图的绘制、多层厂房结构施工图的绘制。

本书结构合理，通俗易懂，图文并茂，板块分明，特别适合教师讲解和学生自学。本书还适合具备计算机基础知识的建筑及结构设计师、工程技术人员，及对 PKPM 软件感兴趣的读者使用，也可作为各高等院校及高职高专建筑、结构专业教学的教材。本书配套光盘除包括全书所有实例的源文件外，还提供了高清语音教学视频，以及附赠的 PKPM 图样。

图书在版编目（CIP）数据

PKPM 建筑结构设计从入门到精通 / 李波等编著. —北京：机械工业出版社，2015.1（2025.1 重印）
（CAD 建筑行业项目实战系列丛书）
ISBN 978-7-111-48893-4

Ⅰ. ①P⋯ Ⅱ. ①李⋯ Ⅲ. ①建筑结构－计算机辅助设计－应用软件
Ⅳ. ①TU311.41

中国版本图书馆 CIP 数据核字（2014）第 293300 号

机械工业出版社（北京市百万庄大街 22 号　邮政编码 100037）
策划编辑：张淑谦　　　　　　　　责任校对：张艳霞
责任编辑：张淑谦　臧程程
责任印制：邓　博

北京盛通数码印刷有限公司印刷

2025 年 1 月第 1 版·第 10 次印刷
184mm×260mm·26.5 印张·646 千字
标准书号：ISBN 978-7-111-48893-4
　　　　　ISBN 978-7-89405-667-2（光盘）
定价：72.00 元（含 1DVD）

电话服务　　　　　　　　　　　　网络服务
服务咨询热线：（010）88361066　机 工 官 网：www.cmpbook.com
读者购书热线：（010）68326294　机 工 官 博：weibo.com/cmp1952
　　　　　　　（010）88379203　教育服务网：www.cmpedu.com
封面无防伪标均为盗版　　　　金　书　网：www.golden-book.com

出 版 说 明

随着信息技术在各领域的迅速渗透，CAD/CAM/CAE 技术已经得到了广泛的应用，从根本上改变了传统的设计、生产、组织模式，对推动现有企业的技术改造、带动整个产业结构的变革、发展新兴技术、促进经济增长都具有十分重要的意义。

CAD 在机械制造行业的应用最早，使用也最为广泛。目前其最主要的应用涉及机械、电子、建筑等工程领域。世界各大航空、航天及汽车等制造业巨头不但广泛采用 CAD/CAM/CAE 技术进行产品设计，而且投入大量的人力、物力及资金进行 CAD/CAM/CAE 软件的开发，以保持自己技术上的领先地位和国际市场上的优势。CAD 在工程中的应用，不但可以提高设计质量，缩短工程周期，还可以节省大量建设投资。

各行各业的工程技术人员也逐步认识到 CAD/CAM/CAE 技术在现代工程中的重要性，掌握其中的一种或几种软件的使用方法和技巧，已成为他们在竞争日益激烈的市场经济形势下生存和发展的必备技能之一。然而，仅仅知道简单的软件操作方法是远远不够的，只有将计算机技术和工程实际结合起来，才能真正达到通过现代的技术手段提高工程效益的目的。

基于这一考虑，机械工业出版社特别推出了这套主要面向相关行业工程技术人员的"CAD/CAM/CAE 工程应用丛书"。本丛书涉及 AutoCAD、Pro/ENGINEER、UG、SolidWorks、Mastercam、ANSYS 等软件在机械设计、性能分析、制造技术方面的应用，以及 AutoCAD 和天正建筑 CAD 软件在建筑和室内配景图、建筑施工图、室内装潢图、水暖管线布置图、空调布线图、电路布线图以及建筑总图等方面的应用。

本套丛书立足于基本概念和操作，配以大量具有代表性的实例，并融入了作者丰富的实践经验，使得本丛书内容具有专业性强、操作性强、指导性强的特点，是一套真正具有实用价值的书籍。

机械工业出版社

前　言

PKPM 结构系列软件，是由中国建筑科学研究院开发研制的一套优秀的软件产品。PKPM 系列软件中，除了集建筑、结构、设备（给水排水、采暖、通风空调、电气）设计于一体的集成化 CAD 系统以外，目前还有建筑概预算系列软件（钢筋计算、工程量计算、工程计价）、施工系列软件（投标、安全计算、施工技术）、施工企业信息化软件。PKPM 以其全方位发展的技术领域确立了在业界独一无二的领先地位，市场占有率达 95%以上。可以说，进行结构设计的人员，没有不用 PKPM 系列软件的。

经过 20 多年的不断升级和研发，以及 GB 50011—2010《建筑抗震设计规范》（简称《抗规》）、GB 50010—2010《混凝土结构设计规范》（简称《混规》）、JGJ 3—2010《高层建筑混凝土结构技术规程》（简称《高规》）的相继实施，目前 PKPM 的最新版本为 2010 版，于 2011 年 3 月发布。

本书是一本极好的 PKPM 结构软件快速入门教程，为了力求本书能够满足读者的实用性和可操作性需求，并结合 PKPM 软件的特点，通过完整的经典范例和新规范条文的设计要求，一步一步指导用户来学习和掌握 PKPM 结构设计软件。

本书共分为 5 部分 11 章，涉及 PKPM 的基础、建筑、结构、钢结构和经典实战案例。

第 1 部分（第 1 章），讲解了 PKPM 结构软件基础入门，包括 PKPM 软件基础，结构设计流程和四项基本原则，结构设计与各专业的相互配合关系，柱、墙、梁结构平法施工图的识读和结构图与建筑图的关系等。

第 2 部分（第 2 章），讲解了 APM 建筑设计入门，包括建筑模型的创建，建筑平面、立面和剖面施工图的绘制，建筑三维模型的渲染等。

第 3 部分（第 3～7 章），讲解了 PKPM 结构设计的主体领域，包括 PKPM 结构设计快速入门，PMCAD 结构平面计算机辅助设计，SATWE 多高层建筑结构有限元分析，梁柱墙施工图设计，JCCAD 基础设计等。

第 4 部分（第 8 章），讲解了 STS 钢结构的实例设计，包括二维门式刚架设计、三维门式刚架设计、三维钢框架设计、三维钢桁架设计等。

第 5 部分（第 9～11 章），精挑三个具有代表性的实例（小区住宅楼、教学楼、多层厂房）来进行结构施工图的绘制，包括工程文件的建立，PMCAD 模型的创建，SATWE 数据的生成、结构内力和配筋计算、计算结果分析与调整，梁、柱、板、基础施工图设计等。

本书结构合理，通俗易懂，图文并茂，板块分明，特别适合教师讲解和学生自学。本书还适合具备计算机基础知识的建筑及结构设计师、工程技术人员，及对 PKPM 软件感兴趣的读者使用，也可作为各高等院校及高职高专建筑、结构专业教学的教材。本书配套光盘除包括全书所有实例的源文件外，还提供了高清语音教学视频，以及附赠的 PKPM 图样。

　　本书主要由李波编写，其他参与编写的人员还有冯燕、李松林、王利、汪琴、刘冰、王敬艳、王洪令、姜先菊、李友、郝德全、师天锐、刘升婷、张进、徐作华、黎铮、刘娜等。

　　感谢您选择了本书，希望我们的努力对您的工作和学习有所帮助，也希望您把对本书的意见和建议告诉我们，我们的邮箱是 Helpkj@163.com。另外，书中难免有疏漏与不足之处，敬请专家与读者批评指正。

目　　录

第1章 PKPM 结构软件基础入门

课前导读 ---

　　PKPM 已经成为面向建筑工程全生命周期的集建筑、结构、设备、节能、概预算、施工技术、施工管理、企业信息化于一体的大型建筑工程软件系统，以其全方位发展的技术领域确立了在业界独一无二的领先地位；了解、学习 PKPM 软件应更快地提上日程。

本章要点 ---

- 了解 PKPM 概述及操作界面
- 了解结构设计的"四项基本原则"
- 掌握结构设计中与各专业的相互配合
- 掌握平法识图的一般规定
- 掌握结构图与建筑图的关系

1.1　PKPM 软件基础

经中国建筑科学研究院多年的努力，研制开发了 PKPM 系列 CAD 系统软件。自 1987 年推广以来，历经了多次更新改版。PKPM 软件是一套集建筑设计、结构设计、设备设计、工程量统计、概预算及施工软件等于一体的大型建筑工程综合 CAD 系统软件。

迄今为止，其最新版本为 PKPM 2010 版，使用该软件的用户，分布在各省市的大中小型各类设计院，在省部级以上设计院的普及率达到 95％以上，是目前国内建筑工程界应用最广、用户最多的一套计算机辅助设计系统软件。

 1.1.1　PKPM 软件的特点

PKPM 系列 CAD 系统软件，是根据我国国情和特点自主开发的建筑工程设计辅助软件系统，概括起来它主要有以下几个特点。

1. 数据共享的集成化系统

建筑设计过程一般分为方案、初步设计、施工图三个阶段。常规配合的专业有结构、设备（包括水、电、暖通等）。各阶段之中和之间往往有大大小小的改动和调整，各专业的配合需要互相提供资料。在手工制图时，各阶段和各专业间的不同设计成果只能分别重复制作。而利用 PKPM 系列 CAD 系统软件数据共享的特点，无论先进行哪个专业的设计工作所形成的建筑物整体数据都可为其他专业所共享，避免重复输入数据。

此外，结构专业中各个设计模块之间的数据共享，即各种模型原理的上部结构分析、绘图模块和各类基础设计模块共享结构布置、荷载及计算分析结果信息。这样可最大限度地利用数据资源，大大提高了工作效率。

2. 直观明了的人机交互方式

该系统采用独特的人机交互输入方式，避免了填写繁琐的数据文件，输入时用鼠标或键盘在屏幕上勾画出整个建筑物；软件有详细的中文菜单指导用户操作，并提供了丰富的图形输入功能，有效地帮助输入。实践证明，这种方式设计人员容易掌握，而且比传统的方法可提高数十倍效率。

3. 计算数据自动生成技术

PKPM 系列 CAD 系统软件具有自动传导荷载功能，实现了恒、活、风荷的自动计算和传导，并可自动提取结构几何信息，自动完成结构单元划分，特别是可把剪力墙自动划分成壳单元，从而使复杂计算模式实用化。在此基础上可自动生成平面框架、高层三维分析、砖混及底框砖房等多种计算方法的数据。上部结构的平面布置信息及荷载数据，可自动传递给各类基础，接力完成基础的计算和设计。在设备设计中实现从建筑模型中自动提取各种信息，完成负荷计算和线路计算。

4. 基于新方法、新规范的结构计算软件包

利用中国建筑科学研究院是规范主编单位的优势，PKPM 系列 CAD 系统软件能够紧紧跟踪规范的更新而改进，全部结构计算及丰富成熟的施工图辅助设计完全按照国家设计规范编制，全面反映了现行规范所要求的荷载效应组合、计算表达式、计算参数取值，抗震设计新概念所要求的强柱弱梁、强剪弱弯、节点核心区、罕遇地震以及考虑扭转效应的振动耦连计算方面的内容，使其能够及时满足国内设计需要。在计算方法方面，采用了国内外最流行的各种计算方法，如：平面杆系、矩形及异形楼板、薄壁杆系、高层空间有限元、高精度平面有限元、高层结构动力时程分析、梁板楼梯及异形楼梯、各类基础、砖混及底框抗震分析等，有些计算方法达到国际先进水平。

5. 智能化的施工图设计

利用 PKPM 软件，可在结构计算完毕后，智能化地选择钢筋，确定构造措施及节点大样，使之满足现行规范及不同设计习惯，全面地人工干预修改手段，钢筋截面归并整理，自动布图等一系列操作，使施工图设计过程自动化。设置好施工图设计方式后，系统可自动完成框架、排架、连续梁、结构平面、楼板计算配筋、节点大样、各类基础、楼梯、剪力墙等施工图绘制。并可及时提供图形编辑功能，包括标注、说明、移动、删除、修改、缩放及图层、图块管理等。

注意：在 PKPM 2010 新版本中，其主要特性有以下几点：

1）全面实现 2010 系列结构规范（《抗规》《混规》《高规》）的改动条文。

2）规范主要编写人员指导实施软件关键计算方法。

3）在 2008 版最后版本基础上进行规范条文的修改，程序核心内容没有大的改动，软件测试期长达 6 个月以上，小规模试用期 3 个月，所以稳定性高。

4）增加了一些新功能和新模块。

 1.1.2　PKPM 2010 版软件的界面

当用户成功在计算机上安装好 PKPM 2010 版软件过后，会在系统的桌面上显示其 PKPM 快捷图标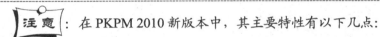，双击该图标，即可启动 PKPM 软件，并显示 PKPM 的主界面。

在 PKPM 2010 版本的主界面中，包括结构、建筑、钢结构、特种结构、砌体结构、鉴定加固、设备、节能等专业分页模块，各模块界面如图 1-1～图 1-8 所示。

注意：在屏幕左上角的专业分页上选择"结构"菜单主页。单击菜单左侧的"PMCAD"，使其变蓝，菜单右侧即出现了 PMCAD 主菜单，单击对话框左下角的"转网络版"按钮，可在网络版与单机版间切换。

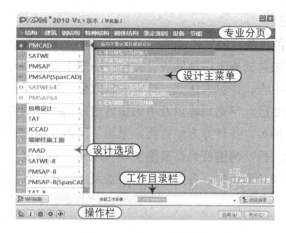

图1-1　PKPM-结构模块

图1-2　PKPM-建筑模块

图1-3　PKPM-钢结构模块

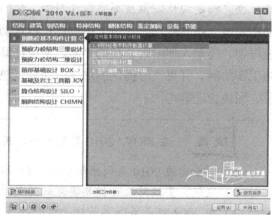

图1-4　PKPM-特种结构模块

图1-5　PKPM-砌体结构模块

图1-6　PKPM-鉴定加固模块

 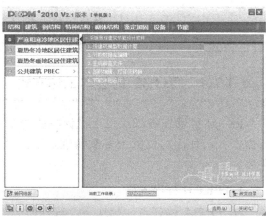

图 1-7　PKPM-设备模块　　　　　　图 1-8　PKPM-节能模块

1.1.3　PKPM 系列软件的构成图

由于 PKPM 系列软件分成了多个专业模块，且每个模块下又包含多个版块，结合 PKPM 软件的应用特点，将其按照图 1-9 编排。

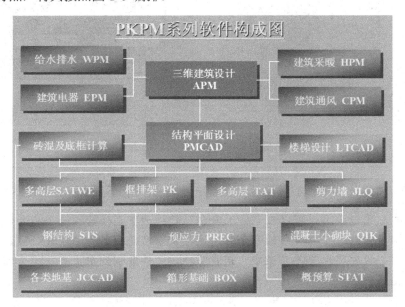

图 1-9　PKPM 软件构成图

注意：在 PKPM 2010 版本中，所对应的新规范如下：

1）GB 50011—2010《建筑抗震设计规范》。

2）GB 50010—2010《混凝土结构设计规范》。

3）JGJ 3—2010《高层建筑混凝土结构技术规程》。

4）GB 50007—2011《建筑地基基础设计规范》。
5）DGJ 08-11—2010《地基基础设计规范》。

1.1.4 PKPM 的基本工作方式

PKPM 能够在省部级以上设计院的普及率达到 95％以上，说明 PKPM 软件有其符合我国操作人员使用习惯的大多数特性，下面从程序界面、输入方式和快捷键三个方面来进行讲解。

1. PKPM 程序界面

在 PKPM 的任意一模块下，选择相应的程序并双击，从而启动该模块化程序。例如，依次选择"建筑"→"三维建筑设计 APM"→"1.建筑模型输入"命令，将弹出如图 1-10 所示的工作界面。程序将屏幕划分为上侧的下拉菜单区、右侧的菜单区、左侧的工具栏区、下侧的命令提示区、中部的图形显示区和工具栏图标六个区域。

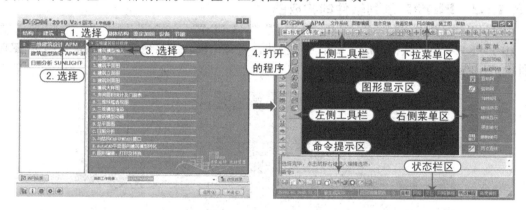

图 1-10　各程序界面的组成

注意：在屏幕下侧的命令提示区中，一些数据、选择和命令可以由键盘在此输入，如果用户熟悉命令名，可以在"输入命令"的提示下直接输入一个命令而不必使用菜单。所有菜单内容均有与之对应的命令名，这些命令名是由名为 WORK.ALI 的文件支持的，这个文件一般安装在 PM 目录中，用户可把该文件复制到用户当前的工作目录中自行编辑以自定义简化命令。

在"命令"提示下输入"Alias"，再按〈Enter〉键确认，或输入"Command"，再按〈Enter〉键确认，可查阅所有命令，并可选择执行。

2. PKPM 的坐标输入方式

为方便坐标输入，PKPM 提供了多种坐标输入方式，如绝对、相对、直角或极坐标方式，各方式输入形式如下。

1）绝对直角坐标输入：!X,Y,Z 或! X,Y。

2）相对直角坐标输入：X,Y,Z 或 X,Y。

3）直角坐标过滤输入：以 XYZ 字母加数字表示，如：X100 表示只输入 X 坐标 100，Y 和 Z 坐标不变。XY100,200 表示只输入 X 坐标 100,Y 坐标 200,Z 坐标不变。只输入 XYZ 不加数字表示 XYZ 坐标均取上次输入值。

4）绝对极坐标输入：!R∠A。

5）相对极坐标输入：R∠A。

6）绝对柱坐标输入：!R∠A,Z。

7）相对柱坐标输入：R∠A,Z。

8）绝对球坐标输入：!R∠A∠A。

9）相对球坐标输入：R∠A∠A。

> **注意**：输入坐标时，几种方式最好配合使用。例如，欲输入一条直线，第一点由绝对坐标（100,200）确定，在"输入第一点"的提示下在提示区输入"! 100,200"，并按〈Enter〉键确认。第二点坐标希望用相对极坐标输入，该点位于第一点 30° 方向，距离第一点 1000。这时屏幕上出现的是要求输入第二点的绝对坐标，我们输入"1000∠30"，并按〈Enter〉键确认，即完成第二点输入。

3．PKPM 常用快捷键

以下是 PKPM 中常用的功能热键，用于快速查询输入。

◆ 〈Enter〉：同鼠标左键，用于确认、输入等。

◆ 〈Tab〉：同鼠标中键，用于功能转换，在绘图时为输入参考点。

◆ 〈Esc〉：同鼠标右键，用于否定、放弃、返回菜单等。

> **注意**：以下提及使用〈Enter〉键、〈Tab〉键和〈Esc〉键时（即表示鼠标的左键、中键和右键），而不再单独说明鼠标键。

◆ 〈Delete〉：用于删除选中的对象。

◆ 〈F1〉：帮助热键，提供必要的帮助信息。

◆ 〈F2〉：坐标显示开关，交替控制光标的坐标值是否显示。

◆ 〈Ctrl+F2〉：点网显示开关，交替控制点网是否在屏幕背景上显示。

◆ 〈F3〉：点网捕捉开关，交替控制点网捕捉方式是否打开。

◆ 〈Ctrl+F3〉：节点捕捉开关，交替控制节点捕捉方式是否打开。

◆ 〈F4〉：角度捕捉开关，交替控制角度捕捉方式是否打开。

◆ 〈Ctrl+F4〉：十字准线显示开关，可以打开或关闭十字准线。

◆ 〈F5〉：重新显示当前图、刷新修改结果。

◆ 〈F6〉：显示全图，从缩放状态回到全图。

◆ 〈F7〉：放大一倍显示。

◆ 〈F8〉：缩小 1/2 显示。

- ◆ 〈Ctrl+W〉：提示用户选窗口放大图形。
- ◆ 〈Ctrl+R〉：将当前视图设为全图。
- ◆ 〈F9〉：设置点网捕捉值。
- ◆ 〈Ctrl+F9〉：修改常用角度和距离数据。
- ◆ 〈Ctrl+←〉：左移显示的图形。
- ◆ 〈Ctrl+→〉：右移显示的图形。
- ◆ 〈Ctrl+↑〉：上移显示的图形。
- ◆ 〈Ctrl+↓〉：下移显示的图形。
- ◆ 〈PageUp〉：增加键盘移动光标时的步长。
- ◆ 〈PageDown〉：减小键盘移动光标时的步长。
- ◆ 〈O〉：在绘图时，令当前光标位置为点网转动基点。
- ◆ 〈S〉：在绘图时，选择节点捕捉方式。
- ◆ 〈Ctrl+A〉：当重显过程较慢时，中断重显过程。
- ◆ 〈Ctrl+P〉：打印或绘出当前屏幕上的图形。
- ◆ 〈U〉：在绘图时，后退一步操作。
- ◆ 〈Ins〉：在绘图时，由键盘输入光标的（x,y,z）坐标值。

1.2 结构设计总流程

在做结构设计之前，首先要在头脑里有一个清晰的思路，知道应先做什么，后做什么，正如"胸有成竹"所述的故事一样，在画竹前要在心中先形成竹的图像。

1．看懂建筑图

结构设计，就是对建筑物的结构构造进行设计，当然要有建筑施工图，还要能真正看懂建筑施工图，了解建筑师的设计意图以及建筑各部分的功能及做法。建筑物是一个复杂物体，所涉及的面也很广，所以在看建筑图的同时，作为一个结构师，需要对建筑、水电、暖通空调、勘察等各专业进行咨询，了解各专业的各项指标。在看懂建筑图后，作为一个结构师，这个时候心里应该对整个结构的选型及基本框架有了一个大致的思路了。

2．建模（以框架结构为例）

当结构师对整个建筑有了一定的了解后，可以考虑建模了，建模就是利用软件，把心中对建筑物的构思在计算机上再现出来，然后再利用软件的计算功能进行适当的调整，使之符合现行规范以及满足各方面的需要。建模的步骤概述如下。

1）首先要建轴网，这个简单，因为建筑已经把轴网定好了，输入开间进深数据即可。

2）然后就是定柱截面积及布置柱子。柱截面积的大小的确定需要一定的经验，作为新手，刚开始无法确定也没什么，随便定一个，慢慢再调整也行。柱子布置也需要结构师对整个建筑的受力合理性有一定的结构理念，柱子布置的合理性对整个建筑的安全与否以及造价的高低起决定性作用，不过建筑师在建筑图中基本已经布好了柱网，作为结构师只需要对布好的柱网研究其是否合理，适当的时候需要建议建筑更改柱网。

3）当布好了柱网以后就是梁截面积以及主次梁的布置。梁截面积相对容易确定一点，主梁按（1/8～1/12）跨度考虑，次梁可以相对取大一点，主次梁的高度要有一定的差别，这个规范上都有要求。而主次梁的布置就是一门学问，这也是一个涉及安全及造价的一个大的方面。总的原则是要求传力明确，次梁传到主梁，主梁传到柱，力求使各部分受力均匀。还有，根据建筑物各部分功能的不同，考虑梁布置及梁高的确定（比如住宅，在房中间做一道梁，本来层高就只有3m，一道梁去掉几十厘米，就不和人意了）。

4）梁布完后，基本上板也就被划分出来了，当然悬挑板什么的现在还没有，需要以后再加上。

5）梁板柱布置完后就要输入基本的参数，输入原则是严格按规范执行。

6）当整个三维线框构架完成时，就需要加入荷载及设置各种参数，比如板厚、板的受力方式、悬挑板的位置及荷载等，这时候模型也可以讲基本完成了，生成三维线框看看效果吧，可以很形象地表现出原来在结构师脑中那个虚构的框架。

3. 计算

计算过程就是软件对结构师所建模型进行导荷及配筋的过程，在计算的时候我们需要根据实际情况调整软件的各种参数，以符合实际情况及保证安全。如果先前所建模型不满足要求，就可以通过计算出的各种图形看出，结构师可以通过计算出的受力图、内力图、弯矩图等对电算结果进行分析，找出模型中的不足并加以调整，反复至验算结果满足要求为止，这时模型也就完全地确定了。

4. 绘图

根据电算结果生成施工图，导出到 CAD 中修改就行了，通常电算的只是上部结构，也就是梁板柱的施工图，基础通常需要手算，手工画图，现在通常采用平面法出图了，也大大简化了图样，有利于施工。

当然，软件导出的图样是不能够指导施工的，需要结构师根据现行制图标准进行修改，结构师在绘图时还需要针对电算的配筋及截面积大小进一步地确定，适当加强薄弱环节，使施工图更符合实际情况，毕竟模型不能完完全全与实际相符。最后还需要根据现行各种规范对施工图的每一个细节进行核对，宗旨就是完全符合规范，结构设计本就是一个规范化的事情。

结构施工图包括设计总说明、基础平面布置及基础大样图。如果是桩基础，就还有桩位图、柱网布置及柱平面法大样图、每层的梁平法配筋图、每层板配筋图、层面梁板的配筋图、楼梯大样图等，其中根据建筑复杂程度，有几个到几十个节点大样图。

1.3　结构设计的"四项基本原则"

结构设计的"四项基本原则"，即是"刚柔相济、多道防线、抓大放小、打通关节"。

1. 刚柔相济

合理的建筑结构体系应该是刚柔相济的。结构太刚则变形能力差，强大的破坏力瞬间袭来时，需要承受的力很大，容易造成局部受损，最后全部毁坏；而太柔的结构虽然可以很好地消减外力，但容易造成变形过大而无法使用，甚至全体倾覆。结构是刚多一点好，还是柔多一点好？刚到什么程度或柔到什么程度才算合适呢？这些问题历来都是专家们争论的焦点，现今的规范给出的也只是一些控制的指标，但无法提供"放之四海皆准"的精确答案。最后，专家们达成难以准确言传的共识：刚柔相济乃是设计者的追求。

2. 多道防线

安全的结构体系是层层设防的，灾难来临，所有抵抗外力的结构都在通力合作，前仆后继。这时候，如果把"生存"的希望全部寄托在某个单一的构件上，是非常非常危险的。多肢墙比单片墙好，框架剪力墙比纯框架好等，就是体现了多道防线的设计思路。也许我们会自信计算的正确性，但更要牢记绝对安全的防备构件是不存在的，还是应该多多考虑：当第一道防线垮了，第二道防线能顶住吗？或者能顶住多少？还有没有第三、第四道防线？

3. 抓大放小

"强柱弱梁""强剪弱弯"等是建筑结构设计中非常重要的概念。有人问：为什么不是"强柱强梁""强剪强弯"呢？为什么所有构件都很强的结构体系反而不好，甚至会有安全隐患呢？这里面首先包含着一个简单的道理：绝对安全的结构是没有的。简单地说，虽然整个结构体系是由各种构件协调组成一体，但各个构件担任的角色不尽相同，按照其重要性也就有轻重之分。一旦不可意料的破坏力量突然袭来，各个构件协作抵抗的目的，就是保住最重要的构件免遭摧毁或者至少是最后才遭摧毁，这时候牺牲在所难免，让谁牺牲呢？明智之举是要让次要构件先去承担灾难。"宁为玉碎，不为瓦全"，如果平均用力，可能会"玉石俱焚"，损失则更大！在建筑结构中，柱倒了，梁会跟着倒；而梁倒了，柱还可以不倒的。可见柱承担的责任比梁大，柱不能先倒。为了保证柱是在最后失效，我们故意把梁设计成相对薄弱的环节，使其破坏在先，以最大限度减少可能出现的损失。如果梁柱等同看待，企图让它们都"坚不可摧"，则可能会造成同时破坏，后果会更糟糕，损失会更大。所以关键时刻要分清主次，抓大放小，也就是要取大舍小。有舍才有得，舍是为了得。但取谁舍谁，就需要根据具体的要求来进一步判断了。

4. 打通关节

在结构体系中，所谓关节，是指变化相聚之处或变化出现的地方。不同类型的构件相接处，同一构件截面积改变之处，是关节。广义上，诸如结构错层之处、体量改变之处、转换层亦是关节。关节无处不在，因为结构体系乃是变化的统一。外力突然袭来之时，对于单一的构件，力量的传递简明，因而容易控制。对于复杂的结构体系，关节的复杂性难于预测和控制，即使从理论上保证了每个组成构件的强度和刚度，但因关节的普遍存在，力量的传递往往不能畅通而出现集中，甚至中断，破坏由此而发生。历次灾害表明，从节点开始破坏的建筑占了相当大的比例。所以理想的结构体系当然是浑然一体的，也就是没有任何关节的，这样的结构体系使任何外力都能迅速传递和消减。基于这个思路，设计者要做的就是要尽可能地把结构中各种各样的关节"打通"，使力量在关节处畅通无阻；如何打通关节？在设计概念里，要解决的是外力在结构体系内重分配的问题，要确保力量是按照各构件的刚度大小进行分配的，避免出现不合理的集中，最终达到静态的平衡。结构形体本为"静"，灭于"动"中。所有"动"的因素对于结构均不利。打通关节保持平衡的目的其实就是使其永远处于原始的静态，当力量不能畅通时，构件与构件之间，构件的组成元素与元素之间的静态平衡一旦被破坏，结构变成机动，"动"即是死，即为终结。可见设计者是协调者，其任务是让所有互不相关的静态构件相聚之后依然处于静态（也就是使其保持常态），或者是处在相对的静态之中。

1.4 结构设计中与各专业的相互配合

世界上任何物体既是单独存在的，又是和其他物体相互关联的，做结构设计也不例外，下面介绍在结构设计中与各专业的相互配合。

1．与结构设计有关的一些基本概念

1）结构体系、楼层布置及其对施工的特殊要求。

2）地基处理措施、基础采用的形式、降水措施、抗浮设计水位及方案、对选用桩的质量要求。

3）±0.000 相当于绝对标高的确定，结构楼面标高与建筑标高的关系。

4）结构超长处理措施。

5）大体积混凝土施工的要求。

6）对特殊构件（如型钢混凝土柱和梁、钢管混凝土柱、钢支撑等）的节点构造要求，与主图结构的连接要求。

7）对地基基础变形观测的要求。

8）地下室结构防水做法及挡土墙设计要求。

2．建筑与结构专业的配合内容

1）室内±0.000 地面相对于绝对标高、室内外高差，有地下车库的建筑还应了解车库顶板的覆土厚度、消防车道的布置情况。

2）建筑楼屋面做法及厚度。

3）建筑各个楼层的使用功能以及楼梯、电梯的布置。

4）地下室建筑防水做法，消防电梯积水坑位置及尺寸。

5）自动扶梯平面位置、长度、宽度、起始梯坑平面尺寸及深度。

6）地下车库斜坡道尺寸，车道出入口高度。

7）屋面坡度的做法（采用结构找坡或建筑找坡）。

8）屋顶水箱间及太阳能板剖面布置位置及尺寸，地下室内消防水池的布置。

9）建筑的特殊装饰做法。

10）门窗洞口尺寸及楼板预留洞口尺寸。

11）外墙面和屋面特殊保温材料。

12）室内轻质隔墙的布置情况。

3．结构专业与设备专业的配合内容

1）设备用房位置、特殊设备基础要求及设备重量。

2）楼层是否采用地板辐射采暖。

3）当配电所设置在建筑物内时，应向结构专业提出荷载要求并提供吊装孔和吊装平台的尺寸。

　　4）设备管道是否需要横穿楼层梁或剪力墙。

1.5　柱、墙、梁结构平法施工图的识读

　　房屋的结构施工图是按照结构设计要求绘制的指导施工的图样，是表达建筑承重构件的布置、形状、大小、材料、构造及其相互关系的图样。

　　平法制图的一般规定如下：

　　1）按平法设计绘制的施工图，一般是由各类结构构件的平法施工图和标准构造详图两大部分构成。但对于复杂的房屋建筑，尚需要增加模板、开洞和预埋等平面图。只有在特殊情况下，才需要增加剖面配筋图。

　　2）按平法设计绘制结构施工图时，必须根据具体工程设计，按照各类构件的平法制图规则，在按结构层绘制的平面布置图上直接表示各构件的尺寸、配筋和所选用的标准构造详图。

　　3）在平法施工图上表示各构件尺寸和配筋的方式，分为平面注写方式、列表注写方式和截面注写方式等三种。

　　4）在平法施工图上，应将所有构件进行编号，编号中含有类型代号和序号等。其中，类型代号应与标准构造详图上所注类型代号一致，使两者结合构成完整的结构设计图。

　　5）在平法施工图上，应注明各结构层楼地面标高、结构层高及相应的结构层号等。

　　6）为了确保施工人员准确无误地按平法施工图进行施工，在具体工程的结构设计总说明中必须注明所选用平法标准图的图集号，以免图集升版后在施工中用错版本。

 ### 1.5.1　柱平法施工图的主要内容和识读步骤

　　柱平法施工图是在结构柱平面布置图上，采用列表注写方式或截面注写方式对柱的信息表达。

1. 柱的编号规定

　　在平法柱施工图中，各种柱均按照表 1-1 所列的规定编号，同时，对应的标准构造详图也标注了编号中的相同代号。

表 1-1　柱编号

柱 类 型	代 号	序 号	特　征
框架柱	KZ	××	柱根部嵌固在基础或地下结构上，并与框架梁刚性连接构成框架
框支柱	KZZ	××	柱根部嵌固在基础或地下结构上，并与框支梁刚性连接构成框支结构。框支结构以上转换为剪力墙结构
芯柱	XZ	××	设置在框架柱、框支柱、剪力墙柱核心部位的暗柱
梁上柱	LZ	××	支承在梁上的柱
剪力墙上柱	QZ	××	支承剪力墙顶部的柱

2. 列表注写方式

　　列表注写方式是在柱平面布置图上（一般只需要采用适当比例绘制一张柱平面布置图，

包括框架柱、框支柱、梁上柱和剪力墙上柱），分别在同一编号的柱中选择一个（有时需要选择几个）截面标注几何参数代号；在柱表中注写柱号、柱段起止标高、几何尺寸（含柱截面对轴线的偏心情况）与配筋的具体数值，并配以各种柱截面形状及其箍筋类型的方式，来表达柱平法施工图，如图 1-11 所示。

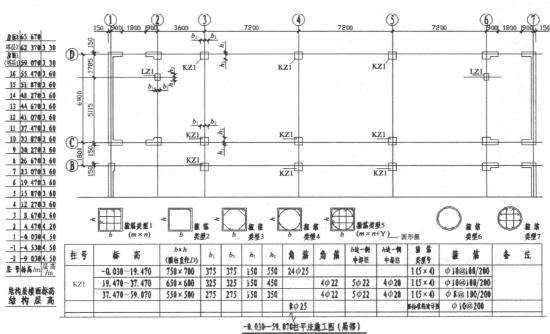

图 1-11 柱表平法施工图

例如，φ10@100/250，表示箍筋为 HPB300 级钢筋，直径 10mm，加密区间距为 100mm，非加密区间距为 250mm。

例如，φ10@100，表示箍筋为 HPB300 级钢筋，直径 10mm，间距为 100mm，沿柱全高加密。

例如，Lφ10@100/200，表示采用螺旋箍筋，HPB300 级钢筋，直径 10mm，加密区间距为 100mm，非加密区间距为 200mm。

3. 截面注写方式

截面注写方式是在柱平面布置图上，分别在不同编号的柱中各选一截面，在其原位上以一定比例放大绘制柱截面配筋图，注写柱编号，截面尺寸 *b×h*，角筋或全部纵筋、箍筋的级别、直径及加密区与非加密区的间距。同时，在柱截面配筋图上尚应标注柱截面与轴线的关系，如图 1-12 所示。

 1.5.2 剪力墙平法施工图的主要内容和识读步骤

剪力墙平法施工图是在结构剪力墙平面布置图上，采用列表注写方式或截面注写方式对剪力墙的信息表达。剪力墙分为剪力墙柱、剪力墙身、剪力墙梁分别表达。

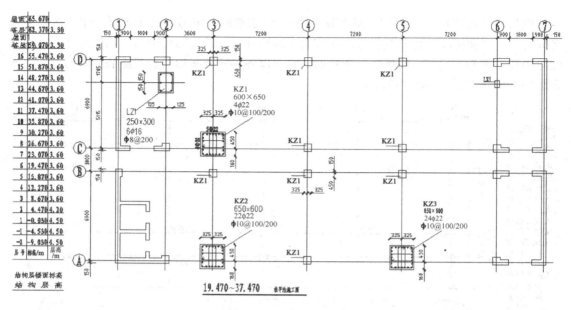

图 1-12　截面平法施工图

1. 剪力墙的编号规定

在平法剪力墙施工图中，剪力墙以剪力墙柱编号（表 1-2）、剪力墙梁编号（表 1-3）、剪力墙身编号（表 1-4）分别表达。

表 1-2　墙柱编号

墙 柱 类 型	代　　号	序　　号
约束边缘暗柱	YAZ	××
约束边缘端柱	YDZ	××
约束边缘翼墙（柱）	YYZ	××
约束边缘转角墙（柱）	YJZ	××
构造边缘端柱	GDZ	××
构造边缘暗柱	GAZ	××
构造边缘翼墙（柱）	GYZ	××
构造边缘转角墙（柱）	GJZ	××
非边缘暗柱	AZ	××
扶壁柱	FBZ	××

表 1-3　墙梁编号

墙 梁 类 型	代　　号	序　　号
连梁	LL	××
连梁（有交叉暗撑）	LL（JC）	××
连梁（有交叉钢筋）	LL（JG）	××

（续）

墙梁类型	代　号	序　号
暗梁	AL	××
边框梁	BKL	××

表 1-4　墙身编号

墙身编号	代　号	序　号
剪力墙身	Q（×）	××

2. 列表注写方式

列表注写方式，是分别在剪力墙柱表、剪力墙身表和剪力墙梁表中，对应于剪力墙平面布置图上的编号，用绘制截面配筋图并注写几何尺寸与配筋具体数值的方式来表达剪力墙平法施工图。图 1-13 所示为剪力墙平法施工图，图 1-14 所示为剪力墙梁表，图 1-15 所示为剪力墙身表，图 1-16 所示为剪力墙柱表。

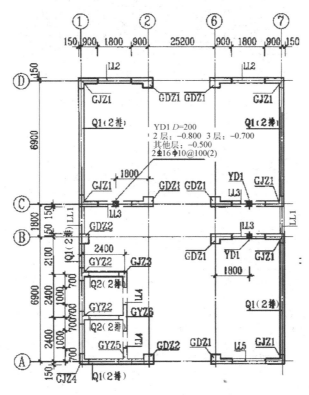

图 1-13　剪力墙平法施工图

3. 截面注写方式

采用原位注写方式，是在分标准层绘制的剪力墙平面布置图上以直接在墙柱、墙身、墙梁上注写截面尺寸和配筋具体数值的方式来表达剪力墙平法施工图，图 1-17 所示为剪力墙平法施工图。

剪力墙梁表

编号	所在楼层号	梁顶相对标高高差	梁截面 $b×h$	上部纵筋	下部纵筋	侧面纵筋	箍筋
LL1	2~9	0.800	300×2000	4⊕22	4⊕22	同Q1水平分布筋	Φ10@100(2)
	10~16	0.800	250×2000	4⊕20	4⊕20		Φ10@100(2)
	屋面		250×1200	4⊕20	4⊕20		Φ10@100(2)
LL2	3	-1.200	300×2520	4⊕22	4⊕22	同Q1水平分布筋	Φ10@150(2)
	4	-0.900	300×2070	4⊕22	4⊕22		Φ10@150(2)
	5~9	-0.900	300×1770	4⊕22	4⊕22		Φ10@150(2)
	10~屋面1	-0.900	250×1770	3⊕22	3⊕22		Φ10@150(2)
LL3	2		300×2070	4⊕22	4⊕22	同Q1水平分布筋	Φ10@100(2)
	3		300×1770	4⊕22	4⊕22		Φ10@100(2)
	4~9		300×1170	4⊕22	4⊕22		Φ10@100(2)
	10~屋面1		250×1170	3⊕22	3⊕22		Φ10@100(2)
LL4	2		250×2070	3⊕20	3⊕20	同Q2水平分布筋	Φ10@120(2)
	3		250×1770	3⊕20	3⊕20		Φ10@120(2)
	4~屋面1		250×1170	3⊕20	3⊕20		Φ10@120(2)

图 1-14 剪力墙梁表

剪力墙身表

编号	标高	墙厚	水平分布筋	垂直分布筋	拉筋
Q1(2排)	-0.030 ~ 30.270	300	Φ12@250	Φ12@250	Φ6@500
	30.270 ~ 59.070	250	Φ10@250	Φ10@250	Φ6@500
Q2(2排)	-0.030 ~ 30.270	250	Φ10@250	Φ10@250	Φ6@500
	30.270 ~ 59.070	200	Φ10@250	Φ10@250	Φ6@500

图 1-15 剪力墙身表

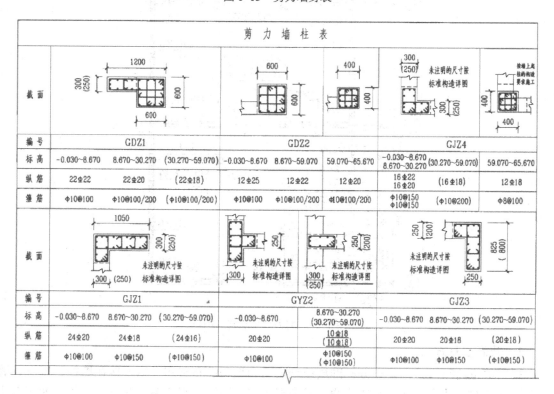

图 1-16 剪力墙柱表

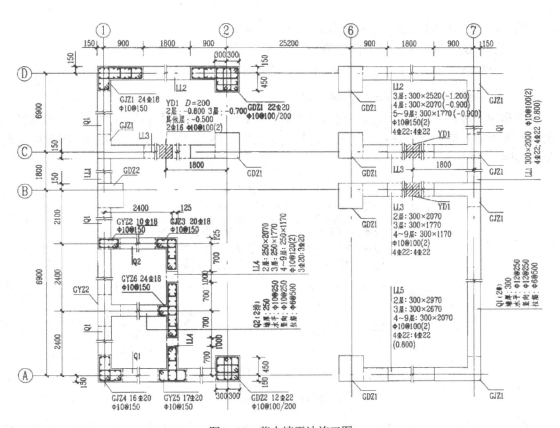

图 1-17 剪力墙平法施工图

1.5.3 梁平法施工图的主要内容和识读步骤

梁平法施工图可以在梁平面布置图上，分别在不同编号的梁中各选一根梁，以在其上注写截面尺寸和配筋具体数值的方式来表达梁平法施工图。

1．梁编号的规定

在平法施工图中，各类型的梁应按表 1-5 进行编号。同时，梁编号由梁类型代号、序号、跨数及有无悬挑代号几项组成。

表 1-5 梁编号

梁 类 型	代 号	序 号	跨数及是否带有悬挑
楼层框架梁	KL	××	(××)、(××A) 或 (××B)
屋面框架梁	WKL	××	(××)、(××A) 或 (××B)
框支梁	KZL	××	(××)、(××A) 或 (××B)
非框架梁	L	××	(××)、(××A) 或 (××B)
悬挑梁	XL	××	
井字梁	JZL	××	(××)、(××A) 或 (××B)

注：(××A) 为一端有悬挑，(××B) 为两端有悬挑，悬挑不计入跨数。

例：KL7(5A)，表示第 7 号框架梁，5 跨，一端有悬挑；

L9(7B)，表示第 9 号非框架梁，7 跨，两端有悬挑；

JZL1(8)，表示第 1 号井字梁，8 跨，无悬挑。

2. 平面注写方式集中标注的具体内容

梁集中标注内容为六项，其中前五项为必注值，即：①梁编号；②截面尺寸；③箍筋；④上部跨中通长筋或架立筋；⑤侧面构造纵筋；第六项为选注值，即：⑥梁顶面相对标高高差，如图 1-18 所示。

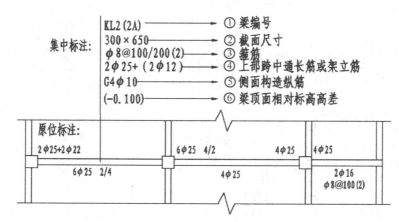

图 1-18　框架梁集中标注的 6 项内容

例如，在图 1-18 中，集中标注处标注含义为：编号为 2 号的框架梁，2 跨，有一端悬挑；梁截面尺寸 $b \times h$ 为 300mm×650mm；梁两端箍筋直径为 8mm，加密区间距为 100mm，非加密区间距为 200mm，箍筋为双肢箍；上部跨中布置 2 根直径 25mm 的通长筋，2 根直径 12mm 的架立筋；侧面按构造要求布置 4 跟直径为 10mm 的纵筋；梁顶面相对于结构层楼面标高低 0.1m。

再以图中间跨为例，原位标注处标注含义为：梁左支座上部布置 6 根直径 25mm 的纵筋，分两排布置，第一排 4 根，第二排 2 根；梁右支座上部布置 4 根直径 25mm 的纵筋；梁下部布置 4 根直径 25mm 的纵筋。

3. 梁平面注写方式原位标注的具体内容

梁原位标注内容为四项：①梁支座上部纵筋；②梁下部纵筋；③附加箍筋或吊筋；④修正集中标注中某项或某几项不适用于本跨的内容。

1.6　结构图与建筑图

在实际施工中，通常是要同时看建筑图和结构图的，只有把两者结合起来识读，才能形成一栋完整的建筑物。

建筑施工图就是建筑工程上所用的，一种能够十分准确地表达出建筑物的外形轮廓、大小尺寸、结构构造和材料做法的图样，它是房屋建筑施工的依据。

建筑施工图是来表示房屋的总体布局、外部形状、内部布置、内部构造及室内外装修等情况的工程图样，是房屋施工放线，安装门窗，编制工程概算，编制施工组织设计的依据。

结构施工图是说明一栋房屋的骨架构造的类型、尺寸、使用材料要求和构件的详细构造的图样，它是房屋施工的依据。

结构施工图是关于承重构件的布置、使用的材料、形状、大小，及内部构造的工程图样，是承重构件以及其他受力构件施工的依据。

结构图与建筑图两者缺一不可，只有两者结合起来，才能完整地施工出一幢建筑物。

1. 建筑图和结构施工图的关系

建筑图和结构图有相同的地方，不同的地方以及相关联的地方。

➢ 相同的地方：轴线位置及编号都相同；墙体厚度应相同；过梁位置与门窗洞口位置应相符合。

注意：在识图时注意凡是应该符合的地方，如果有不符合的地方，即建筑图与结构图有了矛盾，应先记录下来，在会审图样时提出，大家商议解决。

➢ 不同的地方：有的时候建筑标高和结构标高值是不一样的，结构尺寸和建筑尺寸是不同的；承重结构墙在结构平面图上有，而非承重墙仅在建筑图上才绘出来；结构图上表达的是房屋骨架，比如梁、柱、洞口等，建筑图上表达的是房屋造型，如墙、门、窗等。

➢ 相关联的地方：结构图和建筑图相关联的地方，必须同时看两种图。比如，阳台、雨篷等的结构应和其建筑装饰图结合看；再比如，圈梁的结构布置图中，圈梁通过门窗洞口处对门窗高度有无影响等，也是需要两种图结合来看的；还有楼梯结构常常与建筑图结合在一起绘制。

2. 综合看图应注意的事项

1）查看建筑尺寸与结构尺寸有无矛盾之处。

2）建筑标高与结构标高之差，是否符合应增加的装饰高度。

3）建筑图上一些构造，在做结构时，是否需要预先做上预埋件或木砖之类。

4）结构施工时，应考虑建筑安装时尺寸上的放大或缩小。这在图上是没有具体标注的，只有在积累了一定的施工经验后，结合两种图查看，应该预先考虑带尺寸的放大或缩小。

3. 识读结构施工图的基本要领

结构施工图是施工定位、放线、基槽开挖、支模板、绑扎钢筋、设置预埋件、浇筑混凝土以及安装梁、板、柱，编制预算和施工进度计划的重要依据。读懂结构施工图是房屋施工的前提。

1）由小到大，由粗到细：在识读结构施工图时，首先应识读结构平面布置图，再识读构件图，最后才能够识读构件详图及断面图。

2）牢记常用的图例和符号：在建筑施工图中，为了表达得简洁，常用符号或图例表示很多内容，因此，在识读施工图之前，应首先牢记常用的图例和符号，这样才能够顺利地识读图样，避免识读过程中出现"语言"障碍。

3）仔细识读设计说明或附注：结构设计说明主要介绍新建建筑的结构类型、耐久年限、地震设防烈度、地基状况、材料强度等级、选用的标准图集，新结构与新工艺及特殊部位的施工顺序、方法及质量验收标准。在建筑施工中，对于拟建建筑中一些无法直接用图形表示出来，而又直接关系到工程的做法及工程质量的内容，经常以文字的要求的形式在施工图适当的页面或在某一张图纸中适当的位置表达出来，这些说明不但要看，还要仔细认真地看，达到看懂、记牢的目的。比如，结构施工图中建筑物抗震等级、混凝土的强度等级，还有楼板图样中的分布钢筋，同样无法在图中绘出，只能以附注的形式表达在同一张施工图中。

4）注意尺寸单位：图样中的图形、图例均有其尺寸，尺寸单位为 m 和 mm 两种，除了图样中的标高和总平面图中尺寸用 m 表示，其余尺寸均用 mm 表示。

5）不得随意改动图样：在施工图识读过程中，若发现图样设计有表达不全甚至是错误时，应首先记下来，不得随意变更；在合适的时间、地点对设计图中的问题向相关人员提出，与设计人员协商解决。

本 章 小 结

通过本章的学习，读者应了解结构图和建筑图的关系，既能区分两者又能联系起来。

在图形框架上，建筑图是结构图的参照，在细节上结构图又可以决定建筑图。两者是相互影响，相互贯通的存在。

结构设计的流程概括为：PMCAD 建模→SATWE 分析计算→墙梁柱施工图绘制→基础施工图绘制。

最后，为了能更好地理解结构图所表达的意思，首先需要会识读图样，最基础的是墙梁柱的平法施工图的识读。

思考与练习

1．填空题

（1）在框架梁的平法施工图中，注写为 N4φ14 表示＿＿＿＿＿＿。

（2）某跨框架梁平面注写如图 1-19 所示，KL1 为＿＿＿＿＿跨连续梁；1、2 轴线间梁箍筋直径及间距为＿＿＿＿＿；1、2 轴线间梁的侧面纵向钢筋为＿＿＿＿＿。

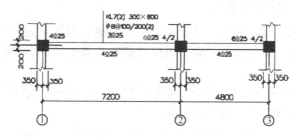

图 1-19 某跨框架梁平面注写

2. 选择题

（1）框架梁平法施工图中集中标注内容的选注值为（　　）。

　　A．梁编号　　　　　　　　　　　　B．梁顶面标高高差

　　C．梁箍筋　　　　　　　　　　　　D．梁截面尺寸

（2）下列关于梁、柱平法施工图制图规则的论述中正确的是（　　）。

　　A．梁采用平面注写方式时，集中标注取值优先

　　B．梁原位标注的支座上部纵筋是指该部位不含通长筋在内的所有纵筋

　　C．梁集中标注中受扭钢筋用 G 打头表示

　　D．梁编号由梁类型代号、序号、跨数及有无悬挑代号几项组成

（3）下列关于柱平法施工图制图规则论述中错误的是（　　）。

　　A．柱平法施工图是在柱平面布置图上采用列表注写方式或截面注写方式

　　B．柱平法施工图中应按规定注明各结构层的楼面标高、结构层高及相应的结构层号

　　C．注写各段柱的起止标高，自柱根部往上以变截面位置为界分段注写，截面未变但配筋改变处无须分界

　　D．柱编号由类型代号和序号组成

（4）混凝土保护层是指（　　）。

　　A．纵筋中心至截面边缘的距离　　　B．箍筋外缘至截面边缘的距离

　　C．箍筋中心至截面边缘的距离　　　D．纵筋外缘至截面边缘的距离

第 2 章　APM 建筑设计入门

课前导读

　　建筑图和结构图是施工中不可或缺的部分，两者相辅相成，缺一不可，PKPM 软件集合建筑与结构于一体，开创了"建筑"和"结构"两个板块，现在先介绍"建筑"板块的功能。

本章要点

　　▱ 掌握建筑模型的创建
　　▱ 掌握施工图的绘制
　　▱ 掌握三维模型图的渲染

2.1 建筑模型的创建

 视频\02\建筑模型的创建.avi
案例\02\建筑设计 ·· ─┤├○

例题：给出建筑工程实例简图，首层平面图和标准层平面图，如图 2-1 和图 2-2 所示，用 PKPM "建筑"板块功能介绍 APM 建模渲染以及绘制建筑施工图的主要步骤。

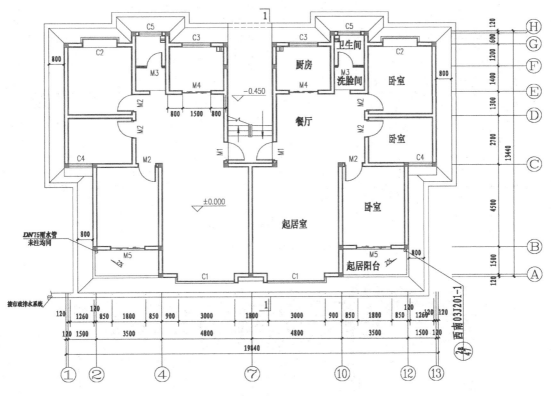

图 2-1　首层平面图

 注意：建筑平面 CAD 图见"案例\02\02 建筑图例.dwg"。

2.1.1 创建工程目录

在 PKPM 2010 中，一个工程应对应一个工程目录，并在这个目录下完成所有工作。

步骤 1　在 Windows 操作系统下，双击桌面 图标启动 PKPM 程序，选择"建筑"选项，显示软件界面，如图 2-3 所示。

步骤 2　单击"改变目录"按钮 改变目录，弹出"选择工作目录"对话框，并新建一个工作目录"建筑设计"文件，如图 2-4 所示。

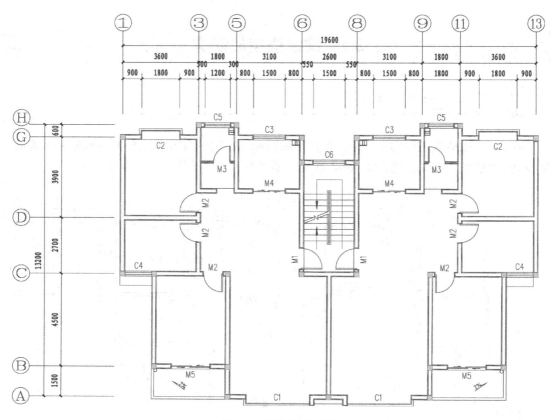

图 2-2　标准层平面图

图 2-3　"建筑"软件界面

　　步骤 3　执行"三维建筑设计|建筑模型"命令，单击"应用"按钮，在随后弹出的"请指定新工程名称"对话框中，如图 2-5 所示，输入名称为"jzsj"后单击"建新工程"按

钮，即可进入建筑模型输入界面，如图 2-6 所示。

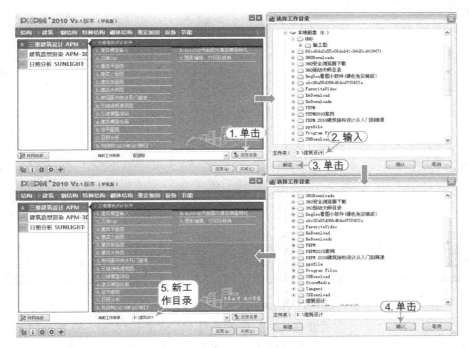

图 2-4　新建工作目录

图 2-5　"请指定新工程名称"对话框

图 2-6　模型输入界面

> **注意**：窗口中间大部分为绘图区域，图形区可分设为四个不同视口，分别是平面、透视、立面和侧面窗口，建筑模型一般应在平面视口输入，可按〈Ctrl+E〉组合键使单一窗口充满全屏。

2.1.2　轴网的建立

新工程一般从轴线开始，在左侧屏幕菜单中执行"轴线网格"命令，从中选择所需的二级菜单命令，绘制轴网。

例如，本工程为正交轴网，执行"直轴网"命令，绘制直轴网效果，如图 2-7 所示。

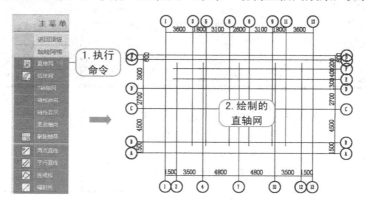

图 2-7　执行"直轴网"命令

步骤1　输入下开间：1500，3500，4800，4800，3500，1500，如图2-8所示。

步骤2　输入上开间：3600，1800，3100，2600，3100，1800，3600，如图2-9所示。

图2-8　下开间数值输入

图2-9　上开间数值输入

步骤3　输入左进深：1500，4500，2700，3900，600，如图2-10所示。

步骤4　输入右进深：1500，4500，2700，1300，1400，1200，600，如图2-11所示。

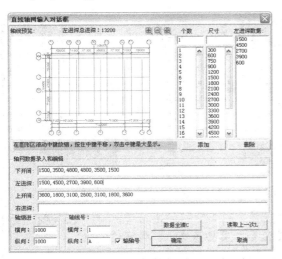

图2-10　左进深数值输入

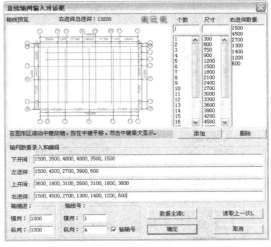

图2-11　右进深数值输入

步骤5　单击对话框右下角"确定"按钮，在屏幕绘图区插入直轴网即可。

步骤6　执行"轴线命名"命令，按照如下命令行提示进行操作。

轴线名输入:请用光标选择轴线（〈Tab〉成批输入）:　　　//按〈Tab〉键
移光标点取起始轴线:　　　　　　　　　　　　　　　　　//点取下开间最左侧轴线
移光标点取终止轴线:　　　　　　　　　　　　　　　　　//点取下开间最右侧轴线
移光标去掉不标的轴线（〈Esc〉没有）:　　　　　　　　 //按〈Esc〉键

输入起始轴线名：	//输入"1"后按〈Enter〉键
移光标点取起始轴线：	//点取左进深最下侧轴线
移光标点取终止轴线：	//点取左进深最上侧轴线
移光标去掉不标的轴线（〈Esc〉没有）：	//按〈Esc〉键
输入起始轴线名：	//输入"A"后按〈Enter〉键

> **注意**：轴线命名后，执行"轴线显示"命令，可将轴线显示或隐藏。

在 APM 的模型输入中，所有构件都依托于网格和节点，一般来说单纯地编辑或复制构件的图素是没有任何作用的，因为在 APM 的建筑模型中，图形是由建筑专业数据决定的，只有编辑构件所依附的网点才可以操作建筑数据，这是 APM 模型输入同其他建筑软件比较，一个很特殊的地方。

2.1.3 构件布置

轴网绘制完成后，开始墙、门窗等构件的布置，执行"本层布置"菜单下二级菜单命令，如图 2-12 所示。

步骤 1 执行"墙体布置"命令，墙体宽度为 240，墙体类型选择为"普通墙"，"墙材质类型"为"承重墙+砖"，如图 2-13 所示。

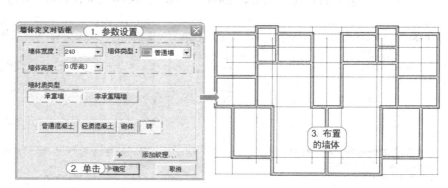

图 2-12 "本层布置"子菜单   图 2-13 墙体布置

> **注意**：当墙高为 0 时，墙从本层地面始至本层层高处止，按网格定位。

步骤 2 执行"门窗布置"命令，进入门窗布置状态，在弹出的"门窗定义对话框"设置门窗参数，再在建筑相应位置布置即可。

> **注意**：至少执行过一次门窗定义后，再执行"门窗布置"命令，将弹出"构件类型选择"对话框，如图 2-14 所示，可通过其中的功能按钮进行"删除""添加""修改"及布置门窗等指令。

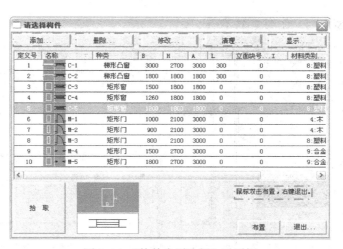

图 2-14　"构件类型选择"对话框

➤ 定义和布置 C-1，如图 2-15 所示。

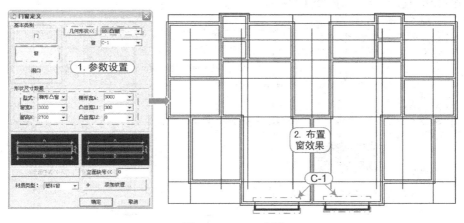

图 2-15　C－1 布置

➤ 定义和布置 C-2，如图 2-16 所示。

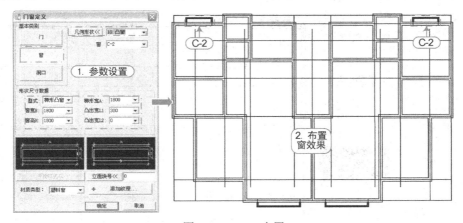

图 2-16　C－2 布置

➢ 定义和布置 C-3，如图 2-17 所示。

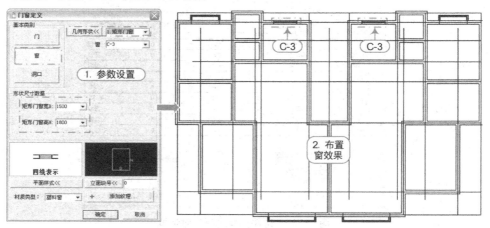

图 2-17　C—3 布置

➢ 定义和布置 C-4，如图 2-18 所示。

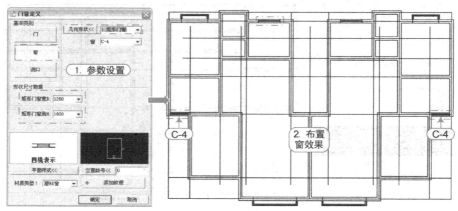

图 2-18　C—4 布置

➢ 定义和布置 C-5，如图 2-19 所示。

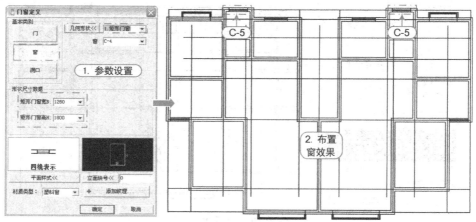

图 2-19　C—5 布置

步骤3 再执行"门窗布置"命令，进行同布置窗一样的操作，布置门。

➤ 定义和布置M-1，如图2-20所示。

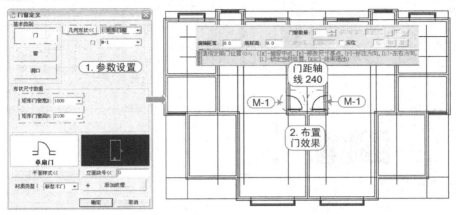

图2-20 M-1布置

➤ 定义和布置M-2，如图2-21所示。

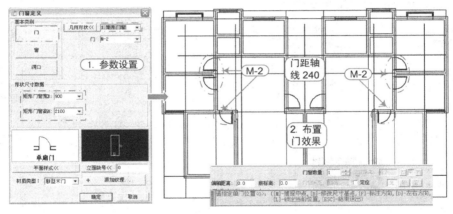

图2-21 M-2布置

➤ 定义和布置M-3，如图2-22所示。

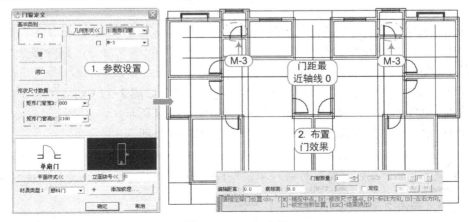

图2-22 M-3布置

➤ 定义和布置 M-4，如图 2-23 所示。

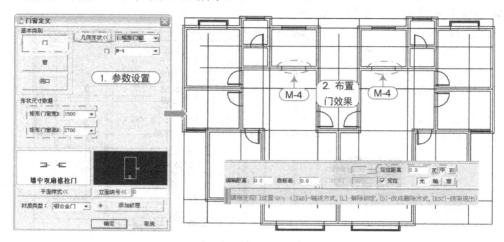

图 2-23　M—4 布置

➤ 定义和布置 M-5，如图 2-24 所示。

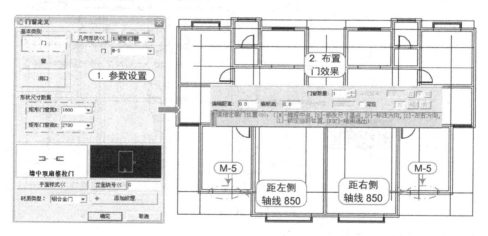

图 2-24　M—5 布置

步骤 4　执行 "柱布置" 命令，布置混凝土方柱为 240×240，如图 2-25 所示。

步骤 5　在下拉菜单中执行 "删除节点" 以及 "删除网格" 命令，删除多余节点和网格，如图 2-26 所示。

步骤 6　执行 "阳台布置" 命令，布置生活起居阳台，如图 2-27 所示。

步骤 7　执行 "檐口布置" 命令，布置檐口，如图 2-28 所示。

步骤 8　执行 "台阶布置" 命令，布置台阶，如图 2-29 所示。

> **注意**：在 "台阶定义" 对话框中，"台阶护栏设计" 和 "花池设计" 选项卡下均选择不设计，如图 2-30 所示。

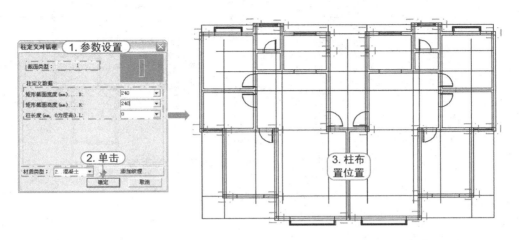

图 2-25　柱布置

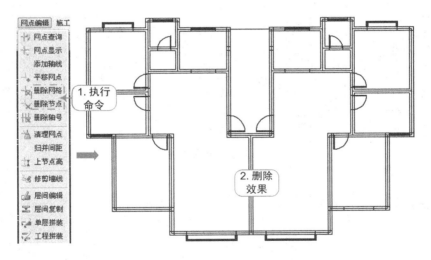

图 2-26　删除效果

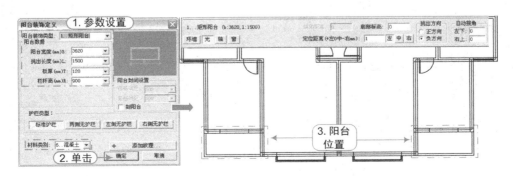

图 2-27　阳台布置

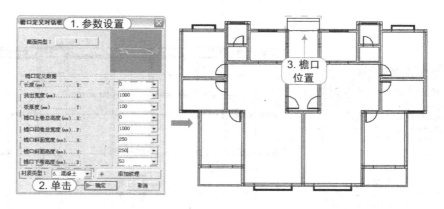

图 2-28　檐口布置

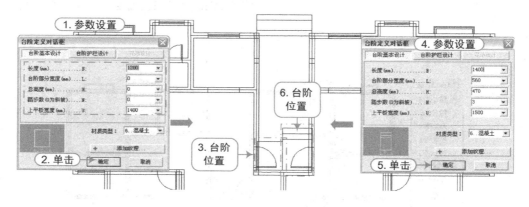

图 2-29　台阶布置

图 2-30　台阶护栏和花池

步骤 9　执行"梯间布置"命令，绘制楼梯，如图 2-31 所示。

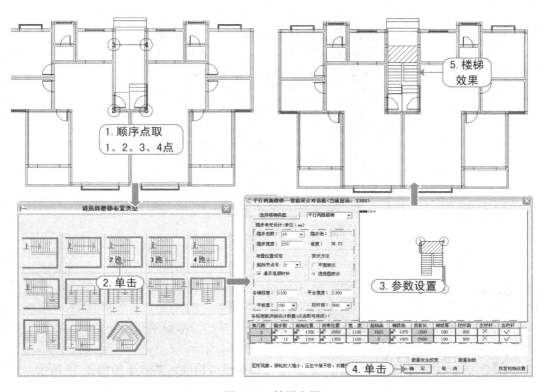

图 2-31　楼梯布置

步骤10 执行"楼板布置"命令，布置楼板，如图 2-32 所示。

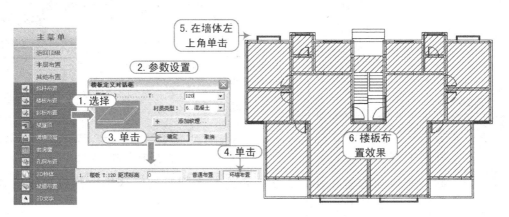

图 2-32　楼板布置

步骤11 执行"平行直线"和"构件删除"命令，绘制洞口，如图 2-33 所示。

> **注意**：首先用"平行直线"命令绘制出 800 的洞宽效果，然后用"构件删除"命令删除 800 宽之间的墙构件，形成洞口效果。

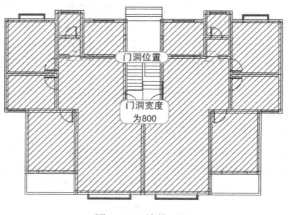

图 2-33　墙体开洞

2.1.4　换标准层

步骤1　至此,首层平面图主要部分绘制完成,开始标准层平面图的绘制,在左上角单击倒三角符号,选择"添加新标准层",操作如图 2-34 所示。

步骤2　修改第 2 标准层平面图,删除原楼梯和檐口构件,其效果如图 2-35 所示。

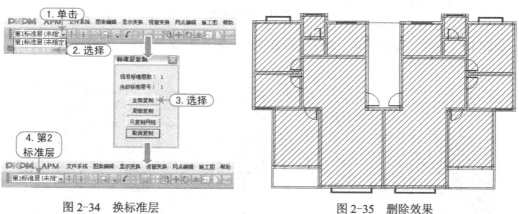

图 2-34　换标准层　　　　　　　　　图 2-35　删除效果

步骤3　执行"本层布置 | 梯间布置"命令,布置带梯间楼梯,其效果如图 2-36 所示。

步骤4　执行"墙体布置"命令,布置楼梯间处墙,效果如图 2-37 所示。

步骤5　执行"门窗布置"命令,布置楼梯间处窗,效果如图 2-38 所示。

2.1.5　顶层定义

步骤1　同添加第 2 标准层一样,添加第 3 标准层作为顶层平面图,如图 2-39 所示。

步骤2　修改第 2 标准层平面图,首先删除楼梯构件,效果如图 2-40 所示。

步骤3　执行"楼板布置"命令,将顶层的楼梯处布置上楼板,如图 2-41 所示。

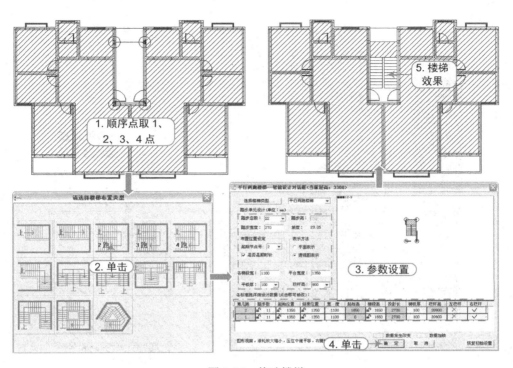

图 2-36 修改楼梯

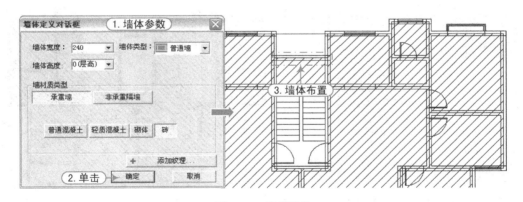

图 2-37 楼梯墙体

步骤 4 执行"檐口布置"命令，布置顶层檐口，如图 2-42 所示。

> **注意**：在檐口布置时，选择"环墙"布置后，如果单击墙左上角则布置在外环墙上，如果单击墙右下角则布置在内环墙上。

2.1.6 形成全楼数据

本工程有 6 层，首层为第 1 标准层，2～5 层为第 2 标准层，顶层为第 3 标准层。

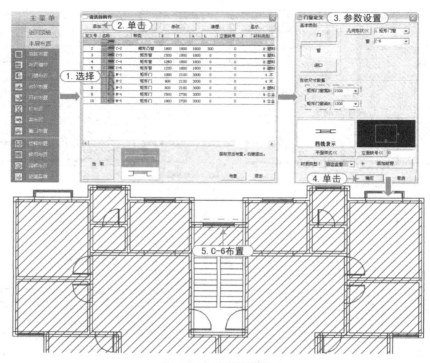

图 2-38 楼梯窗布置

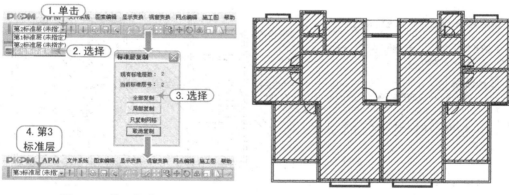

图 2-39 第 3 标准层

图 2-40 删除楼梯

图 2-41 楼板布置

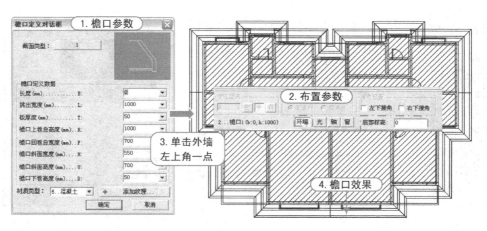

图 2-42　檐口布置

执行"全楼组装｜楼层布置"命令，在弹出的"楼层设置"对话框中，按照如下步骤组合楼层，效果如图 2-43 所示。

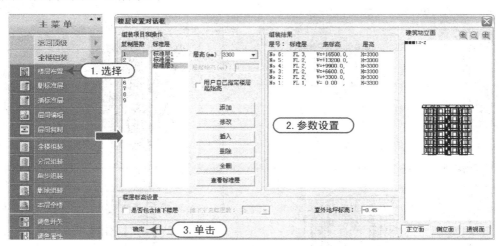

图 2-43　楼层布置

步骤 1　选择"复制层数"为1，选取"标准层 1"，"层高"为3300。
步骤 2　选择"复制层数"为4，选取"标准层 2"，"层高"为3300。
步骤 3　选择"复制层数"为1，选取"标准层 3"，"层高"为3300。

2.1.7　全楼组装

全楼数据设置好之后，可查看整栋建筑的三维模型，方法为先进行室外地坪的设计，再进行全楼模型的组装。

执行"全楼组装｜全楼组装"命令，在弹出的"楼层设置"对话框中，按照如图 2-44 所示进行操作，组装完成后的效果，如图 2-45 所示。

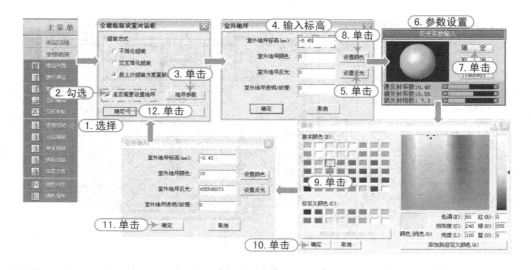

图 2-44　楼层组装

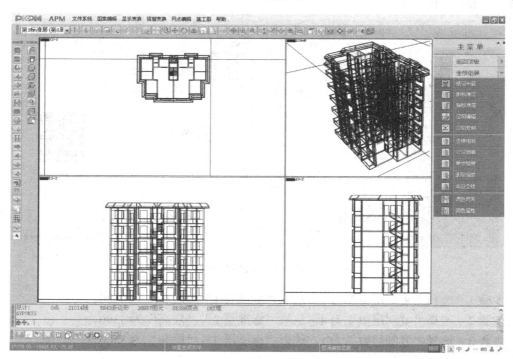

图 2-45　全楼效果

注意：在"全楼组装设置"对话框中，"不简化组装"选项表示将标准层的全部构件都组装进全楼模型，"交互简化组装"选项表示仅将本标准层的一部分选取处理进行全楼的组装，"按上次组装方案重新组装"选项表示以前已经进行过全楼组装，这次程序自动按上次的简化记录再组装一次。

2.2 施工图的绘制

选择 APM 主菜单的第 3、4、5 项，进入即可绘制建筑的平面、立面和剖面施工图。

 ### 2.2.1 建筑平面施工图

视频\02\建筑平面施工图.avi
案例\02\建筑设计

选择 APM 主菜单的第 3 项"3.建筑平面图"，进入第 1 标准层建筑平面图的绘制，并弹出对话框，如图 2-46 所示，在此输入 1∶100，确定建筑图的绘图比例，建筑平面图的屏幕主菜单，如图 2-47 所示。

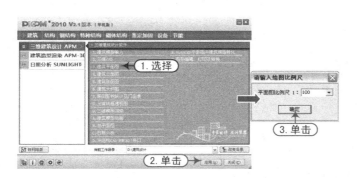

图 2-46　开始建筑平面图的绘制　　　　　图 2-47　屏幕主菜单

1. 轴线标注

执行"轴线标注｜自动标注"命令，对一层建筑平面图进行标注，根据命令行提示，输入"A"选择全部轴线进行标注，然后如图 2-48 所示操作。

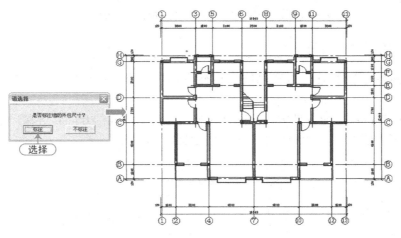

图 2-48　自动标注效果

"轴线标注"菜单命令主要用于绘制窗口上的各种轴线标注,其下子菜单如图 2-49 所示,相关功能介绍如下:

> 自动标注:只适用于正交的建筑平面,程序自动将尺寸线、轴标号绘制在平面图的四侧。

> 交互标注:可绘制出一批平行轴线,执行此命令,按照命令行提示操作后,在弹出的"标注轴线参数"对话框中,设置参数即可,如图 2-50 所示。

图 2-49 轴线标注子菜单

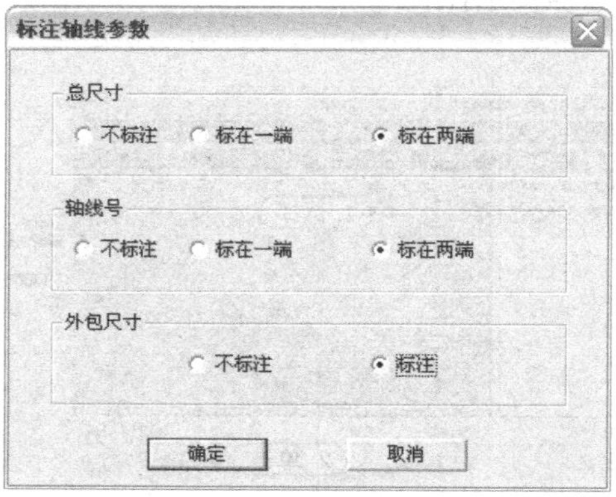

图 2-50 "标注轴线参数"对话框

移光标点取起始轴线　　　　　　　　//指定此批轴线的起始轴线
移光标点取终止轴线(〈Tab〉仅标一根)　　//指定此批轴线的终止轴线
移光标去掉不标的轴线(〈Esc〉没有)　　　//按〈Esc〉键或选择不标的轴线后按鼠标右键

注意:在选择起始轴线和终止轴线时,应按照逆时针方向选取,即应按从下到上或从左到右的规律选择轴线。

> 逐根点取:需要逐一点取轴线进行标注,与"拖拽标注"命令可按〈C〉键进行切换。

> 轴线更新:在平面图部分进行网格编辑,修改了房间的开间和进深尺寸后,使用此功能可将使用各个轴线标注命令标注的轴线自动更新。

注意:使用此命令的前提是:轴线使用"轴线标注"菜单下命令标注的,使用旧版本(不带有该命令的版本)将被删除,需使用新版本重新进行标注,目前程序不支持扇形和弧形的轴线更新,执行此命令,扇形和弧形轴线将被删除。

对扇形和弧形轴线，程序提供了标注弧长、标注半径、标注角度、弧长角度等多种标注方式。

> ➤ 轴线命名：使用此命令，可修改某根轴线的名称。
> ➤ 轴线拷贝：当绘制某一标准层轴线时，可将其他层已经绘制完成的轴线复制过来，此功能可简化轴线标注的工作，执行此菜单命令，将弹出"请输入"对话框，如图2-51所示。
> ➤ 轴圈拖动：绘制完成的轴圈有可能间距很小，导致轴圈重叠，使用此命令，可将轴圈与轴线号拖开。

图2-51　"请输入"对话框

2. 文字尺寸

步骤 1　执行"文字尺寸|门窗尺寸"以及"门窗名称"命令，根据命令行提示进行一层平面施工图的门窗标注，如图2-52所示。

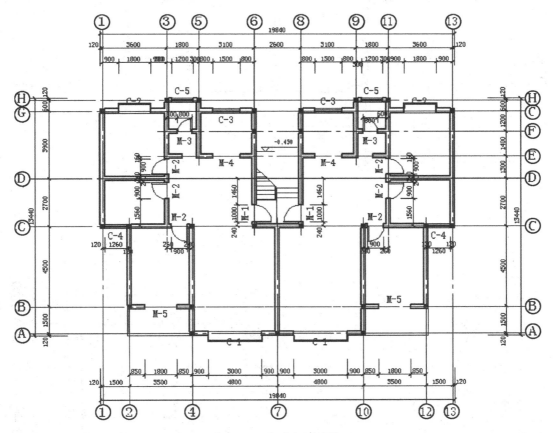

图2-52　门窗标注效果

步骤 2　执行"标高标注"命令，根据命令行提示进行一层平面施工图的标高标注（室内外高差为450mm），如图2-53所示。

步骤 3　执行"房间名称"命令，在弹出的"请选择所需房间名"对话框中选择合适的房间名称，将其标注在相应房间中，操作如图2-54所示。

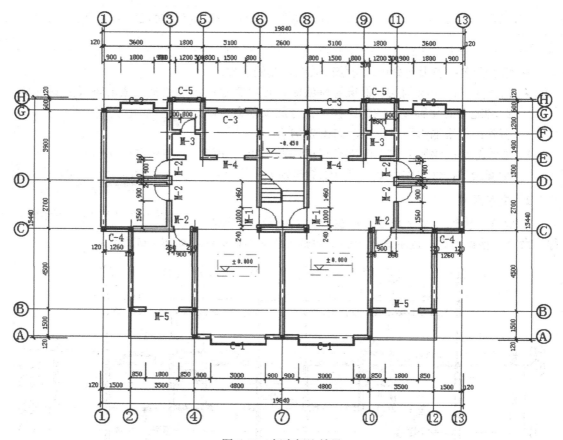

图 2-53　标高标注效果

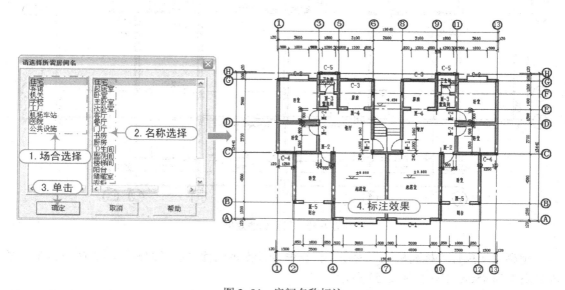

图 2-54　房间名称标注

步骤 4　执行"图名"命令标注图名，操作如图 2-55 所示。

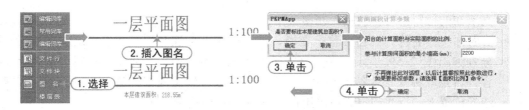

图 2-55 图名标注

步骤 5 执行"楼层表"命令，将系统生成的楼层表插入图中即可，如图 2-56 所示。

> **注意**："文字尺寸"下子菜单命令如图 2-57 所示，其功能介绍如下：

图 2-56 楼层表生成　　　　图 2-57 "文字尺寸"子菜单

> 墙尺寸：移动光标，点取要标注尺寸的墙，则窗口上自动标出该墙的厚度及与轴的相对位置，重复以上操作可标注其他墙。也可按〈Tab〉键拉直线进行墙尺寸的标注，直线所经过的墙可同时标出尺寸，这些墙尺寸均位于所拉出的直线上，此方法可使墙尺寸显得整齐。

> 柱尺寸：操作方法同标注墙尺寸，但应注意，尺寸标注的位置取决于光标点与柱所在节点的相对位置。

> 梁尺寸：操作方法同标注墙尺寸。

> 门窗尺寸：移动光标，选出要标注尺寸的门窗所在的墙，选定后按〈Esc〉键结束，此时光标处自动出现要标注的门窗尺寸，用光标定出尺寸标注的位置及引线尾端的位置，即可标出门窗的宽度及与相邻轴线的距离。可一次选取方向相同的多个墙一次标注，也可按〈Tab〉键把整条轴线上的门窗一次全部标出。

> 标高：可在楼面位置上标注标准层的标高值，当点取此菜单后，在光标处将自动出现标高值，按〈Tab〉键后，会弹出如图 2-58 所示对话框，可对标高值进行修改，然后在窗口上单击光标左键，确定这些标

图 2-58 多标高对话框

高所在的位置，可一次输入在多个位置上。

➤ 墙名称、柱名称、门窗名称：在墙、柱、门窗上标注名称。在点取这些菜单后，会分别弹出图 2-59 所示～图 2-61 所示的三个对话框，标注墙、柱时需输入字符内容，再点取标注该字符的构件。点取时，点取位置偏向哪一边，字符即被标在哪一边的位置上。标注门窗名可采用自动标注，也可采用逐一点取标注。

图 2-59 墙名对话框　　　　图 2-60 柱名对话框　　　　图 2-61 门窗名对话框

➤ 房间名称：点取此菜单后，弹出"请选择所需房间名"的对话框，选择房间名称并确定后，在十字光标处会自动出现一红色矩形框，单击鼠标左键确定要标注的房间位置。

➤ 编辑词库：可对房间名称和常用词库进行修改、补充等编辑工作。

：修改时增减一项时要同时修改前面的项数。

➤ 常用词库：点取此菜单后，屏幕弹出如图 2-62 所示的"请选择所需的词组"对话框，可以从中选择常用词句标在图中。

➤ 文件行：可预先写好一说明文件（.TXT 文本文件），在"打开文本文件"对话框中选择该文件，如图 2-63 所示，然后在左下侧的选择文件预览窗口内用鼠标左键选择要应用的文字，选定的文字将出现在右侧的预览窗口内，然后单击"打开"按钮，在屏幕上单击鼠标左键，将文字行标到图形中。

图 2-62 "请选择所需的词组"对话框　　　　图 2-63 "打开文本文件"对话框

➤ 图名：自动标出平面图的名称，可移动光标拖动图名线框到合适位置，单击鼠标左键，或者按〈Enter〉键，图名即自动标在窗口上。

➢ 楼层表：自动标出整个楼的楼层号、标高及层高信息。

3．符号

步骤 1　执行"符号 | 指北针"命令，插入指北针，操作如图 2-64 所示。

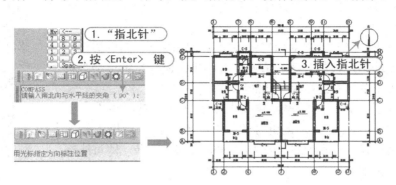

图 2-64　指北针插入

步骤 2　执行"楼梯走向"命令，按照命令行提示，注明楼梯的上下方向，操作如图 2-65 所示。

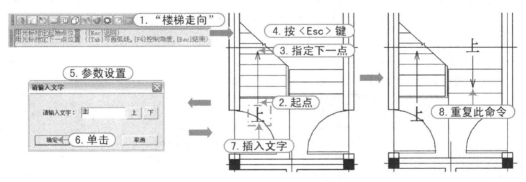

图 2-65　楼梯走向

步骤 3　执行"剖面符号"命令，按照命令行提示进行操作，如图 2-66 所示。

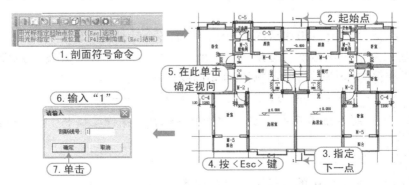

图 2-66　剖面符号

"符号"菜单下的子菜单命令，如图 2-67 所示，其功能介绍如下：

➢ 指北针：执行此命令后，在命令输入行中输入正北方向与窗口水平方向的夹角，在窗口上单击鼠标左键确定指北针的位置，即可绘制出指北针。

➢ 对称符号：用光标点取对称符号的两个端点，程序自动绘制出一个对称符号。

➢ 箭头：在窗口上单击鼠标左键确定箭头的端点，然后移动光标确定箭头尾线的长度和方向，连续单击鼠标左键可绘制折线，单击鼠标右键结束尾线的绘制。

➢ 详图索引：首先由用户在窗口上单击鼠标左键，指定索引点、引出线转折点、索引号的位置，然后在对话框内输入索引编号及大样所在图的名称，如图 2-68 所示，即可绘制出详图索引。

➢ 剖切索引：在窗口上单击鼠标左键，指定剖切线、索引线、引出线转折点、索引号的位置，然后输入索引编号及所在图的名称，绘制出剖切索引符号，弹出的对话框同详图索引。

图 2-67 "符号"子菜单

➢ 详图符号：首先在"详图符号"对话框内填写详图编号，如图 2-69 所示，然后在窗口上单击鼠标左键确定详图符号的位置，详图符号自动标出。

图 2-68 "详图索引"对话框

图 2-69 "详图符号"对话框

➢ 电梯间：用光标点取要绘制电梯间符号的矩形房间，程序会自动绘制出电梯间符号。

➢ 楼梯走向：移动光标依次点取楼梯走向线的各个转折点，最后以〈Esc〉键结束，在"请输入文字"对话框中确定"上"或"下"，再单击鼠标左键确定楼梯"上"或"下"字符的标注位置，可绘制楼梯走向线。

注意：对圆弧楼梯可按〈Tab〉键绘制圆弧线。操作过程中可按〈F4〉键使直线取常用角度（如 0°、30°、90° 等）。

➢ 扶手连接：平面图中的楼梯扶手如果没有自动连接，单击选取"扶手连接"子菜单可完成扶手的连接。用光标点出要连接的楼梯扶手两端的位置，根据提示栏输入相应的字母，或移动光标定出扶手转角的位置，扶手即可绘制出。确定第一点后，按

〈Esc〉键，也可绘制出一端延长扶手。

➤ 剖面符号：点取此菜单后，弹出"请选择"对话框，在此如果选择不复制，则应移动光标依次点取剖断线起点、转折点、终点位置（总点数应为 2 或 4），按〈Esc〉键后，在剖断线的一侧指出视向，并在"请输入"对话框填写剖断线号，比如"1"，可绘制一剖断线。操作过程中可按〈F4〉键使剖断线方向取常用角度（如 0°、30°、90° 等）。

➤ 断面符号：点取两个端点，确定视向和剖断线号，程序会自动绘制出两条横线和编号表示断面位置，弹出的对话框同上图的剖面符号对话框。

➤ 折断线：点取折断线的首尾两点位置，程序会自动绘制一折断线。

4. 房间面积

执行"房间面积｜总面积"命令，插入面积标注即可，如图 2-70 所示。

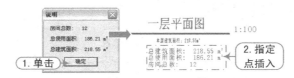

图 2-70 总面积

"房间面积"下子菜单命令，如图 2-71 所示，其功能介绍如下：

➤ 面积比例：设定房间面积计算的两个初始参数，"房间面积计算参数"对话框如图 2-72 所示。

图 2-71 "房间面积"子菜单   图 2-72 "房间面积计算参数"对话框

➤ 使用面积：自动标注房间的使用面积。
➤ 逐间标注：逐间标注房间的使用面积。
➤ 建筑面积：自动标注房间的建筑面积。
➤ 逐间标注：逐间标注房间的建筑面积。
➤ 总面积：可统计出当前标准层的总房间数、总使用面积和总建筑面积，在弹出的"说明"对话框中单击"确定"按钮后，在窗口上用光标确定标注位置，总面积即可标示在屏幕上。

5. 下拉菜单区

步骤 1 在下拉菜单区，执行"其他模块｜房间面积和门窗表"命令，选择生成门窗表，效果如图 2-73 所示。

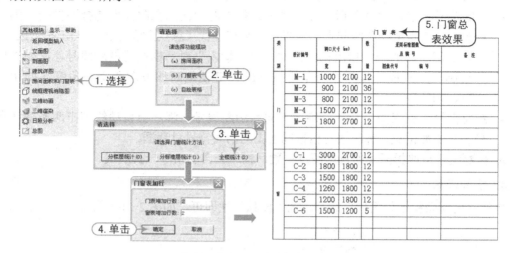

图 2-73　门窗总表

> **注意**：执行菜单"墙和门窗|门窗表"命令能生成当前层门窗表，但不能生成全楼的总门窗表。

步骤 2　在窗口左上角切换标准层，如图 2-74 所示，绘制其他层平面施工图。

图 2-74　换标准层

2.2.2　建筑立面施工图

视频\02\建筑立面施工图.avi
案例\02\建筑设计

在建筑方案布置完成后，才可绘制立面、剖面施工图。

立面施工图绘制的操作过程，大致可分为三步，即：①三维立面的生成；②平行投影消隐；③二维立面施工图编辑。下面开始介绍立面施工图的绘制过程。

1．生成立面

步骤 1　选择 APM 主菜单的第 4 项"4.建筑立面图"，进入建筑立面图的绘制，如图 2-75 所示，程序显示屏幕主菜单如图 2-76 所示和立面工具栏如图 2-77 所示。

图 2-75　开始建筑立面图的绘制　　　图 2-76　屏幕主菜单　图 2-77　立面工具栏

注意：正、右侧、背、左侧、任意立面的图文件名均由程序自动确定，分别为 VA.T、VB.T、VC.T、VD.T 和 VE.T。

步骤 2　执行"立面图丨正立面"命令，弹出"立面图生成选项"对话框，如图 2-78 所示，选择"自动生成"选项后单击"绘制新图"按钮，生成立面图，如图 2-79 所示。

注意：如果在选择某一立面后，该立面施工图已存在，程序将进入"请选择"对话框，如图 2-80 所示，在对话框中部分按钮功能叙述如下：

退出选择：可以返回上级界面，重新选择要绘制的立面图。

构件更新：或者从工具栏、菜单中选择"构件更新"功能。

续画旧图：程序直接进入立面施工图编辑主界面，可以编辑以前生成的该立面图。

绘制新图：选项，绘制新的立面图。

 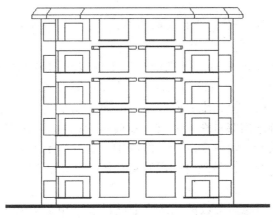 

图 2-78　立面图生成参数　　　　图 2-79　生成正立面　　　图 2-80　"请选择"对话框

采用交互生成立面（剖面）的方式比较灵活，可方便地做出局部（或某几层）的立面、剖面施工图。对于多塔、有温度伸缩缝或平面布置较复杂的建筑，宜采用交互方式生成立面，否则有丢失构件的可能。例如，立面图生成方式选择"交互"方式后单击"绘制新图"按钮，出现如图 2-81 所示"说明"对话框，单击"确定"按钮，按照程序要求绘制出闭合折线，以此来选择要生成立面的区域，绘制的闭合折线应把对绘制立面施工图有作用的构件围起来，之后弹出"PKPMApp"提示信息，如图 2-82 所示。

图 2-81 交互生成立面　　　　　　　　　　图 2-82 提示信息

：绘闭合折线的要求和有关注意事项如下：

（1）闭合折线的节点总数不应超过 200。

（2）闭合折线的最后一条边可不必输入，程序将自动绘制。

（3）程序判断一个构件是否在闭合折线内的原则为：

① 对于按网格定位的构件，如梁、墙、门窗、阳台等，取其中点作为判断的参考点。也就是说，若其中点在闭合折线内，则认为该构件就在闭合折线内。

② 对于按节点定位的构件，如柱，取其定位点作为判断的参考点。

③ 对于按网格、节点两种方式定位的构件，如楼板，输入时其周边每一个节点都作为判断的参考点，即只要其周边有一个节点在闭合折线内，则认为该板就在闭合折线内。

2. 平行投影消隐

程序自动完成平行投影消隐，平行投影消隐计算分三步完成，即：门窗消隐、面消隐和线段归并。

➢ 门窗消隐，是为了从精确三维立面模型中提取立面施工图中的可见门窗信息（如宽、高及基点坐标等），供二维立面施工图编辑时使用。

➢ 面消隐，是指通过分析三维立面模型中的面、线空间位置关系，把不可见的面、线去掉，形成二维立面线框图。为进一步提高计算速度，程序采用分块消隐法，从下向上数，每五层为一块，消隐计算过程中，屏幕提示当前立面的总块数、正在处理的块号、块的面数和已处理完的面数百分比，各块之间有一条水平线未去掉，需手工删除。

➢ 线段归并，是把消隐后形成的二维立面线框图中相同颜色的线段连接起来，以减少立面施工图中的图素数量，提高图形编辑速度。平行投影消隐速度很快，对于一般的建筑，只需几分钟程序即可自动完成一个立面的消隐计算工作。

3．施工图编辑

在"请选择"对话框中，如果单击"续画旧图"按钮，或者立面消隐计算完成后，程序将切换到二维立面线框图编辑主界面，如图 2-83 所示，施工图编辑菜单包括主菜单和右侧屏幕菜单。

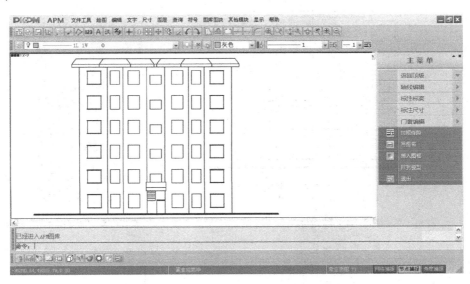

图 2-83　建筑立面施工图程序主界面

由于下拉菜单区菜单中各功能命令和平面施工图中基本相同，不再赘述；下面介绍屏幕菜单中部分需要强调的功能。

1）轴线编辑：其下子菜单可实现删除、增加、标注轴线以及轴线换名的操作。

步骤 1　执行"轴线编辑｜标注轴线"命令，标注轴线效果如图 2-84 所示。

➢"增加轴线"命令执行时应先用光标指定参考轴线，然后输入新增加的轴线与参考轴线间的距离及新的轴线名。

➢"删除轴线"命令则是把当前立面图中不需标注的轴线删去。执行此命令用光标点取要删除的轴线即可。

➢"轴线换名"命令的操作是用光标指定需换名的轴线，然后输入新的轴线名。

➢"标注轴线"命令是用光标拖曳轴线及轴线间的尺寸线到合适位置，即可自动标出轴线间的尺寸。

2）标注标高：其下子菜单如图 2-85 所示，可在各楼层左侧或右侧标注错层信息、楼层门窗标高、楼层标高、门窗标高、单个门窗标高及任意点、线的标高。

步骤 2　执行"标注标高｜左侧楼层"命令，按照命令行提示进行操作，再执行"右侧楼层"命令，最后效果如图 2-86 所示。

➢错层信息：在消隐计算中未记录建筑的错层信息，所以若建筑有错层时，需执行"错层信息"菜单，补充错层信息。需补充的内容包括建筑的首层起始标高及建筑的左、右侧层高。勾选"错层信息"项，单击"确定"按钮后，将弹出"层高数据编辑"对话框，如图 2-87 所示，可以输入左、右侧标高及层高信息。如果修改层高信

息，输入或者选择数据后单击"修改层高"按钮 ，层高数据即可更新。如果单击"不存退出"按钮 不存退出 ，本次的修改操作将不被保存。

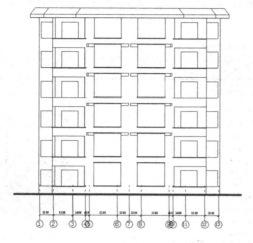

图 2-84　轴线标注　　　　　　　　　　　图 2-85　"标注标高"子菜单

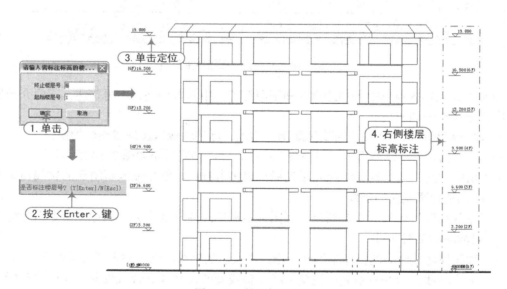

图 2-86　楼层标高标注

➤ 楼层、门窗标高：可在窗口左侧或右侧标注楼层和门窗标高。单击菜单命令后，在随后弹出的"请输入需标注标高的楼层号"对话框中，输入需连续标注标高的起始楼层号和终止楼层号，然后移动光标拖曳标高符号到合适位置即可。

➤ 门窗标高：可标注窗口上任意门窗的标高；单击这项菜单后，用光标指定需标注标高的门窗，然后移动光标拖曳标高符号到合适位置。

➤ 任意标高：可标注窗口上任意点、线的标高，包括"输数标注"和"点取标注"两种。"输数标注"是由用户输入标高值，如图 2-88 所示，再指定标注位置。"点取标注"是由用户在图中选取要标注标高的点、线，程序自动算出标高值，再指定标注位置。在指定位置时可按〈Tab〉键转换标注方向。

图 2-87　错层信息对话框　　　　　　　　图 2-88　输数标注

3）标注尺寸：单击此菜单后，弹出子菜单如图 2-89 所示，可在各楼层左侧或右侧标注错层信息、楼层门窗尺寸、楼层尺寸、门窗尺寸及总尺寸。

步骤3　执行"标注尺寸丨左楼门窗"和"左总尺寸"命令，按照命令行提示操作。

步骤4　再执行"标注尺寸丨右楼门窗"和"右总尺寸"命令，标注尺寸效果如图 2-90 所示。

➤ 错层信息：这项菜单的功能及操作方法与"标注标高"中的"错层信息"一致。当建筑有错层时，这两项菜单仅需执行一个即可。

> **注意**：在此重复列出这项菜单的目的是为了增强软件的灵活性，既可先标注标高，也可先标注尺寸，无次序要求。

➤ 楼层门窗尺寸：可在窗口左侧或右侧标注楼层和门窗尺寸，在执行命令后弹出的对话框中确定了标注的楼层号后，鼠标点取一点作为尺寸线定位点即可。

➤ 楼层尺寸：可在窗口左侧或右侧标注楼层尺寸，操作方法同上。

➤ 门窗尺寸：可标注窗口上任意门窗的竖向尺寸，操作方法同上。

➤ 总尺寸：可在窗口左侧或右侧标注建筑立面总尺寸线，操作方法同上。

➤ 门窗编辑：这项菜单的功能包括：门窗插入、门窗替换、左右翻转、画窗台、画窗套，如图 2-91 所示。

➤ 门窗插入：当前立面上的门窗只绘制了外框，若要绘制完整的门窗，需执行本项菜单。单击这项菜单后，程序用红色圆点标出各门窗的基点，要求用光标在要绘制门窗的窗基点上逐个选取，或按〈Tab〉键改为窗口方式选取，程序将绘制出各指定门窗的式样。应注意：门窗式样的选取是事先在 APM 程序执行"建筑模型输入"命令中的"门窗定义"中完成的。

➤ 门窗替换：单击菜单后，在窗口上直接选取替换的源门窗，或按〈Esc〉键从图库中选取源门窗，然后点取要替换的目标门窗处的红色基点，则目标门窗替换为源门窗。

➤ 左右翻转：对于左右不对称的门窗图块，当插入方向不对时，可用此功能将图块翻转，单击此菜单后，再点取要翻转的门窗即可。

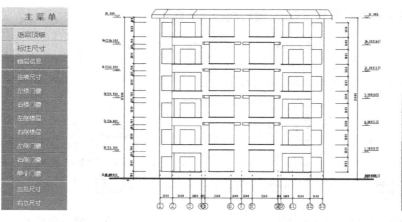

图 2-89 "标注尺寸"子菜单　　　　　图 2-90　尺寸标注　　　　　图 2-91 "门窗编辑"子菜单

> 画窗套：单击此菜单后，弹出如图 2-92 所示的对话框，确定各项参数后，点取要绘制窗套的窗户，则自动绘制出窗套。

> 画窗台：单击此菜单后，弹出如图 2-93 所示的对话框，确定各项参数后，点取要绘制窗台的窗户，则自动绘制出窗台。

　　　　　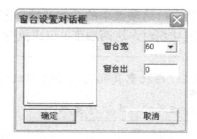

图 2-92 "窗套定义"对话框　　　　　图 2-93 "窗台设置"对话框

> 画落水管：该菜单命令在下拉菜单"符号"下，单击这项菜单后，在弹出的如图 2-94 所示的"请输入落水管参数"对话框中，输入落水管上端高度、下端高度和管径三个数值，确定后可用鼠标拖动落水管在水平方向移动，在合适位置单击鼠标左键，即可完成落水管的布置操作。

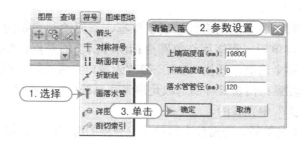

图 2-94　画落水管

步骤 5　执行"写图名"命令，插入图名后效果如图 2-95 所示。

步骤6　至此，正立面施工图绘制完成，将其他立面图完成后，单击"退出"按钮▣，弹出"PKPMApp"对话框，可以在其中选择是否在退出程序前保存修改，如图 2-96 所示（如果选择"否"，最后一次单击"保存"按钮之后的修改将不被保存）。

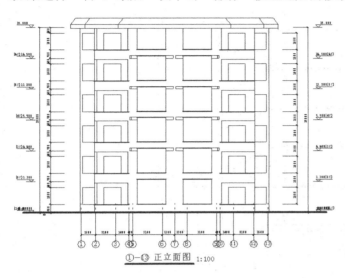

图 2-95　正立面图

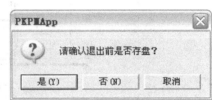

图 2-96　退出程序

 2.2.3　建筑剖面施工图

剖面施工图的操作与立面施工图十分相近，可参照立面施工图的操作过程绘制剖面施工图，给出 1—1 剖面图绘制完成效果图，如图 2-97 所示，这里仅简要介绍绘制剖面施工图时的操作提示。

1. 剖面定义

在绘制剖面施工图前，要在首层平面施工图上定义剖面或利用"补充剖面"功能定义剖面，各剖面按定义的先后次序排列，相应的剖面图名分别为 SA.T、SB.T、SC.T⋯。

　➢ 要特别强调指出的是，在首层平面施工图上标注剖面符号时，一定要先用〈F10〉功能键设定好角度，并按〈F4〉键打开角度捕捉开关。否则，作剖切计算时会有误差。

　➢ 在剖面图补充剖面时，需要先选择"补充剖面"项目，然后按"确定"按钮，如图 2-98 所示，才能够绘制剖面线，剖面定义完毕后，需要单击"退出补充"命令退出定义剖面编辑状态。

2. 三维剖面模型

对已经定义的剖面如果选择"绘制新图"或"构件更新"功能按钮，将弹出"剖面图生成选项"对话框。在此建议用"交互"方式绘制剖面图，单击"绘制新图"按钮，弹出"说明"对话框，单击"确定"按钮后，进入剖面交互界面，在屏幕平面图中显示一条红色粗实线，该线为剖切线，剖切线旁有一红色箭头，该箭头所指方向为视向，此时使用"绘制围栏"命令来绘制围栏，然后将弹出"PKPMApp"对话框，直接单击"是"按钮即可，如

图 2-99 所示。

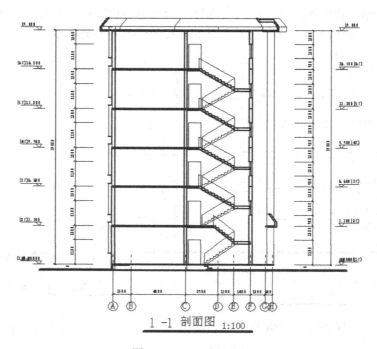

1 —1 剖面图 1:100

图 2-97　1—1 剖面图

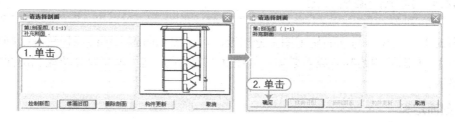

图 2-98　"请选择剖面"对话框

 ：楼梯休息平台板由程序自动绘制，在布板时可不必考虑楼梯休息平台。

3. 剖面线

墙、梁、楼板、楼梯等构件与剖切线的交线（剖面线）由程序自动以粗实线绘制，剖面线为正常线宽的两倍。

4. 图案填充

剖面图图案填充与立面施工图一样，有材料符号填充功能，如砖墙、钢筋混凝土符号等。建筑剖面图程序中增加了自动填充墙体、楼板、梁截面的功能。

5. 细节绘制

在如图 2-100 所示"细节绘制"子菜单中，其下主要子菜单命令的含义解释如下。

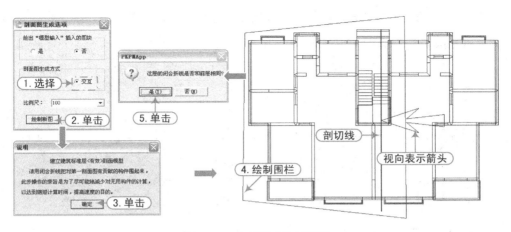

图 2-99　交互模式绘制围栏

> 踢脚墙裙：可在楼板上绘制踢脚墙裙。用光标在楼板上分别单击踢脚墙裙的起始和终止点，程序即可自动绘制踢脚墙裙线，并可将踢脚板在墙线剖切位置自动打断，以及自动绘制出踢脚剖断面。

> 加保温层：由用户单击要绘制保温层的墙面的起始和终止两点，并指出绘制方向和保温墙的厚度，程序可自动在墙面一侧绘制出保温层，并可自动在楼板处截断。

> 绘预制板：可选择不同形式的预制板，按各种角度插入图中，选择预制板时还可修改单块板宽、块数或总宽度，并可改变插入基点，如图 2-101 所示。

图 2-100　"细节绘制"子菜单　　　　图 2-101　预制板设计对话框

> 楼板加梁：执行命令，按照命令行提示操作，先选择一增加梁的参考点，然后输入梁左侧、梁右侧、梁底边距参考点的距离，程序将自动绘制出梁截面，并将楼板截断。

> 阳台加梁：执行此命令，在弹出的如图 2-102 所示"阳台梁参数设置"对话框中首先选择一种梁样式，然后设置该梁样式的相应参数并单击"确定"按钮后，在用光标点取需要加梁的阳台截面的最外侧轮廓线，接下来，程序会自动绘制出阳台梁、阳台扶手及栏板。

> 剖面檐口：可选择一种檐口的截面形式，并可修改各部分尺寸和插入点，然后在窗

口上单击确定檐口位置，如图 2-103 所示，即可将它插入窗口中。

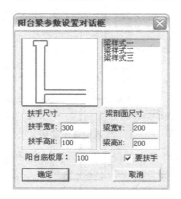

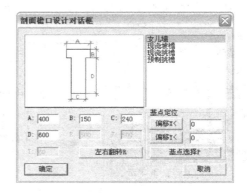

图 2-102　"阳台梁参数"对话框　　　　图 2-103　"剖面檐口设计"对话框

6. 剖面图中其他注意事项

➢ 立、剖面施工图中增加了门窗换型功能，"画窗套"功能更丰富，可以只绘制上下窗套，还可多窗加窗套。

➢ 立、剖面施工图中增加了"做法标注"功能，可一次输入整个做法标注，也可对已标出的文字进行任意的编辑修改。该功能在下拉菜单"文字"内。

2.3　建筑三维渲染

 视频\02\建筑三维渲染.avi
案例\02\建筑设计

选择 APM 主菜单的第 9 项 "9.三维模型渲染"，进入建筑三维渲染图的绘制，如图 2-104 所示。

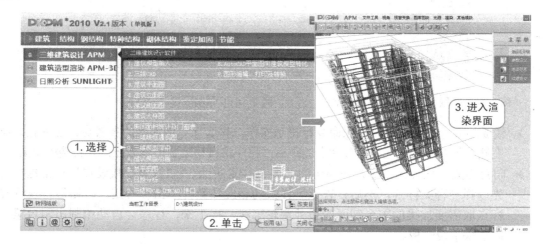

图 2-104　开始三维渲染

> **注意**：在建筑三维渲染图的绘制界面中，屏幕的功能主菜单有"参数定义""地面范围"和"纹理定义"三项。

> **注意**：APM 提供了"渲染""新光线跟踪渲染"和"新渲染方法"三种渲染算法，可制作各种室外、室内、白天和夜晚等多种场景的效果图。

步骤 1　执行"参数定义"命令，弹出"参数定义"对话框，设置参数后单击"确定"按钮即可，如图 2-105 所示。

在"参数定义"对话框中，部分信息含义如下：

图 2-105　"参数定义"对话框

➢ 图像文件名：可输入要生成的彩色效果图的文件名，程序中默认文件名为 AAA.TIF。在 APM 软件中，程序可接受的图像格式有 TIF、PCX、TGA、GIF、JPG、BMP 六种，其中 PCX 和 GIF 格式可包含 256 种颜色，其他都是 24 位真彩色，即可达到一千六百万种颜色。

➢ 图像分辨率：可选择或输入要生成图像的分辨率大小，程序提供的选项有 320×200 像素、640×480 像素、800×600 像素、1024×768 像素、2000×1500 像素、3000×2000 像素几档，其中小于 1024×768 像素的几项是用于在计算机屏幕上显示时使用的，而 2000×1500 像素及 3000×2000 像素两项是用于最终生成要打印输出的高分辨率图像的。如果还要制作其他分辨率的图像，可直接输入数值。APM 软件中可计算的最高分辨率为 4000×4000 像素。

➢ 是否计算纹理：若选"否"，则渲染图像无质感效果；若选"是"，则需在纹理定义对话框中给构件定义材料图片名，使渲染后的图像有纹理质感效果。

➢ 是否计算透明：计算透明其计算时间比不计算透明多 50%左右。

➢ 背景文件名：可设生成的渲染图像背景，如需设置则用鼠标单击"≫"按钮，则程序弹出一页背景图片文件选择对话框如图 2-106 所示。其中有蓝天白云、夕阳西下、阳光普照等各种背景图片，可用鼠标选取背景文件。

步骤 2　执行"地面范围"命令，弹出的"请输入"对话框，如图 2-107 所示，调整APM 提供的地面场景，当建筑物范围较大时，可加大此值；当建筑物范围较小时，或制作室内效果图时，可减小此值。地面范围较大时会增加计算时间。

步骤 3　建筑物中的各种构件都是由不同材料组成的，如玻璃、木材、金属、砖等，每种材料都有自己的颜色、材质和纹理。执行"纹理定义"命令后，会弹出"纹理定义"对话框，在其中设置参数后单击"确定"即可，如图 2-108 所示。

步骤 4　在下拉菜单中选择"渲染 | 新渲染方法"菜单命令或单击工具栏图标 进入Brender 渲染界面，在此界面中，单击 按钮，弹出"渲染图像"对话框，在对话框中设置渲染参数后程序自动生成渲染效果图，如图 2-109 所示。

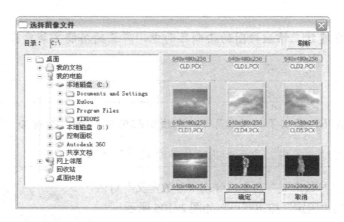

图 2-106 "选择图像文件" 对话框

图 2-107 地面范围的对话框

图 2-108 "定义纹理" 对话框

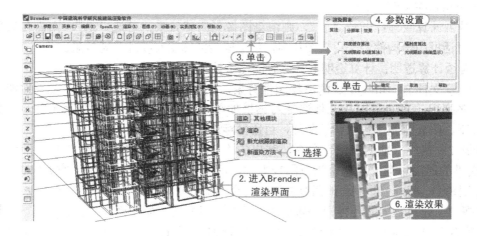

图 2-109 "新渲染方法" 渲染效果

步骤 5 在 Brender 渲染界面的右下角单击关闭按钮 ⊠ 弹出界面，返回到三维主渲染界面，换一种渲染方式，单击工具栏图标"新光线跟踪渲染"按钮 ，在弹出的"光线跟踪渲染选项设置"对话框中设置参数后，单击"渲染"按钮，程序将自动按照设置的参数进行渲染，如图 2-110 所示。

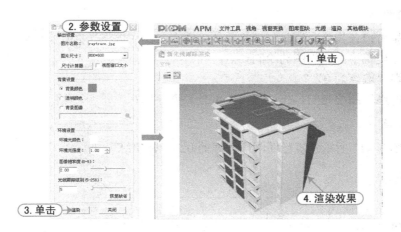

图 2-110　新光线跟踪渲染

本 章 小 结

通过本章的学习，读者应了解并掌握 APM 建筑设计板块的基本操作与应用，并能够使用此软件绘制出建筑图，包括建筑模型的创建、建筑平面施工图的绘制、建筑立面施工图的绘制、建筑剖面施工图的绘制以及三维模型的渲染。

建筑模型的创建主要掌握轴线输入命令，轴线命名命令，墙、柱等构件的布置，切换标准层以及楼层组装等操作。

重点掌握绘制建筑施工图，包括建筑平面图、建筑立面图以及建筑剖面图等。

思考与练习

1．填空题

（1）在 APM 软件绘图屏幕中，可以随时单击＿＿＿＿＿＿开关（　）进入实时漫游状态，以查看图形的三维渲染状态。

（2）轴线命名后，执行＿＿＿＿＿＿命令，可将轴线轴号在显示与隐藏之间切换。

（3）想要删除部分轴网中的节点，应执行的命令是＿＿＿＿＿＿命令，如果想要清理掉所有没用上的节点应执行＿＿＿＿＿＿命令。

（4）在执行"轴线命名"命令时，可按＿＿＿＿＿＿键进行单个轴线命名和批量轴线命名操作的切换。

（5）执行"本层布置"下菜单命令，在"构件类型选择"对话框中可以对其中列出的构件进行＿＿＿＿＿＿、＿＿＿＿＿＿、＿＿＿＿＿＿、＿＿＿＿＿＿、＿＿＿＿＿＿等操作。

（6）在＿＿＿＿＿＿单击＿＿＿＿＿＿按钮，再选择＿＿＿＿＿＿选项，可进行换标准层的操作。

2. 思考题

（1）如果希望在构件布置时，使构件环外墙布置，应该将光标置于何处单击？
（2）简述建筑平面施工图的绘制要点。
（3）何谓"墙高为 0"？
（4）立面施工图绘制的操作过程大致可分为哪三步？

3. 操作题

绘制如图 2-111 所示建筑平面图形（案例\02\02 建筑练习.dwg）。

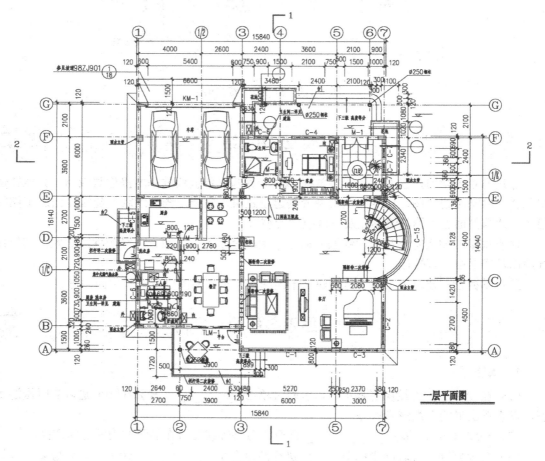

图 2-111 练习

第 3 章　PKPM 结构设计快速入门

课前导读

　　PMCAD 是 PKPM 系列 CAD 软件的基本组成模块之一，它采用人机交互方式，引导用户逐层地布置各层平面和各层楼面，并具有较强的荷载统计和传导计算功能，可方便地建立整栋建筑的数据结构。

本章要点

　　▱ 建筑模型创建
　　▱ 配筋计算及结果分析
　　▱ 施工图绘制

3.1　建立模型训练

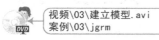
视频\03\建立模型.avi
案例\03\jgrm

例题：以第 2 章的建筑成果为例，给出平面图（案例\02\02 建筑图例.dwg），用 PKPM "结构"板块功能绘制其结构施工图。

在 PKPM 2010 中，一个工程应对应一个工程目录，首先创建新工程目录如下。

步骤 1　在 Windows 操作系统下，双击桌面 图标启动 PKPM 程序，选择"结构"选项，显示软件界面。

步骤 2　单击"改变目录"按钮 改变目录 ，弹出"选择工作目录"对话框，并"新建"一个工作目录"jgrm"文件，如图 3-1 所示。

图 3-1　新建工作目录

步骤 3　选择"PMCAD|建筑模型与荷载输入"菜单，单击"应用"按钮，在随后弹出的 "请输入"对话框中，如图 3-2 所示，输入名称为"jgrm"后单击"确定"按钮，随后进入结构模型输入界面。

3.1.1　轴网的建立

在右侧屏幕菜单中执行"轴线输入"命令，从中选择所需的菜单命令，绘制轴网。

例如，本工程为正交轴网，执行"正交轴网"及"轴线命名"命令，其操作步骤如下。

图 3-2　输入文件名对话框

步骤 1　输入下开间：1500，3500，4800，4800，3500，1500，如图 3-3 所示。

步骤 2　输入上开间：3600，1800，3100，2600，3100，1800，3600，如图 3-4 所示。

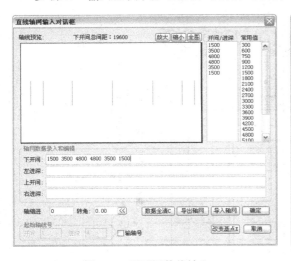

图 3-3　下开间数值输入　　　　　　　　　图 3-4　上开间数值输入

步骤 3　输入左进深：1500，4500，2700，3900，600，如图 3-5 所示。

步骤 4　输入右进深：1500，4500，2700，1300，1400，1200，600，如图 3-6 所示。

步骤 5　单击对话框右下角"确定"按钮，在屏幕绘图区插入直轴网即可。

步骤 6　执行"轴线命名"命令，按照如下命令行提示操作，效果如图 3-7 所示。

```
轴线名输入:请用光标选择轴线（〈Tab〉成批输入）：        // 按〈Tab〉键
移光标点取起始轴线：                                    // 点取下开间最左侧轴线
移光标点取终止轴线：                                    // 点取下开间最右侧轴线
移光标去掉不标的轴线（〈Esc〉没有）：                    // 按〈Esc〉键
```

输入起始轴线名： // 输入"1"后按〈Enter〉键
移光标点取起始轴线： // 点取左进深最下侧轴线
移光标点取终止轴线： //点取左进深最上侧轴线
移光标去掉不标的轴线（〈Esc〉没有）： // 按〈Esc〉键
输入起始轴线名： // 输入"A"后按〈Enter〉键

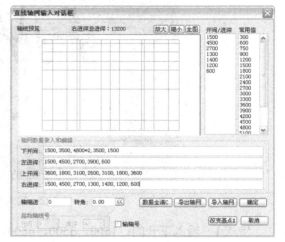

图3-5　左进深数值输入　　　　　　　　图3-6　右进深数值输入

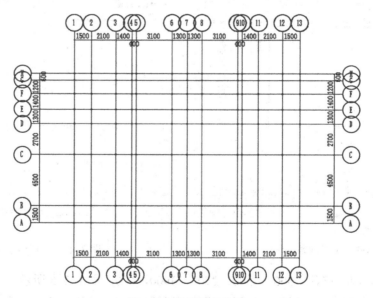

图3-7　轴线命名效果

> **注意**：建模时不必理会轴线的轴号重叠问题，施工图绘制时的轴线标注才是最后出图。
>
> 轴线命名后，执行"轴线显示"命令，可将轴线显示或隐藏。

3.1.2　柱、梁布置

　　轴网绘制完成后，开始梁、柱等结构承重构件的布置，本例中无承重墙，无需进行墙体布置。

　　步骤 1　执行"楼层定义|柱布置"命令，在弹出的"柱截面列表"对话框中，单击"新建"按钮，按照表 3-1 创建框架柱，布置框架柱准备工作，如图 3-8 所示，布置如图 3-9 所示。

表 3-1　框架柱数据

截 面 类 型	1
矩形截面宽度/mm	450
矩形截面高度/mm	500
材料类别	6：混凝土

图 3-8　柱布置准备

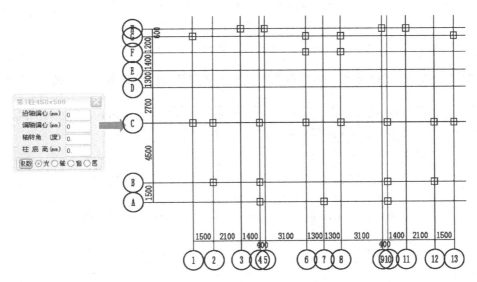

图 3-9　柱布置

　　步骤 2　执行"主梁布置"命令，同布置柱一样地操作，先按照表 3-2 新建梁截面，如图 3-10 所示，再布置此梁，如图 3-11 所示。

表 3-2   框架梁数据

截 面 类 型	1
矩形截面宽度/mm	240
矩形截面高度/mm	400
材料类别	6：混凝土

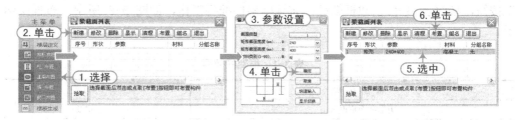

图 3-10   新建梁操作

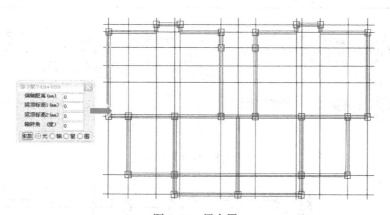

图 3-11   梁布置

步骤 3   执行"轴线输入 | 两点直线"命令，捕捉等分点绘制直线，如图 3-12 所示。

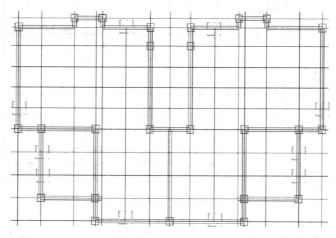

图 3-12   两点直线

步骤 4 重复执行"主梁布置"命令，新建截面尺寸为 240*300 的次梁，将次梁当主梁布置，如图 3-13 所示。

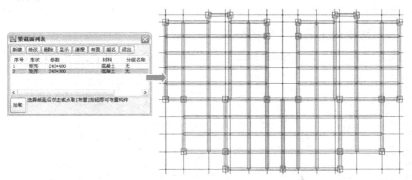

图 3-13 次梁布置

步骤 5 布置楼梯处层间梁，如图 3-14 所示。

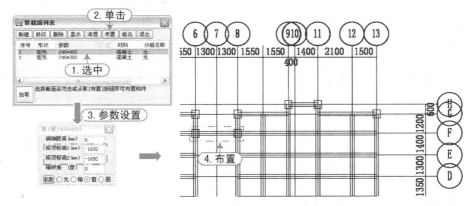

图 3-14 布置层间梁

步骤 6 在下拉菜单中执行"清理网点"命令、"删除节点"命令以及"删除网格"命令，效果如图 3-15 所示。

步骤 7 执行"本层信息"命令，在对话框中设置本层信息，如图 3-16 所示。

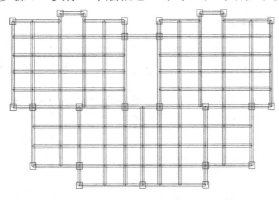

图 3-15 删除效果

图 3-16 本层信息

3.1.3 楼板布置

接下来，开始楼板的生成与局部的修整。

步骤 1 执行"楼层定义｜楼板生成｜生成楼板"命令，生成楼板如图 3-17 所示。

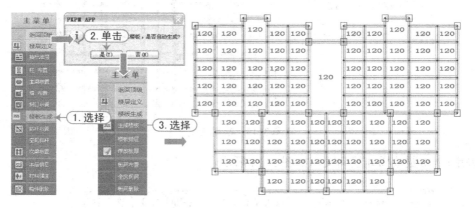

图 3-17 生成楼板

步骤 2 执行"楼层定义｜楼板生成｜修改板厚"命令，修改楼梯板厚为 0，如图 3-18 所示。

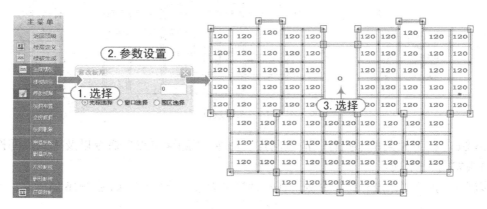

图 3-18 楼梯板厚修改

注意：在电算荷载数据输入时，楼梯间荷载有一种输入方法是：将楼梯间板厚取为 0，将楼梯荷载折算成楼面荷载，在输入楼面恒荷载时，将楼梯的面荷载加大。这种方法的优点只是方便，但是不是很符合实际受力情况，不是很合理。

第二种方法是将楼梯的荷载折算为线荷载，作用在梁上，这种方法更接近实际受力情况，比较准确。本例题采用第一种简便方法计算楼梯荷载。

步骤 3 执行"楼层定义｜楼板生成｜楼板错层"命令，卫生间向下错层 20mm，如图 3-19 所示。

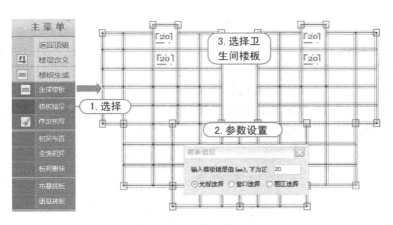

图 3-19　楼板布置

步骤 4　执行"两点直线"命令，绘制阳台轴线，并执行"主梁布置"命令，布置 240*300 的阳台梁，如图 3-20 所示。

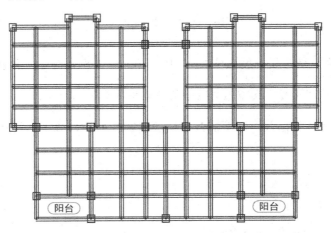

图 3-20　阳台

步骤 5　执行"楼层定义 | 楼板生成 | 生成楼板"命令后执行"修改板厚"命令，将阳台板厚改为 100，如图 3-21 所示。

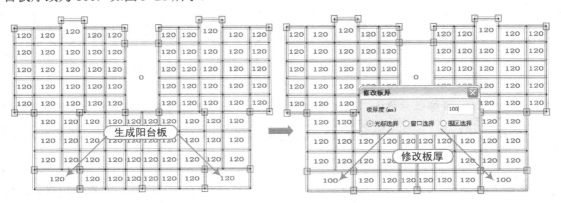

图 3-21　阳台板生成及板厚修改

3.1.4 荷载输入

建筑构件绘制完成，开始进行荷载的输入。

步骤 1　设置楼面的恒活荷载，执行"荷载输入 | 恒活设置"命令，弹出"荷载定义"对话框，如图 3-22 所示，在其中设置参数后，单击"确定"按钮即可。

图 3-22　恒活荷载设置

> **注意**：楼面恒荷载一般取值在（5.0，7.0）范围内，具体可根据楼面做法计算。
>
> 其活荷载值可查 GB 50009—2012《建筑结构荷载规范》得到。

步骤 2　执行"荷载输入 | 楼面荷载 | 楼面恒载"命令，修改楼梯板面荷载为 6.5，如图 3-23 所示。

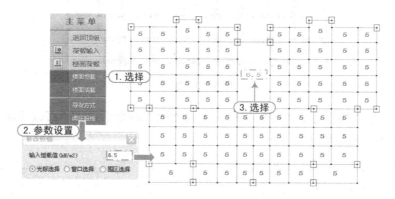

图 3-23　楼梯恒荷载修改

> **注意**：楼梯恒荷载比一般楼面恒荷载大一些是因为楼梯的受荷面积是按照投影面积计算的，那么相应的楼梯荷载需要计算斜板的自重，即楼梯的折算面荷载与实际面荷载有夹角换算的关系。

步骤 3　执行"梁间荷载 | 梁荷定义"命令，定义值为 11.5 和 10.5 的均布线荷载，如图 3-24 所示。

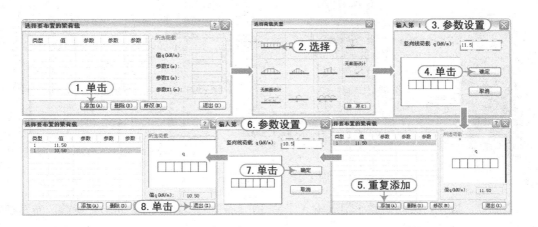

图 3-24 梁间荷载定义

注意：梁间荷载主要是其上承担的墙体重量，墙体又可分为有门窗的墙和无门窗的墙，可近似取折减系数（0.8，0.9）；梁自重是程序自动计算的，不需人工输入。

步骤 4 执行"梁间荷载 | 数据开关"命令，勾选"数据显示"，如图 3-25 所示。

图 3-25 数据开关打开

步骤 5 执行"梁间荷载 | 恒载输入"命令，布置值为 11.50 的梁间荷载，操作如图 3-26 所示。

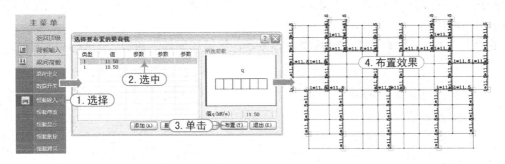

图 3-26 11.50 荷载布置

步骤 6 执行"梁间荷载 | 恒载输入"命令，布置值为 10.50 的梁间荷载，操作如图 3-27 所示。

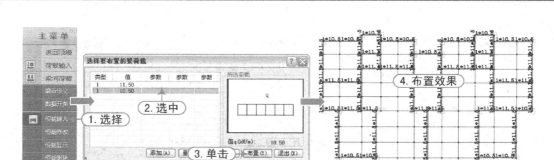

图 3-27   10.50 荷载布置

步骤 7   执行"梁间荷载 | 恒载输入"命令，新建值为 2.00 的梁间均布荷载，布置在阳台梁上，如图 3-28 所示。

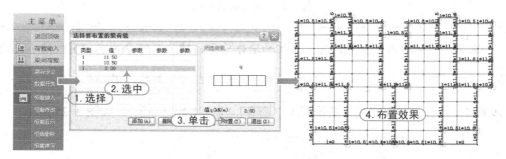

图 3-28   阳台梁恒荷载布置

3.1.5   换标准层

步骤 1   至此，首层结构平面图绘制完成，开始不上人屋面的屋顶层结构图的绘制，执行"楼层定义 | 换标准层"命令，选择"添加新标准层"和"全部复制"，操作如图 3-29 所示。

步骤 2   修改第 2 标准层平面图，首先执行"荷载输入 | 梁间荷载 | 恒载删除"命令，删除原梁间恒荷载。

步骤 3   执行"荷载输入 | 恒活设置"命令，设置屋面恒活荷载，如图 3-30 所示。

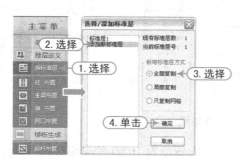

图 3-29   换标准层

图 3-30   恒活荷载设置

步骤 4　执行"楼层定义 | 本层修改 | 主梁查改"命令，在弹出的可修改"构件信息"面板中修改楼梯层间梁，如图3-31所示。

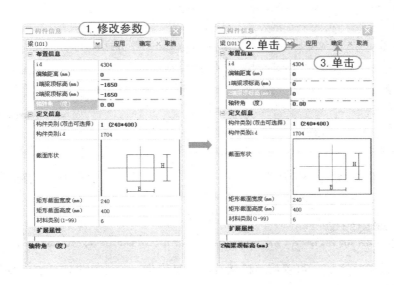

图3-31　楼梯梁查改

步骤 5　执行"荷载输入 | 楼面荷载 | 楼面恒载"命令，修改楼梯间板处恒载为 7.0，如图3-32所示。

步骤 6　执行"楼层定义 | 楼板生成 | 修改板厚"命令，修改楼梯板和阳台板厚为120，如图3-33所示。

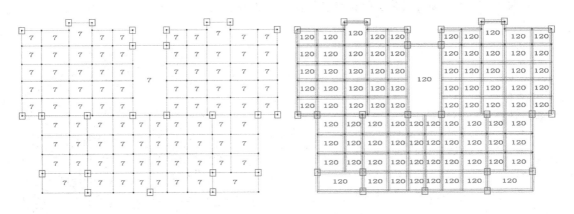

图3-32　修改楼面恒荷载　　　　　　图3-33　修改板厚

步骤 7　执行"两点直线"和"主梁布置"命令，补充布置梁 240*300 效果，如图3-34所示。

步骤 8　执行"设计参数"命令，在"楼层组装—设计参数"对话框中设置参数，本例题中取程序初始值，如图3-35所示。

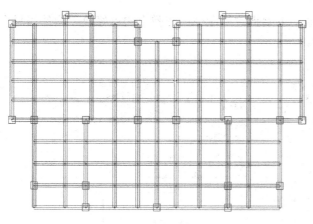

图 3-34　补充梁布置

图 3-35　设置参数

3.1.6 楼层组装

全楼数据设置好之后，可查看整栋建筑的三维模型，方法为先进行室外地坪的设计，再进行全楼模型的组装。

步骤 1　执行"楼层组装|楼层组装"命令，按照如下方式组装楼层，操作如图 3-36 所示。

➢ 选择"复制层数"为1，选取"第1标准层"，"层高"为4500。

➢ 选择"复制层数"为4，选取"第1标准层"，"层高"为3300。

➢ 选择"复制层数"为1，选取"第2标准层"，"层高"为3300。

步骤 2　执行"楼层组装|整楼模型"命令，查看整楼模型，如图 3-37 所示。

图 3-36　楼层组装

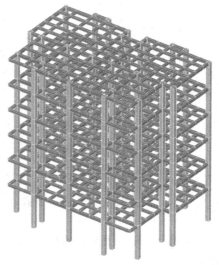

图 3-37　全楼效果

步骤 3　执行"保存"命令后执行"退出"命令，选择"存盘退出"。

3.2 计算分析训练

视频\03\计算分析.avi
案例\03\jgrm

选择 SATWE 主菜单的项目，即可对所绘结构图进行计算和分析。

3.2.1 SATWE 数据生成

选择 SATWE 主菜单的第 1 项"1.接 PM 生成 SATWE 数据"，单击"应用"按钮进入"SATWE 前处理"对话框，如图 3-38 所示。

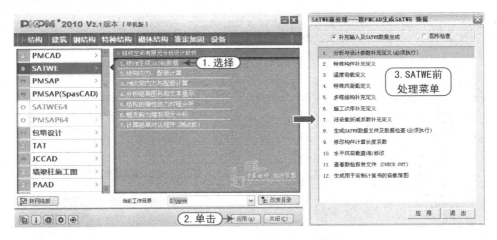

图 3-38 "SATWE 前处理"对话框

步骤 1 依次单击"补充输入及 SATWE 数据生成 | 1.分析与设计参数补充定义"选项，单击"应用"按钮进入参数设计对话框，程序提供了 11 项参数的设置，如图 3-39 所示，本题中单击"确定"按钮，取程序初始值。

步骤 2 依次单击"补充输入及 SATWE 数据生成 | 2.特殊构件补充定义"选项，单击"应用"按钮进入特殊构件补充定义绘图环境，如图 3-40 所示。

步骤 3 执行"特殊柱 | 角柱"命令，在当前标准层选择柱定义为角柱，如图 3-41 所示。

步骤 4 执行"换标准层 | floor 2"命令，程序将平面图切换到第 2 标准层。

步骤 5 再次执行"特殊柱 | 角柱"命令，在第 2 标准层选择柱定义为角柱，如图 3-42 所示。

步骤 6 执行"保存"命令后执行"退出"命令，返回到"SATWE 前处理"对话框中。

步骤 7 依次单击"补充输入及 SATWE 数据生成 | 8. 生成 SATWE 数据文件及数据检查"选项，单击"应用"按钮，开始数据的生成和检查，如图 3-43 所示。

图 3-39 分析与设计参数补充定义

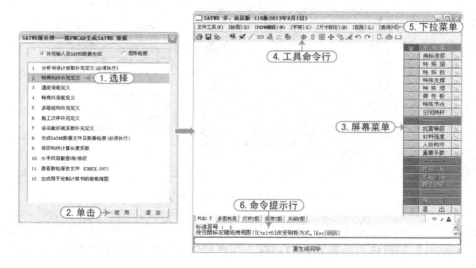

图 3-40 特殊构件补充定义绘图环境

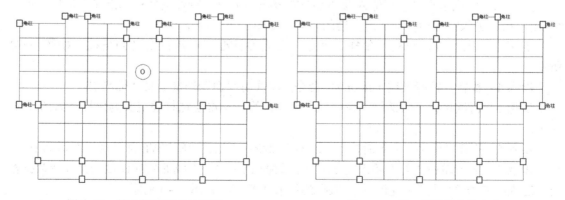

图 3-41 第 1 标准层角柱定义　　　　图 3-42 第 2 标准层角柱定义

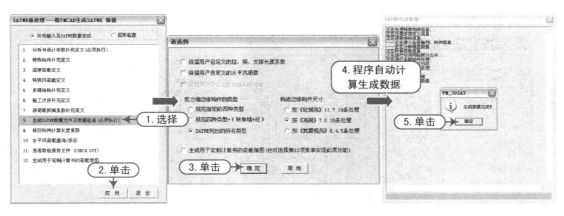

图 3-43　数据生成及检查操作

步骤 8　依次单击"补充输入及 SATWE 数据生成 | 11.查看数检报告文件（CHECK.OUT）"选项，单击"应用"按钮，调出文件，如图 3-44 所示。

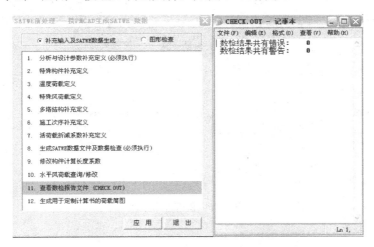

图 3-44　数据文件查看

步骤 9　在"SATWE 前处理"对话框中单击"退出"按钮 退出 ，返回到 SATWE 的主菜单。

3.2.2　SATWE 计算

选择 SATWE 主菜单的第 2 项"2.结构内力，配筋计算"，单击"应用"按钮，程序开始计算内力及配筋，如图 3-45 所示。

3.2.3　SATWE 分析

选择 SATWE 主菜单的第 4 项"4.分析结果图形和文本显示"，如图 3-46 所示，单击"应用"按钮，程序弹出"SATWE 后处理"对话框，如图 3-47 所示。

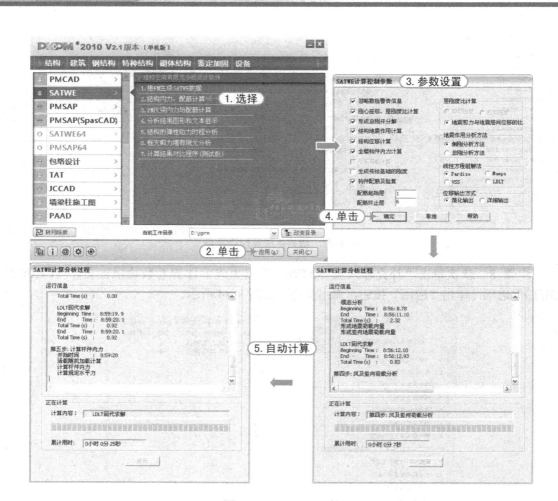

图 3-45　SATWE 计算

图 3-46　分析结果图形和文本显示

步骤 1　依次单击"图形文件输出 | 1.各层配筋构件编号简图"选项，单击"应用"按钮显示构件编号简图，如图 3-48 所示（**图形分析：建筑质心和刚心相距不远，说明此建筑**

结构的布置基本合理，结构大部分是规则的）。

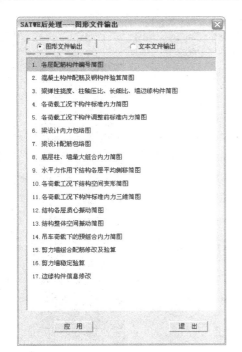
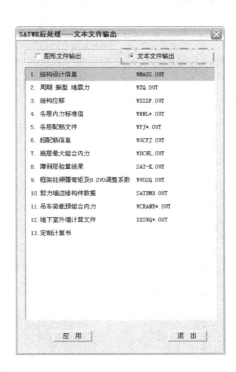

图 3-47 "SATWE 后处理"对话框

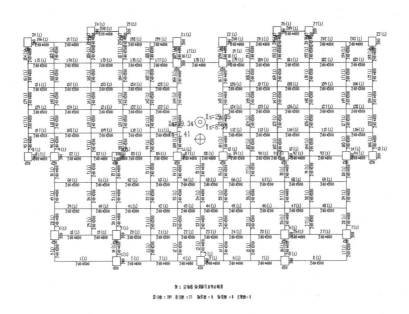

图 3-48 构件编号简图

步骤 2 依次单击"图形文件输出|9.水平力作用下结构各层平均侧移简图"选项，单击"应用"按钮，屏幕显示地震力作用下楼层反应曲线，如图 3-49 所示（**图形分析**：从

图 3-49 中可以看出，在地震力作用下，受影响最大的是第 6 层）。

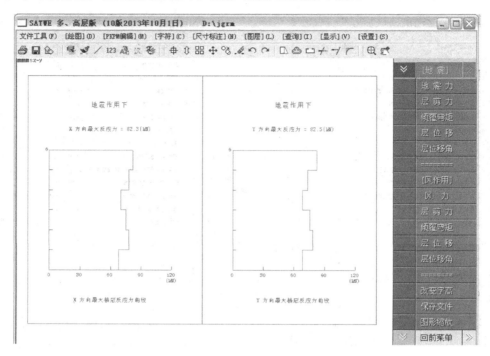

图 3-49　地震力作用下楼层反应曲线

步骤 3　执行"地震丨层剪力"命令，显示层剪力图形，如图 3-50 所示。

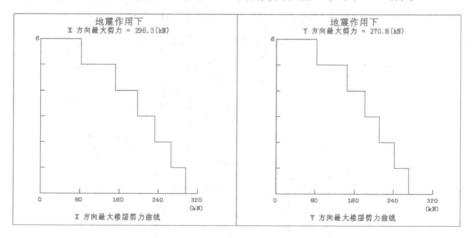

图 3-50　层剪力图形

步骤 4　执行"地震丨倾覆弯矩"命令，显示倾覆弯矩图形，如图 3-51 所示。

步骤 5　执行"地震丨层位移"命令，显示层位移图形，如图 3-52 所示。

步骤 6　执行"地震丨层位移角"命令，显示层位移角图形，如图 3-53 所示（**图形分析**：比较 X、Y 方向上的层间位移角 1/2500 和 1/2290 均未大于 1/550，层间位移角符合规范规定）。

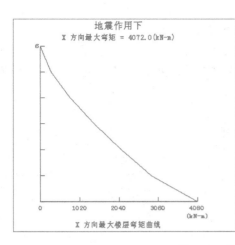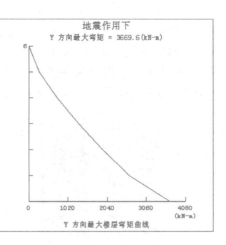

图 3-51　倾覆弯矩图形

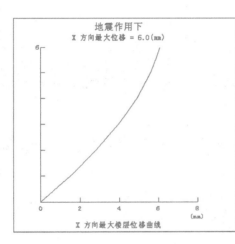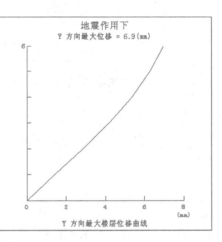

图 3-52　层位移图形

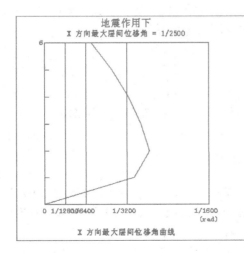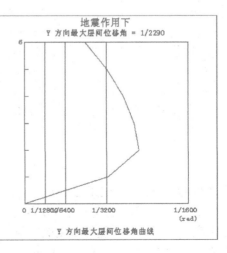

图 3-53　层位移角图形

步骤 7　同样的，依次查看在风力作用下的各选项图形。

步骤 8　执行"回前菜单"命令，返回到"SATWE 后处理"对话框。

步骤 9　依次单击"图形文件输出｜13.结构整体空间振动简图"选项，单击"应用"按钮，然后选择振型查看图形，如图 3-54 所示。

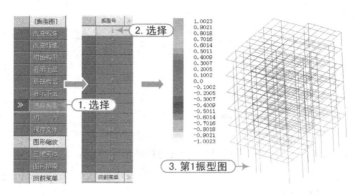

图 3-54　第 1 振型图

> **注意**：振型中主要查看 1、2 和 3 振型，需要第 1 和 2 振型应以平动为主，第 3 振型应以扭转为主。

步骤 10　依次单击"文本文件输出｜1.结构设计信息"选项，查看其中重要信息，如图 3-55 所示。

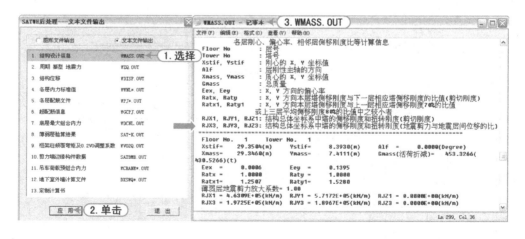

图 3-55　剪重比等参数

文本分析：在第 1 层第 1 塔中，"Ratx1=1.2507，Raty1=1.5280"均大于 1.0，即表示"X，Y 方向本层塔侧移刚度与上一层相应塔侧移刚度的比值"大于 70% 或"X，Y 方向本层塔侧移刚度与上三层平均侧移刚度的比值"大于 80%，即符合规范要求。

步骤 11　依次单击"文本文件输出｜2.周期、振型、地震力"选项，单击"应用"按钮，查看其中重要信息，如图 3-56 所示。

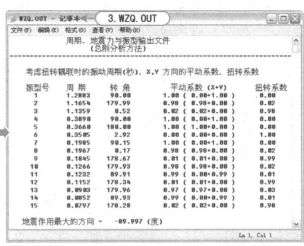

图 3-56　周期、振型、地震力文本信息

文本分析：首先验算周期比，找到平动第 1 周期值为 1.2883，转动第 1 周期值为 0.3505，那么 0.3505/1.2883=0.272＜0.9，周期比符合要求；地震作用最大的方向值为-89.997°＞15°，不符合规范；查看 X、Y 方向的楼层最小剪重比，均大于 1.6%，符合《抗规》的要求；查看 X、Y 方向的有效质量系数均大于 90%，说明结构的振型个数取得足够了。

> **注意**：由图中信息，地震作用最大的方向为"-89.997°"，应执行"SATWE｜接 PK 生成 SATWE 数据｜1.分析与设计参数补充定义"命令，在弹出的对话框中，选择"地震信息"选项卡，将此值填入最后一项参数的"相应角度"中，如图 3-57 所示。

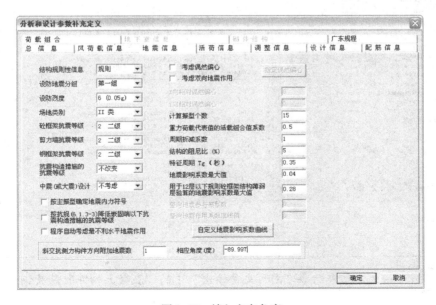

图 3-57　填入方向角度

步骤 12　依次单击"文本文件输出 | 3.结构位移"选项，单击"应用"按钮，查看其中重要信息，如图 3-58 所示。

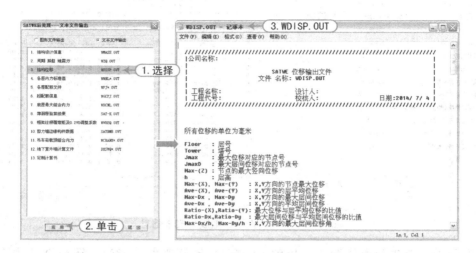

图 3-58　结构位移文本信息

文本分析：在地震作用下，X、Y 方向的最大层间位移角小于 1/550，位移角满足要求。

在考虑偶然偏心影响的规定水平地震力作用下，查看 X、Y 方向最大区域与层平均位移的比值，X 方向与 Y 方向的值均未超过 1.20，符合要求。

步骤 13　依次单击"文本文件输出 | 6.超配筋信息"选项，单击"应用"按钮，查看信息，如图 3-59 所示。

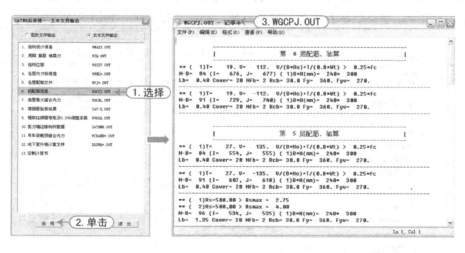

图 3-59　超配筋信息

注意：由文本信息结合"图形文件输出"中的"混凝土构件配筋及钢构件验算简图"的图形信息，查看超配筋现象。

处理办法是：

　　（1）加大截面，加强混凝土强度，增大截面的刚度；一般在建筑要求严格处，如过廊等，加大梁宽；建筑要求不严格处，如卫生间等加大梁高；提高混凝土强度等级。

　　（2）点铰，以梁端开裂为代价，不宜多用；点铰对输入的弯矩进行调幅到跨中，并释放扭矩。强行点铰不符合实际情况，不安全。或者改变截面大小，让节点有接近铰的趋势；并且相邻周边的竖向构件加强配筋。

　　（3）通过调整构件刚度来改变输入力流的方向，使力流避开超筋处的构件，加大部分力流引到其他构件，但在高烈度区，会导致其他地方的梁超筋。

　　文本分析：此文本显示的信息对应于图形显示中的"2. 混凝土构件配筋及钢构件验算简图"。

：本例题中，采用加大截面和删除梁结合处理超配筋，如图 3-60 所示。

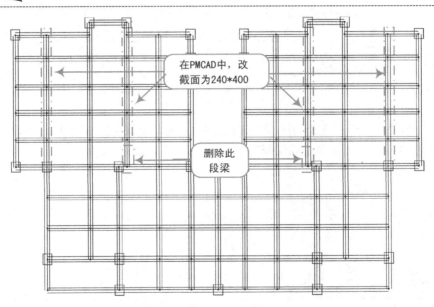

图 3-60　处理超配筋

　　步骤 14　在"SATWE 后处理"对话框中单击"退出"按钮，返回 SATWE 主菜单。

3.3　施工图绘制训练

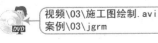
视频\03\施工图绘制.avi
案例\03\jgrm

　　结构施工图包括板施工图、梁施工图、柱施工图、墙施工图和基础施工图。这一节介绍板、梁、柱施工图绘制，本例中无承重墙，墙施工图不用绘制。

 3.3.1　梁施工图绘制

选择"墙梁柱施工图"主菜单的第 1 项"1.梁平法施工图",进入梁施工图绘图环境,如图 3-61 所示。

图 3-61　开始梁施工图绘制

步骤 1　单击"应用"按钮后,程序自动弹出"设置钢筋层"对话框,单击"确定"按钮,设置钢筋层后,程序自动生成梁配筋施工图,如图 3-62 所示。

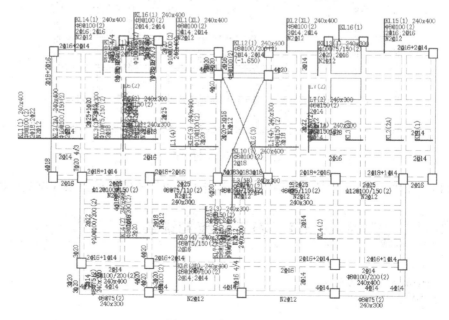

图 3-62　梁配筋施工图

步骤 2　执行"配筋参数"命令,注意修改"主筋选筋库"选项,如图 3-63 所示。

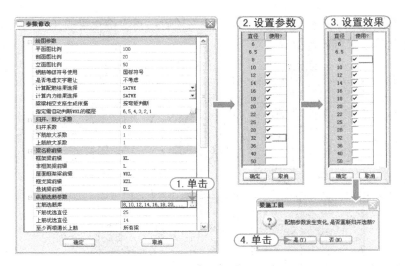

图 3-63　配筋参数

步骤 **3**　执行"挠度图"命令，查看此层梁挠度有没有超限，如图 3-64 所示。

步骤 **4**　执行"裂缝图"命令，查看此层梁裂缝值有没有超限，如图 3-65 所示。

图 3-64　梁挠度图　　　　　　　　　　图 3-65　梁裂缝图

步骤 **5**　一层梁挠度超限，返回到 PMCAD 的"建筑模型与荷载输入"，第 1、2 标准层添加布置柱以减小梁跨度，处理如图 3-66 所示。

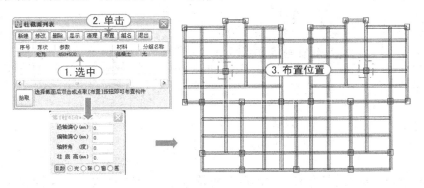

图 3-66　处理梁挠度超限

步骤 6　再执行 SATWE 菜单的中的 1 和 2 项后，再次检查梁的挠度图，如图 3-67 所示，一层梁挠度已经符合规范要求。

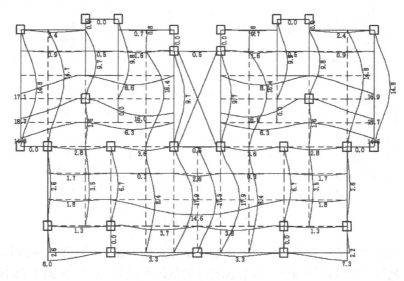

图 3-67　梁符合规范挠度图

步骤 7　在下拉菜单区执行"标注轴线丨自动标注"命令，在弹出的对话框中，勾选所有选项，单击"确定"，轴线标注效果，如图 3-68 所示。

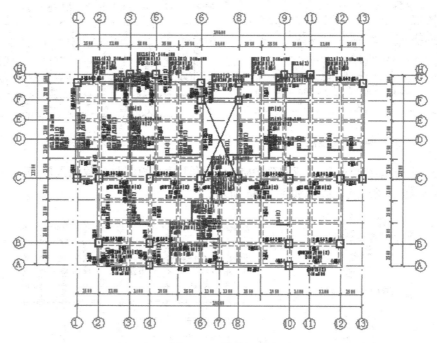

图 3-68　轴线标注

步骤 8　在工具栏处单击右上角的倒三角符号 `1层    4500    1 ▼`，切换标准层，程序自动绘制出该层梁配筋施工图，再对该层进行轴线标注即可。

注意：第 6 层梁挠度出现红色的 "INF" 字样，如图 3-69 所示，执行 "计算书" 命令，查看原因，如图 3-70 所示表示是梁刚度过小导致的，因此，加大相应的梁截面即可，如图 3-71 所示；最后再次执行 SATWE 的第 1、2 项后，再次验算其挠度，已符合要求。

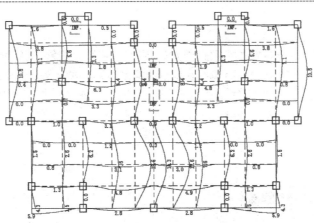

图 3-69　6 层挠度图

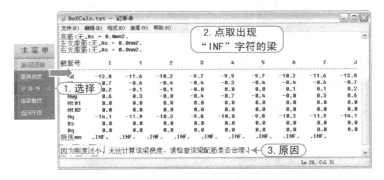

图 3-70　查看原因

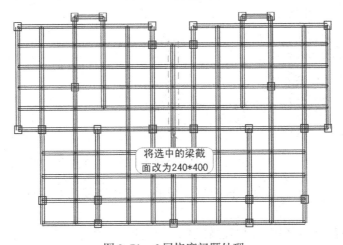

图 3-71　6 层挠度问题处理

 3.3.2 柱施工图绘制

选择"墙梁柱施工图"主菜单的第 3 项"3.柱平法施工图",进入柱施工图绘图环境,如图 3-72 所示。

图 3-72 柱平法施工图

步骤 1 执行"设钢筋层"命令,弹出"定义钢筋标准层"对话框,单击"确定"按钮,设置好钢筋层,如图 3-73 所示。

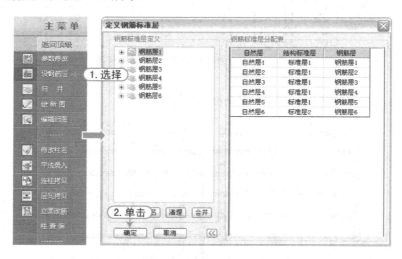

图 3-73 设置钢筋层

步骤 2 执行"归并"命令,程序自动按照设置的钢筋层归并钢筋,生成柱配筋施工图,如图 3-74 所示。

步骤 3 在下拉菜单区执行"标注轴线 | 自动标注"命令,在弹出的对话框中,勾选所有选项,单击"确定"按钮,轴线绘制效果,如图 3-75 所示。

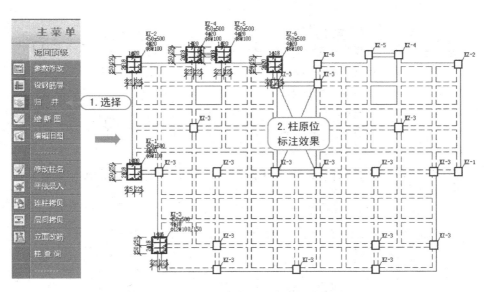

图 3-74 柱配筋施工图生成

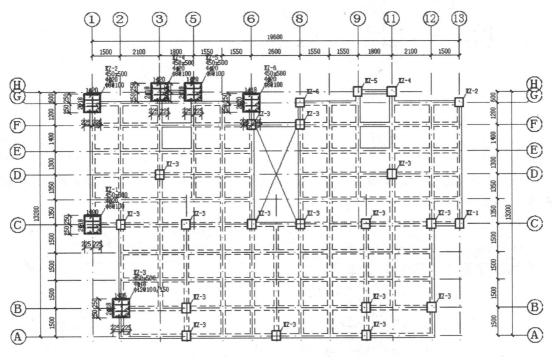

图 3-75 柱施工图生成

注意：在工具栏处单击右上角的倒三角符号 `1-平法截面注写1(原位)` ▾，可切换柱的平法表示方式，如"2-平法截面注写2（集中）"，如图 3-76 所示。

　　步骤 4　在工具栏处单击右上角的倒三角符号 `1层    4500    1` ▾，切换标准层，程序自动绘制出该层柱配筋施工图，再标注轴线标注即可。

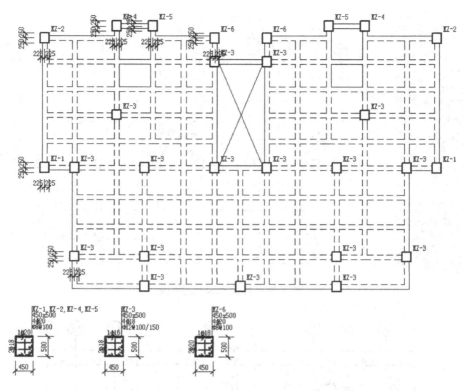

图 3-76 2-平法截面注写 2（集中）

3.3.3 板施工图绘制

选择 PMCAD 主菜单的第 3 项"3.画结构平面图"，单击"应用"按钮进入板施工图绘制界面，如图 3-77 所示。

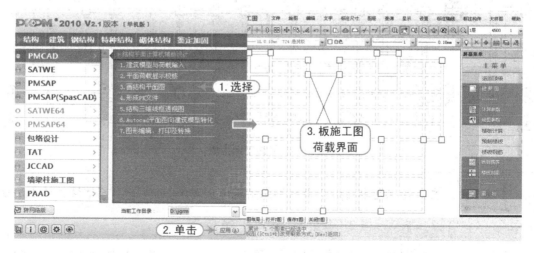

图 3-77 "PMCAD 前处理"对话框

步骤 1 执行"计算参数"命令，在弹出的对话框中，设置参数，如图 3-78 所示。

图 3-78 计算参数设置

步骤 2 执行"绘图参数"命令，在弹出的对话框中，设置参数，如图 3-79 所示。

步骤 3 执行"楼板计算 | 自动计算"命令，程序自动形成边界并计算楼板。

步骤 4 执行"楼板钢筋 | 逐间布筋"命令，按〈Tab〉键切换选择方式为窗选，框选所有楼板，效果如图 3-80 所示。

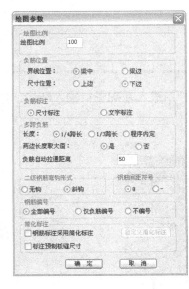

图 3-79 绘图参数设置

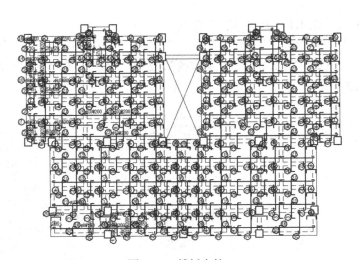

图 3-80 楼板布筋

步骤 5 在下拉菜单区执行"标注轴线 | 自动标注"命令，在弹出的对话框中，勾选所有选项，单击"确定"按钮，轴线绘制效果，如图 3-81 所示。

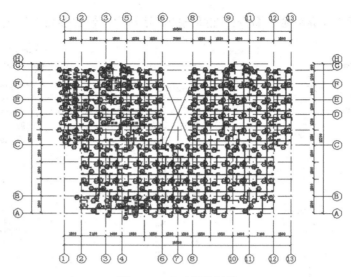

图 3-81　自动标注轴线

步骤 6　换标准层，用同样的方法将其余层楼板施工图绘制完成。

3.4　基础设计训练

视频\03\基础设计.avi
案例\03\jgrm

这一节介绍基础施工图绘制。

3.4.1　地质资料输入

选择"JCCAD"主菜单的第 2 项"2.基础人机交互输入"，进入基础资料输入环境，如图 3-82 所示。

图 3-82　基础资料输入

步骤 1　执行"参数输入 | 基本参数"命令，弹出"基本参数"对话框，在对话框中设置参数，如图 3-83 所示。

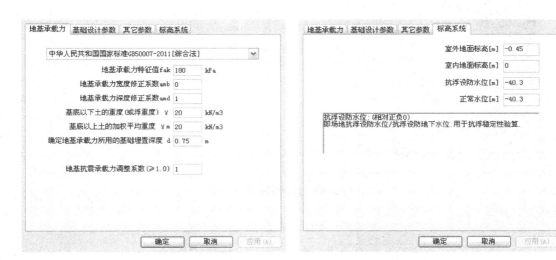

图 3-83　基本参数设置

步骤 2　执行"荷载输入 | 读取荷载"命令，弹出"请选择荷载类型"对话框，选择"SATWE 荷载"后单击"确定"按钮，如图 3-84 所示。

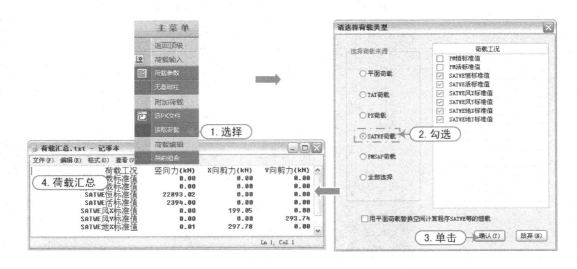

图 3-84　荷载输入

步骤 3　执行"柱下独基 | 自动生成"命令，操作如图 3-85 所示，生成的独立基础效果如图 3-86 所示。

步骤 4　执行"结束退出"命令，操作如图 3-87 所示。

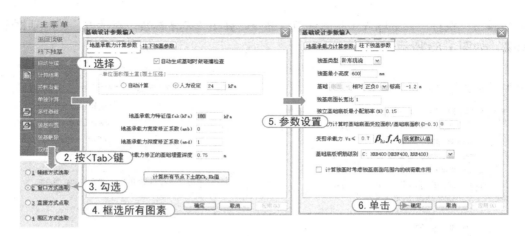

图 3-85 自动生成独基

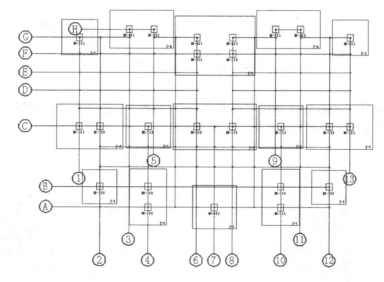

图 3-86 独基生成

图 3-87 结束退出

3.4.2　基础施工图绘制

选择"JCCAD"主菜单的第 9 项"9.基础施工图",单击"应用"按钮,进入基础施工图绘制,如图 3-88 所示。

图 3-88　基础施工图绘制

步骤 1　在下拉菜单区执行"标注构件|独基尺寸"命令,操作如图 3-89 所示。

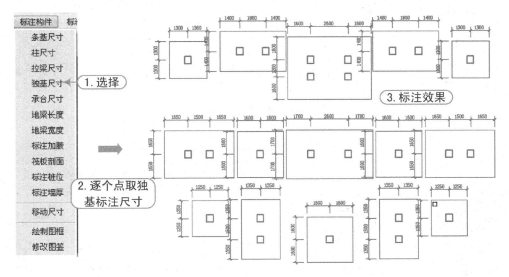

图 3-89　独基尺寸

步骤 2　在下拉菜单区执行"标注字符|独基编号"命令,如图 3-90 所示。

步骤 3　在下拉菜单区执行"标注轴线|自动标注"命令,操作如图 3-91 所示。

步骤 4　执行"基础详图"命令,操作如图 3-92 所示。

步骤 5　执行"基础详图|绘图参数"命令,在如图 3-93 所示"绘图参数"对话框中,设置参数,本题取程序初始值,直接"确定"即可。

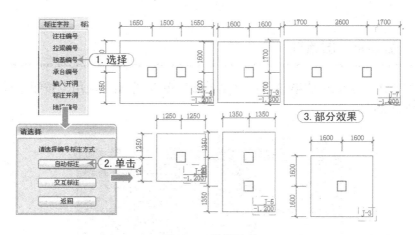

图 3-90　独基编号

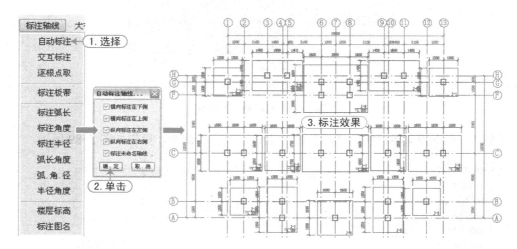

图 3-91　轴线标注

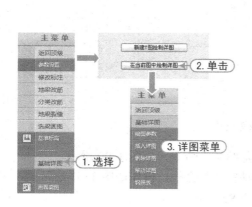

图 3-92　开始基础详图绘制

图 3-93　绘图参数

步骤 6　执行"基础详图｜插入详图"命令，选择详图编号在屏幕空白位置插入即可，如图 3-94 所示。

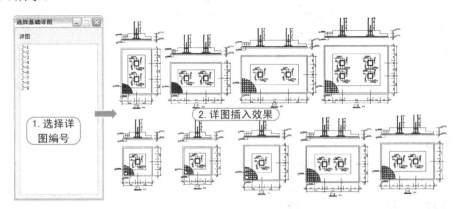

图 3-94　详图插入

步骤 7　执行"基础详图｜钢筋表"命令，程序自动生成钢筋表，然后在屏幕空白位置插入即可，如图 3-95 所示。

独基钢筋表

基础名称	编号	钢筋形状	规格	长度	根数	重量
J-1 ×2	①	2277	Φ12	2277	18	37
	②	2277	Φ12	2277	18	37
		小计：				146
J-2 ×2	①	2187	Φ12	2187	17	34
	②	2187	Φ12	2187	17	34
		小计：				133
J-3 ×3	①	2817	Φ14	2817	18	62
	②	2817	Φ14	2817	18	62
		小计：				368
J-4 ×1	①	3230	Φ14	3230	27	106
	②	4730	Φ14	4730	19	109
		小计：				214
J-5 ×2	①	3717	Φ12	3717	19	63
	②	2367	Φ10	2367	42	62
		小计：				249
J-6 ×1	①	2457	Φ10	2457	46	70
	②	4077	Φ12	4077	19	69
		小计：				139
J-7 ×1	①	3330	Φ16	3330	31	163
	②	5930	Φ14	5930	20	144
		小计：				307
J-8 ×1	①	4330	Φ16	4330	30	205
	②	5730	Φ14	5730	23	160
		小计：				365
J-9 ×1	①	3230	Φ14	3230	27	106
	②	4730	Φ14	4730	19	109

图 3-95　钢筋表插入

步骤 8　单击"保存"按钮 后执行"退出"命令，完成基础施工图。

本章小结

通过本章的操作练习，读者应了解 PKPM 结构设计软件从建立模型、计算分析、基础设计到绘制施工图的全过程。

熟悉各大步骤中的小步骤，比如在建立模型里的轴线输入、梁柱等构件的布置等。

轴线的输入可根据建筑轴网选择相应的轴线输入命令，如以正交轴网、圆弧轴网、平行直线方式等进行轴网的创建以及轴线的命名，此处注意结构轴线的命名必须与建筑轴网的命名一致。

梁、柱等构件的创建与布置按照建筑结构构件的功能正确布置。

思考与练习

1．填空题

（1）在建立模型时，次梁的输入方法有_____、_____。

（2）SATWE 计算分析时应考虑_____和_____几个方面。

（3）梁柱施工图中主要的操作命令是_____、_____、_____。

2．思考题

（1）输入楼梯荷载的处理方法有哪两种？

（2）简述基础的生成操作步骤。

3．操作题

（1）工程概况（案例\03\练习.dwg）

本工程为混凝土框架结构工程，地上 3 层，楼层标高分别为 3.3m、6.6m、9.9m，无地下室。使用年限 50 年，建筑物的重要性类别为 2 类，安全等级 2 级，抗震等级 3 级。地震烈度 7 度（0.15g），场地类别 2 类，基础类型为柱下独立基础，基础顶至首层地坪为 1.5m。未给明参数可采用程序默认值。附图为建筑布置图，请根据结构规范要求计算。

（2）构件类型（初估）

柱：500mm×500mm；

主梁：梁 250mm×400mm；

次梁：200mm×300mm；

楼层板厚 100mm，屋面 120mm；

内外墙宽 200mm。

（3）荷载布置

楼面恒载 4.5kN/m²、活载 2.0 kN/m²；

屋面恒载 6.0kN/m²、活载 0.5 kN/m²；

楼梯间恒载 7.0 kN/m²、活载 3.0 kN/m²；

基本风压：0.35 kN/m²；

填充墙折算成 7.0 kN/m³。

（4）给出平面图如图 3-96、图 3-97 所示。

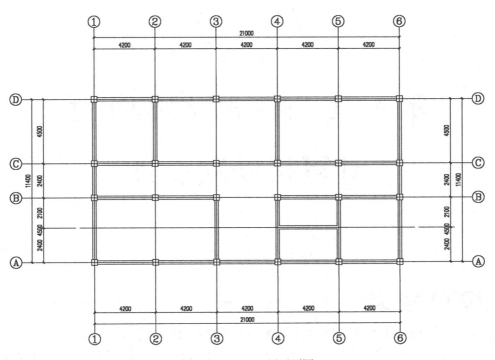

图 3-96 一、二层平面图

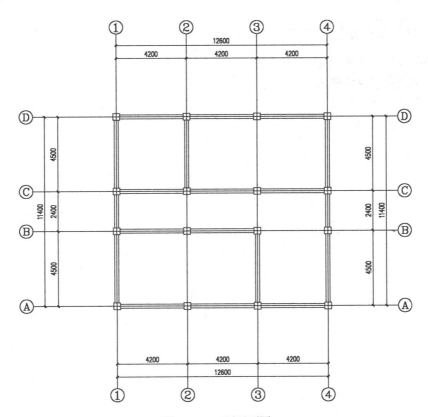

图 3-97 三层平面图

第 4 章　PMCAD 结构平面

计算机辅助设计

课前导读

　　PMCAD 是 PKPM 系列 CAD 软件的基本组成模块之一，它采用人机交互方式，引导用户逐层地布置各层平面和各层楼面，并具有较强的荷载统计和传导计算功能，可方便地建立整栋建筑的数据结构。

本章要点

　　▭ PMCAD 的基本功能
　　▭ 建筑模型与荷载输入
　　▭ 平面荷载显示校核
　　▭ 画结构平面图

4.1　PMCAD 的基本功能

PMCAD 是 PKPM 中的一个结构平面计算机辅助设计软件，下面简略介绍一下其基本功能。

1）人机交互建立全楼结构模型：人机交互方式引导用户在屏幕上逐层布置柱、梁、墙、洞口、楼板等结构构件，快速搭起全楼的结构构架。

2）自动导算荷载，建立恒活荷载库。

➢ 引导用户人机交互地输入或修改各房间楼面荷载、主梁荷载、次梁荷载、墙间荷载、节点荷载及柱间荷载，并方便用户使用复制、拷贝、反复修改等功能。

➢ 可分类详细输出各类荷载，也可综合叠加输出各类荷载。

➢ 计算次梁、主梁及承重墙的自重。

➢ 对于用户给出的楼面恒、活荷载，程序自动进行楼板到次梁、次梁到框架梁或承重墙的分析计算，所有次梁传到主梁的支座反力，各梁到梁、各梁到节点、各梁到柱传递的力均通过平面交叉梁系计算求得。

3）为各种计算模型提供计算所需数据文件。

➢ 形成 PK 按平面杆系或连续梁计算所需的数据文件。

➢ 为三维空间杆系薄壁柱程序 TAT 提供计算数据文件接口。

➢ 为空间有限元壳元计算程序 SATWE 提供数据文件接口。

➢ 为基础设计 CAD 模块提供底层结构布置与轴线网格布置，还提供上部结构传下的恒、活荷载。

4）为上部结构各绘图 CAD 模块提供结构构件的精确尺寸：如梁柱总图的截面、跨度、挑梁、次梁、轴线号、偏心等，剪力墙的平面与立面模板尺寸，楼梯间布置等。

5）现浇钢筋混凝土楼板结构计算与配筋设计及结构平面施工图辅助设计。

➢ 楼板配筋画图。

➢ 自动绘制梁、柱、墙和门窗洞口，柱可为十多种异形柱。

➢ 标注轴线，包括弧轴线。

➢ 标注尺寸，可对截面尺寸自动标注。

➢ 标注字符。

➢ 写中文说明。

➢ 画预制楼板。

➢ 对图面不同内容的图层管理，可对任意图层作开闭和删除操作。

➢ 绘制各种线型图素，任意标注字符。

➢ 图形的编辑、缩放、修改，如删除、拖动、复制等。

6）砌体结构辅助设计功能：可进行砌体结构和底框上砖房结构的抗震计算及受压、高厚比、局部承压计算，并可自动生成圈梁及构造柱大样并进行分类归并。

7）统计结构工程量：统计工程量，并可以表格形式输出。

4.2 建筑模型与荷载输入

视频\04\建筑模型创建.avi
案例\04\PMCAD

现在开始讲解"PKPM"→"结构"→"PMCAD"→"1.建筑模型与荷载输入"主菜单的常用菜单命令,执行此主菜单命令,单击"应用"按钮,启动"建立模型和荷载输入"主菜单后的工作界面,如图4-1所示。

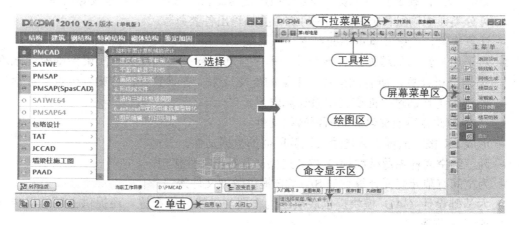

图4-1 "建立模型和荷载输入"的工作界面

4.2.1 轴网的创建

在屏幕菜单中,执行"轴线输入|××"各项菜单命令,如图4-2所示,即可根据命令行提示进行轴线的输入,执行"网格生成|××"各项菜单命令,如图4-3所示,可编辑修改轴线、网点。

例如,需要输入表4-1所列数据的轴网对象,其操作的步骤如下。

表4-1 轴网数据

上\下开间	4800*6
左\右进深	5400,2400,5400

步骤 1 执行"轴线输入|正交轴网"命令,随后弹出"直线轴网输入对话框",如图4-4所示。

步骤 2 在对话框中,选择"下开间"栏(或"上开间"栏),输入"4800*6",如图4-5所示。

图 4-2 "轴线输入"下命令 图 4-3 "网格生成"下命令

注意：因上、下开间值，只需要选择输入其一即可；反之，则需要全部输入；左、右进深值的输入亦同。

图 4-4 执行"正交轴网"命令 图 4-5 输入开间值

步骤 3 在对话框中，选择"左进深"栏（或"右进深"栏），输入"5400，2400，5400"，如图 4-6 所示。

步骤 4 在对话框中，单击"确定"按钮，在屏幕绘图区插入轴网，如图 4-7 所示。

步骤 5 执行"轴线命名"命令，按照如下命令行提示进行操作，如图 4-8 所示。

轴线名输入:请用光标选择轴线（〈Tab〉成批输入）:	// 按〈Tab〉键
移光标点取起始轴线:	// 点取下开间最左侧轴线
移光标去掉不标的轴线（〈Esc〉没有）:	// 按〈Esc〉键
输入起始轴线名:	// 输入"1"后按〈Enter〉键
移光标点取起始轴线:	// 点取左进深最下侧轴线
移光标去掉不标的轴线（〈Esc〉没有）:	// 按〈Esc〉键

图 4-6 输入进深值

图 4-7 正交轴网

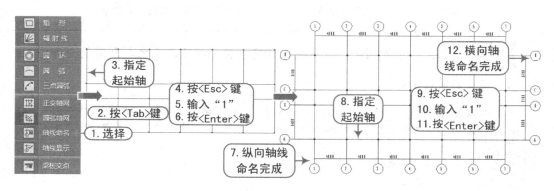

图 4-8 轴线命名

注意：程序提供了多种点定位的方式，现在介绍其中最常用的几种：

1）键盘坐标输入方式：

① 绝对直角坐标：! X,Y,Z 或! X,Y 或! X 和! Y。

② 相对直角坐标：X,Y,Z 或 X,Y 或 X 和 Y。

③ 绝对极坐标：! R<A（R 为极距，A 为角度）。

④ 相对极坐标：R<A。

⑤ 绝对柱坐标：! R<A，Z。

⑥ 相对柱坐标：R<A，Z。

⑦ 绝对球坐标：! R<A<A。

⑧ 相对球坐标：R<A<A。

2）鼠标引导键盘坐标输入方式：用鼠标给出方向角，用键盘输入相对距离。

3）参考点定位方式：将光标静置在参考点上（不要单击鼠标），按〈Tab〉键后输入相对参考点的相对坐标值，即可将光标准确定位。

4）夹点捕捉方式：在绘图状态时，按〈S〉键，弹出夹点捕捉对话框，选择捕捉方式后，光标自动锁定捕捉夹点。

5）图标提示夹点捕捉方式：当光标接近图素时，光标的形状会发生变化，以提示捕捉到的夹点的属性；比如，矩形表示端点，三角形表示中点等。

在"轴线输入"菜单下的子菜单中，主要菜单的解释如下。

➢ 节点：在绘图区任意位置加节点，如图 4-9 所示。

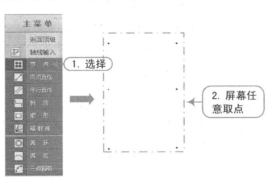

图4-9　节点

➢ 两点直线\折线：在绘图区通过定义任意两点绘制一条直线，退出命令后程序自动生成网点，如图 4-10 所示。

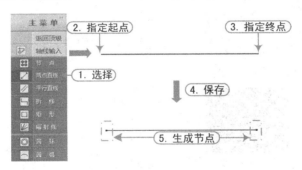

图4-10　两点直线

➢ 平行直线：在绘图区通过定义两点偏移值绘制一条直线，如图 4-11 所示。

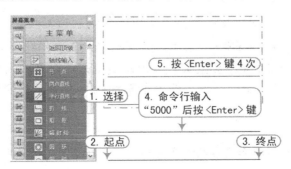

图4-11　平行直线

➢ 矩形：在绘图区通过定义两个对角点绘制一个矩形，如图 4-12 所示。

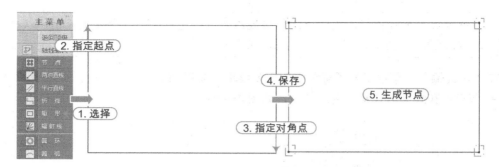

图 4-12 矩形

> 正交轴网：通过定义轴网的上下开间和左右进深值，在绘图区插入轴网。
> 圆弧轴网：通过定义轴网的圆弧开间角和进深值，在绘图区插入轴网，如图 4-13 所示。

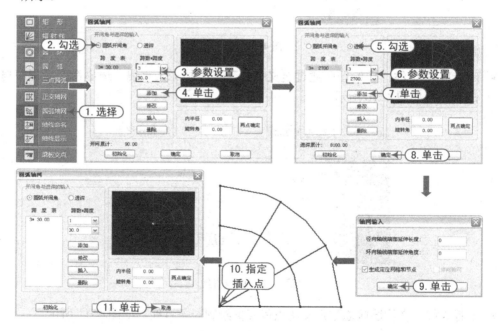

图 4-13 圆弧轴网

> 轴线命名：根据命令行提示，选择始终轴线后输入起始轴线名（纵向轴线从左到右从 1 起始；横向轴线从下到上从 A 起始），进行轴线命名。
> 轴线显示：执行此命令，使已命名的轴线轴号在显示与隐藏两种状态之间相互切换。

注意：轴网由网格和网点两种元素组成，而网格是完全依附于网点存在的，也就是说只要删除了相应的网点（在下拉菜单区执行"模型编辑|删除节点"），与之相连的网格也一并删除了。

下面在来介绍另一个屏幕菜单"网格生成"中的处理轴线的部分命令。

- ➢ 删除节点：执行此命令，程序提供四种方式，指定删除某些不需要的节点，顺便将依附于此节点的网格也删除，同下拉菜单"模型编辑"下的"删除节点"命令。
- ➢ 清理网点：执行此命令，可清理整层图中，没用上的节点，避免将来因节点过多导致梁等构件分段太细而增加布置的工作量的问题。
- ➢ 上节点高："上节点高"命令适用于坡屋顶生成屋脊檩梁，执行此命令，弹出"设置上节点高"对话框，如图 4-14 所示，程序提供了"指定一个节点""指定两个节点""指定三个节点"三种设置上节点高的方式。

图 4-14　上节点高

4.2.2　柱布置

柱是房屋建筑物中担当骨头的作用的重要构件，可执行"楼层定义 | 柱布置"命令，定义柱截面并布置在正确的轴网节点上。

：程序提供了"光标选择""轴线选择""窗口选择"以及"围区选择"四种选择方式，在构件布置时，应灵活应用选择方式，快捷准确地布置构件。

柱必须布置在节点上，程序只允许一个节点布置一个柱，若在已有柱的节点上再次布置柱，后布置的柱会替换原先布置的柱。程序默认柱高同层高。

例如，轴网创建完成后，按照如下步骤操作进行柱布置。

步骤 1　在屏幕菜单中执行"楼层定义 | 柱布置"命令，在弹出的"柱截面列表"对话框中按表 4-2 新建柱截面，如图 4-15 所示。

表 4-2　柱数据

截 面 类 型	1（矩形）
矩形截面宽度/mm	400
矩形截面高度/mm	550
材料类别	6：混凝土

步骤 2　在列表中选中此柱截面，使其呈灰色状态后，单击"布置"按钮，弹出柱布置参数设置对话框，如图 4-16 所示。

步骤 3　选择对话框中提供的"窗口选择"布置方式布置柱，效果如图 4-17 所示。

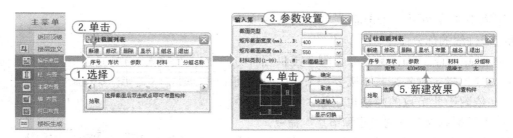

图 4-15　新建柱截面

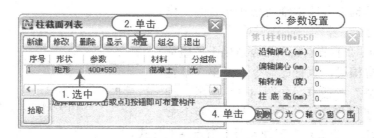

图 4-16　选择柱截面布置

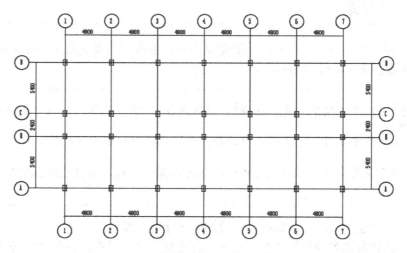

图 4-17　柱布置效果

注意：在布置柱时显示在屏幕的对话框中，在"沿轴偏心"后文本框中输入数值"？"表示沿 X 方向偏心"？"长的距离（数值为正则向 X 轴正方向偏；反之则向负方向偏）；在"偏轴偏心"后文本框中输入数值"？"表示沿 Y 方向偏心"？"长的距离（数值为正则向 Y 轴正方向偏；反之则向负方向偏），如图 4-18 所示。

在"标准柱参数"对话框中，各选项的含义如下。

➤ 截面类型：选择柱截面的类型，可单击其后的按钮，在随后弹出的"截面类型选择"对话框中，选择即可，如图 4-19 所示。

图 4-18　柱偏心示意

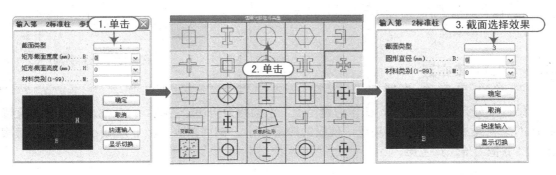

图 4-19　截面选择

注意：任意截面柱定义，在柱的截面类型中，有一个选项是"任意多边形"，通过这个选项可以任意绘制出需要的截面柱类型。按照如下操作步骤操作，如图 4-20 所示。

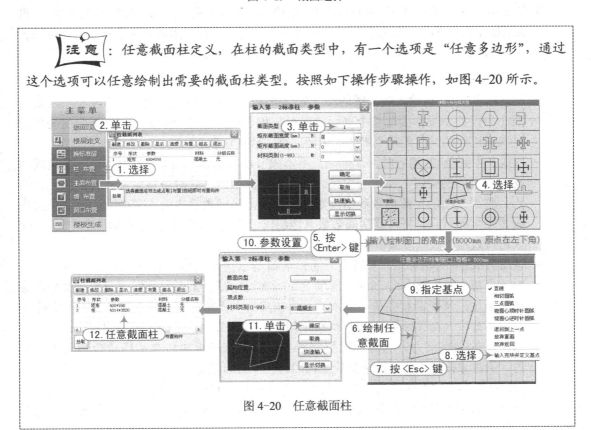

图 4-20　任意截面柱

> （1）执行"柱布置"命令，在"定义截面类型"对话框中选择"任意多边形"。
> （2）命令行提示："输入绘制窗口的高度"时，可按〈Enter〉键或输入任意数值。
> （3）在随后弹出的窗口中绘制柱截面形状。
> （4）设定柱的定位基点。

> 柱截面尺寸：确定柱的大小，对于框架矩形柱 B*H 有经验公式：$H \geq (1/10 \sim 1/15) H_0$；$B \approx H$，其中 H_0 为层净高。
> 材料类别：可单击其后的倒三角符号，选择列表下的材料类别，如图 4-21 所示，常用的是"6：混凝土"。

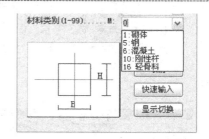

图 4-21　材料类别

 4.2.3　梁布置

结构梁分为主梁和次梁，在传力途径上，次梁将力传递给主梁；框架结构中和柱子直接相连的梁就是主梁，为了分割板，使板的跨度变小，钢筋减少、板厚度减小，所以要用次梁，然后把力传递给主梁。

1．次梁的布置方式

可在 PMCAD 主菜单 1 中和其他主梁一起输入，程序上称为"按主梁输入的次梁"，也可在 PMCAD 主菜 2 的"次梁布置"菜单中输入，此时不论在矩形或非矩形房间内均可输入次梁，但只能以房间为单元输入，输入方式不如在 PMCAD 主菜单 1 中方便。

2．次梁的两种布置方式的比较

> 次梁在主菜单 1 输入时，梁的相交处会形成大量无柱联接节点，节点又把一跨梁分成一段段的小梁，因此整个平面的梁根数和节点数会增加很多。因为划分房间单元是按梁进行的，因此整个平面的房间碎小，数量众多。

> 次梁在主菜单 2 输入时，次梁端点不形成节点，不切分主梁，次梁的单元是房间两支承点之间的梁段，次梁与次梁之间也不形成节点，这时可避免形成过多的无柱节点，整个平面的主梁根数和节点数大大减少，房间数量也大大减少。因此，当工程规模较大而节点、杆件或房间数量可能超出程序允许范围时，把次梁放在主菜 2 输入可有效地、大幅度减少节点、杆件和房间的数量。

> 导荷方式的不同：作用于楼板上的恒活荷是以房间为单元传导的，次梁当主梁输时，楼板荷载直接传导到同边的梁上。当次梁输时，该房间楼板荷载被次梁分隔成若干板块，楼板荷载先传导到次梁上，该房间上次梁如有互相交叉，再对次梁作交叉梁系分析（交叉梁系仅限于本房间范围），程序假定次梁简支于房间周边，最后得出次梁的支座反力，房间周边梁将得到由次梁围成板块传来的线荷载和次梁集中力；两种导荷方式的结构总荷载应相同，但平面局部会有差异。

> 结构计算模式的不同：在 PM 主菜单 1 中输的次梁将由 SATWE、TAT 进行空间整体计算，次梁和主梁一起完成各层平面的交叉梁系计算分析，其主要特征是次梁交在

主梁的支座是弹性支座，有竖向位移。有时，主梁和次梁之间是互为支座的关系；在 PM 主菜单 2 输入的次梁按连续梁的二维计算模式计算。计算时，次梁铰接于主梁支座，其端跨一定铰支，中间跨连续。其各支座均无竖向位移。

➤ 梁的交点连接性质的不同：按主梁输的次梁与主梁为刚接连接，之间不仅传递竖向力，还传递弯矩和扭矩。特别是端跨处的次梁和主梁间这种固端连接的影响更大。当然用户可对这种程序隐含的连接方式人工干预指定为铰接端。PM 主菜单 2 输的次梁和主梁的连接方式是铰接于主梁支座，其节点只传递竖向力，不传递弯矩和扭矩。对于其端跨计算支座弯矩一定为 0。

➤ 梁支座负弯矩调幅的不同：在 SATWE、TAT 计算时对 PM 主菜单 1 中输的次梁均隐含设定为"不调幅梁"，此时用户指定的梁支座弯矩调整系数仅对主梁起作用，对不调幅梁不起作用。如需对该梁调幅，则用户需在"特殊梁柱定义"菜单中将其改为"调幅梁"。

3．斜梁的生成设置

坡屋顶和其他各形各状的屋顶的广泛运用，斜梁的灵活准确布置越来越重要，PMCAD 提供多种布置斜梁的方式，现介绍如下。

➤ 输入梁参数方式：布置主梁时，在"梁布置参数"对话框中将"梁顶标高 1"和"梁顶标高 2"设置为不同标高，即可生成斜梁。

➤ 修改梁标高方式：将光标移动到梁上，屏幕动态显示该梁的基本信息，单击鼠标右键，或是执行"楼层定义 | 本层修改 | 主梁查改"命令，在弹出的"构件信息"对话框中，修改梁顶标高即可，如图 4-22 所示。

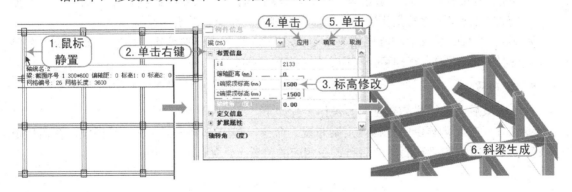

图 4-22　修改标高生成斜梁

➤ 调整梁节点高的方法：利用"网格生成 | 上节点高"命令。

➤ 错层斜梁方式：利用"楼层定义 | 本层修改 | 错层斜梁"命令，布置斜梁，如图 4-23 所示。

4．构件删除

在布置的结构构件出错时，可用以下方法删除构件。

➤ 执行"楼层定义 | 构件删除"命令，在随后弹出的如图 4-24 所示"构件删除"对话框中选择需要删除的构件，如梁；然后在对话框中选择一种方式，如"轴线选择"，

最后在模型平面图中选择梁即可将其删除。

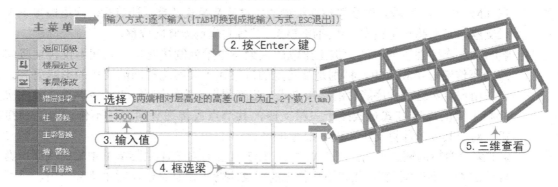

图4-23　错层斜梁

图4-24　"构件删除"对话框

> 执行"网格生成 | 删除网点"命令或在下拉菜单"模型编辑"中执行此命令，然后删除相应节点，即可删除构件（如，要删除柱可仅需删除此柱位置上的节点；而要删除梁则需删除与梁相连的节点，有可能是一个点，或者多个点）。

> 执行"网格生成 | 删除网格"命令或在下拉菜单"模型编辑"中执行此命令，删除构件所依附的网格即可，可用于删除某一段梁。

5. 梁布置

柱的完成后，继续梁的布置，其操作步骤如下。

步骤 1　在屏幕菜单中执行"主梁布置"命令，弹出"梁截面列表"对话框，在对话框中新建表4-3所列的梁截面，然后布置在相应的位置上，如图4-25所示。

表4-3　框架梁数据

截 面 类 型	1
矩形截面宽度/mm	240
矩形截面高度/mm	500
材料类别	6：混凝土

> **注意**：主梁截面尺寸 B*H 的经验公式是：$H \geqslant (1/8 \sim 1/10) l_0$；$B = (1/2 \sim 1/3) H$，其中 l_0 为主梁的梁间净跨。

步骤 2　执行"轴线输入 | 两点直线"命令，捕捉中点绘制直线，如图4-26所示。

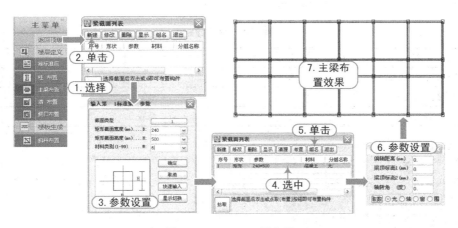

图 4-25　240*500 梁布置

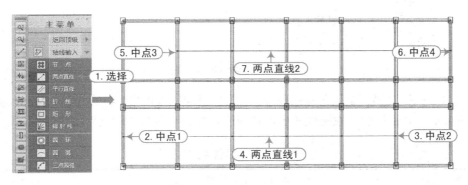

图 4-26　两点直线

步骤 3　执行"楼层定义 | 本层修改 | 主梁查改"命令，将左上角和右下角水平向梁改为（-1800，-1800）的层间梁，如图 4-27 所示。

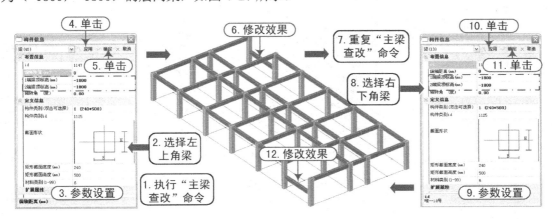

图 4-27　主梁查改

步骤 4　将次梁当作主梁输入；执行"主梁布置"命令，新建次梁截面数据见表 4-4，然后布置在上述绘制的直线上，如图 4-28 所示。

表4-4　次梁数据

截 面 类 型	1
矩形截面宽度/mm	240
矩形截面高度/mm	350
材料类别	6：混凝土

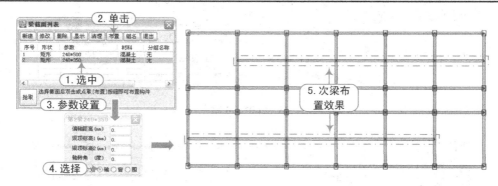

图4-28　240*350梁布置

步骤 5　执行"楼层定义｜本层信息"命令，在弹出的如图 4-29 所示"用光标点明要修改的项目…"对话框中，按照表4-5设置楼层参数后，单击"确定"按钮即可。

表4-5　本层信息数据

层高/mm	板厚/mm	板、梁、柱、剪力墙混凝土强度等级	梁、柱、墙钢筋类别
3600	120	30	HRB400

图4-29　本层信息

注意：在"本标准层信息"选项卡中，各选项的含义如下：

板厚：此处应输入该结构楼板标准板厚（板厚的经验公式是：单向板→L/25～L/35；单向连续板→L/35～L/40；双向板→L/40～L/45；轻挑板→L/10～L/12；楼梯跑板→L/30；并且板厚应大于80mm，其中 L 为净长）。

板、梁、柱、剪力墙混凝土强度等级：混凝土强度等级只要能够满足轴压比就是符合要求的，一般可按照经验取值；一个比较高的框架结构，梁板柱混凝土等级很可能会是这样的：①底部几层：柱→C50，梁→C40，板→C30。②中间几层：柱→C40，梁→C30，板→C30。③顶部几层：柱→C30，梁→C30，板→C30。而一个普通的框架结构，梁板柱混凝土等级则可能是这样的：①底部几层：柱→C40，梁→C30，板→C30。②顶部几层：柱→C30，梁→C30，板→C30。如果是一个两三层的框架结构：梁板柱统统为 C30 就行。

梁、柱、墙钢筋类别：现代框架结构施工要求承重结构采用 HRB400 级钢筋。

6. 本层修改

在屏幕菜单中单击"本层修改"菜单，进入其命令菜单，如图 4-30 所示，命令分三个部分，现概括介绍如下。

➢ 布置错层斜梁：执行方法为"楼层定义｜本层修改｜错层斜梁"命令；错层斜梁的显著特点是仅将梁的高度改变，而其他与之相连的柱墙高度不变，适用于地下室等特殊场合。

➢ 替换已布置的构件：执行方法为"楼层定义｜本层修改｜××替换"。点取已布置的构件，出现与该构件相对应的对话框，在对话框中修改构件参数。

➢ 查改已布置的构件：执行方法为"楼层定义｜本层修改｜××查改"。

图 4-30　"本层修改"子菜单

7. 层编辑

"层编辑"命令下的菜单命令，如图 4-31 所示，部分主要菜单命令介绍如下。

➢ 删标准层：执行此命令，可指定删除某一标准层，执行一次命令只能删除一个标准层。

➢ 插标准层：执行此命令，即将弹出"选择插入哪层前"对话框，如图 4-32 所示，在左侧选择标准层，右侧选择复制方式，即可将该层插入到选择的标准层前，标准层选好程序将自动更新。

图 4-31　"层编辑"子菜单

图 4-32　插标准层对话框

➢ 层间编辑：只需对本层修改，然后在弹出的选项框下选择相应的选项，就可对其他层也进行同样的修改，如图 4-33 所示。

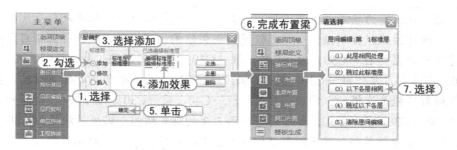

图 4-33　层间编辑操作示意

8. 偏心对齐

利用梁墙柱之间的位置关系，通过对齐的方式达到偏心的目的。

➤ 柱/梁/墙上下齐：使该构件从上到下各结构标准层都与第一结构标准层的构件对齐。

➤ 柱与柱齐/梁与梁齐/墙与墙齐：结构标准层中，在同一轴线的同类构件对齐。

➤ 柱与墙齐/梁与柱齐/墙与梁齐/墙与柱齐/柱与梁齐/梁与墙齐：结构标准层中，一类构件与另一类构件对齐。

> **注意**："A 与 B 齐"表示 B 是基准，A 是将要移动的对象，以"柱与梁齐"为例，操作如图 4-34 所示。

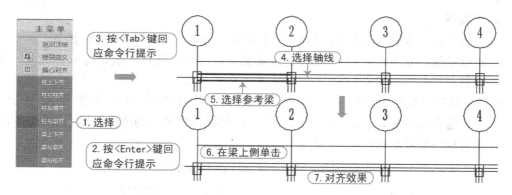

图 4-34　柱与梁齐

4.2.4　墙布置

在结构中需要布置的墙是指结构的承重墙，非承重的一般功能墙不作为构件布置在结构模型中，而是将其折算为荷载布置在相应的梁上。

如果结构为纯框架结构，没有承重墙，则不用布置墙体。

计算 240mm 厚的无窗墙的折算荷载，见表 4-6，有窗户的墙体折算荷载按照 0.8 的折减计算。

表 4-6　无窗墙体折算荷载

构　造　层	面荷载/(kN/m²)	线荷载/(kN/m)
墙体自重	10×0.24=2.4	
水泥粉刷墙面（内外）	(0.01+0.01)×17=0.34	3.0×3.6=10.8
合计：	2.74 取 3.0	

 4.2.5　楼板布置

在 PMCAD 中，可用"楼层定义 | 楼板生成"命令下的"生成楼板"子菜单命令进行楼板的布置与编辑，如图 4-35 所示。

1. 楼板布置

按照如下步骤进行楼板的布置与编辑修改。

步骤 1　执行"楼层定义 | 楼板生成 | 生成楼板"命令，程序自动按照"本层信息"对话框中设置的楼板厚生成楼板，如图 4-36 所示。

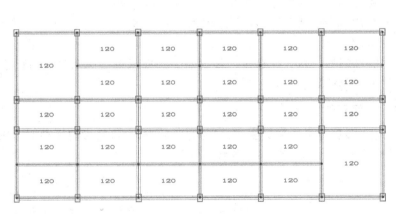

图 4-35　"楼板生成"子菜单　　　　　　图 4-36　删除楼板效果

步骤 2　执行"楼层定义 | 楼板生成 | 楼板错层"命令，在随后弹出的"楼板错层"对话框中，输入错层高度为"30"，然后在模型图卫生间位置布置错层，如图 4-37 所示。

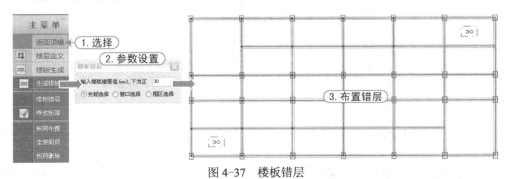

图 4-37　楼板错层

步骤 3 执行"楼层定义 | 楼板生成 | 修改板厚"命令，在随后弹出的"修改板厚"对话框中输入板厚度为 0，然后在模型图楼梯间位置单击即可，如图 4-38 所示。

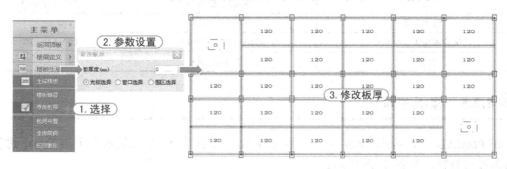

图 4-38 修改板厚

2. 板洞

在"楼板生成"菜单下可进行"板洞布置""全房间洞"和"板洞删除"操作，现在分别介绍各项命令的含义如下：

> 板洞布置：执行此命令，将弹出如图 4-39 所示的"楼板洞口截面列表"对话框，其操作与"主梁布置"命令大同小异，不再详述。

> 全房间洞：执行此命令，根据命令行提示直接选择房间即可将选中的房间变成板洞。

> 板洞删除：执行此命令，根据命令行提示直接选择已经布置了板洞的房间或区域，即可将板洞删除。

3. 层间复制

执行"楼层定义 | 楼板生成 | 层间复制"命令可将当前标准层上关于楼板的布置部分复制到其他标准层上，如图 4-40 所示。

图 4-39 "楼板洞口截面列表"对话框

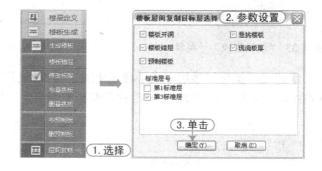

图 4-40 层间复制

4.2.6 荷载输入

执行"荷载输入"菜单下子菜单命令，布置结构上的荷载：楼面荷载（包括楼面恒载和楼面活载）以及梁间荷载（包括梁间恒荷载和梁间活荷载）。

> 楼面恒载：楼面的建筑做法的单位面积重量，单位 kN/m^2。
> 楼面活载：根据 GB 50009—2012《建筑结构荷载规范》确定，单位 kN/m^2。
> 梁间恒荷载：梁上填充墙的折算荷载，单位 kN/m。
> 梁间活荷载：当楼梯间按照板洞布置处理，楼梯间梯板等上的面荷载传导到梯间梁上时，才需要计算梯梁间的活荷载，单位 kN/m；如果将楼梯间处理为板厚为"0"，则不用输入梯梁间活荷载，而是在"楼面恒载"处输入楼梯板相应的面荷载。

图 4-41 恒活设置

1. 恒活设置

继续例题，按照如下步骤进行楼面的恒活设置。

步骤 1 执行"荷载输入 | 恒活设置"命令，弹出"荷载定义"对话框，在其中设置恒活荷载后单击"确定"按钮，程序将荷载布置在所有楼板上，如图 4-41 所示。

注意：楼面恒载（5）计算（楼面做法来自建筑设计总说明）：

120mm 厚结构层：$0.12 \times 25=3$。

楼面面层：按照经验，取值区间为（1，2），取2。

楼面活载（2.0）取值：按照 GB 50009—2012《建筑结构荷载规范》规定。

步骤 2 执行"荷载输入 | 楼面荷载 | 楼面恒载"命令，弹出"修改恒载"对话框，在其中设置恒载为"9.2"后，选择楼梯处修改恒载，如图 4-42 所示。

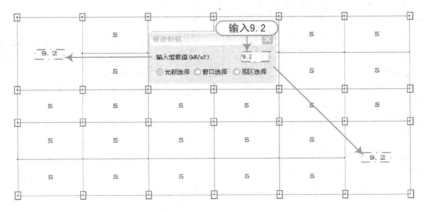

图 4-42 楼梯恒载修改

步骤 3 再次执行"荷载输入 | 楼面荷载 | 楼面恒载"命令，弹出"修改恒载"对话框，在其中设置恒载为"6"后，选择卫生间处楼板修改恒载，如图 4-43 所示。

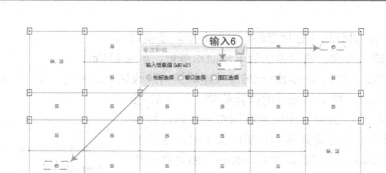

图 4-43　卫生间恒载修改

> **注意**：楼梯间楼面恒载（9.2）计算（几何关系确定）：$5/\cos\theta=5/（1800/3300）$ $=9.16$。
>
> 　　卫生间恒载（6）计算：
>
> 　　120mm 厚结构层：$0.12\times25=3$。
>
> 　　建筑找坡：约取 1.0。
>
> 　　楼面面层：约取 2.0。

2．梁间荷载

继续例题，按照如下步骤进行梁间荷载的设置。

步骤 1　执行"荷载输入|梁间荷载|梁荷定义"命令，定义梁间均布恒荷载"10.80"和"8.70"，如图 4-44 所示。

> **注意**：10.80 的恒荷载值是梁上布置的无窗墙体赋予的荷载，8.70 则是有窗户的墙体按照无窗的 0.8 的折减计算的荷载：$10.8\times0.8=8.70$。

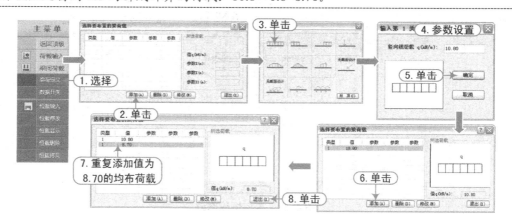

图 4-44　梁间恒荷载定义

步骤 2　执行"荷载输入｜梁间荷载｜数据开关"命令，操作如图 4-45 所示。

图 4-45　数据开关

步骤 3　执行"荷载输入 | 梁间荷载 | 恒载输入"命令，布置值为 10.8 的梁间恒荷载如图 4-46 所示。

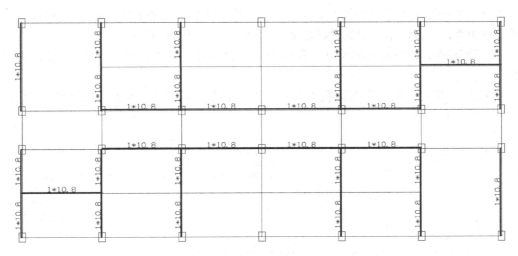

图 4-46　10.8 梁间恒荷载布置

步骤 4　再次执行"荷载输入 | 梁间荷载 | 恒载输入"命令，布置值为 8.7 的梁间恒荷载，如图 4-47 所示。

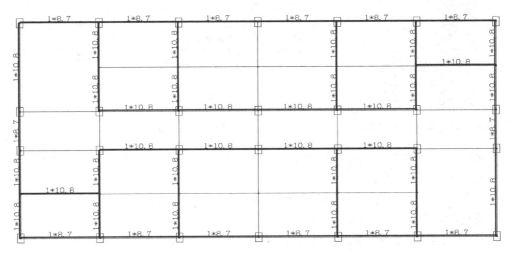

图 4-47　8.7 梁间恒荷载布置

3. 人防荷载

执行"荷载输入 | 人防荷载 | 荷载设置"命令，弹出"人防设置"对话框，如图 4-48 所示，按照人防规范规定，设置人防荷载等参数后单击"确定"按钮即可。

注意：人防荷载输入错误或部分房间人防等效荷载不同时，可执行"荷载修改"修改。

图 4-48 "人防设置"对话框

4. 吊车荷载

执行"荷载输入 | 吊车荷载"命令，弹出"吊车荷载"的子菜单，如图 4-49 所示，利用子菜单命令，可以对吊车荷载进行定义、显示、修改、删除等操作。

为了降低吊车参数输入的难度，程序提供了自动计算吊车参数的功能，快速操作步骤如下：

➤ 执行"荷载输入 | 吊车荷载 | 吊车布置"命令，弹出"吊车资料输入"对话框，如图 4-50 所示。

图 4-49 "吊车荷载"的子菜单　　图 4-50 "吊车资料输入"对话框

➤ 在"吊车资料输入"对话框中单击"导入吊车库"按钮，弹出"吊车数据库"对话框，如图 4-51 所示。
➤ 在图 4-51 的数据库中选择跨度和吊重合适的吊车，单击"确定"按钮，返回"吊车资料输入"对话框，选中的吊车进入吊车资料列表中，如图 4-52 所示。
➤ 根据实际的情况输入吊车荷载折减系数、吊车偏心距等参数，然后单击"确定"按钮，完成吊车资料的输入。

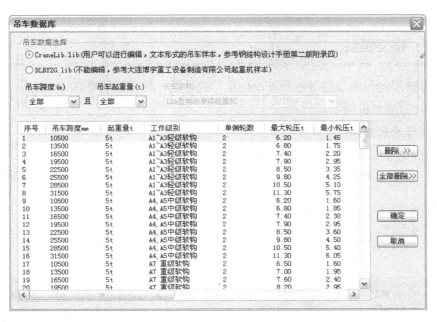

图 4-51　"吊车数据库"对话框

图 4-52　选中吊车示意图

➢ 此时，屏幕下方命令行提示："用鼠标选取第一根网格线起始点"，用鼠标点取吊车运行轴线的起始点；命令行继续提示："用鼠标选取第一根网格线终止点"，用鼠标点取吊车运行轴线的终止点；完成后程序用红线表示一侧吊车运行轨迹。用同样的方法完成另一侧吊车运行轨迹的生成。

注意：如果吊车荷载布置不合适，可用程序提供的吊车荷载显示、修改、删除等命令进行相对应的调整。

4.2.7 楼层组装

第 1 标准层绘制完成后，进行其余标准层的绘制（坡屋顶屋脊高 2400mm），然后将楼层组装起来，形成整楼模型。

1．第 2 标准层绘制

首先完成第 2 标准层的绘制，操作步骤如下。

步骤 1　执行"楼层定义 | 换标准层"命令，添加第 2 标准层，如图 4-53 所示。

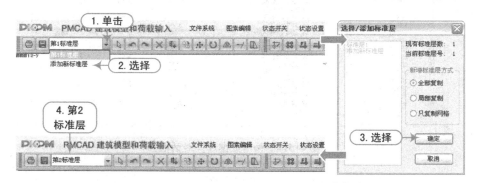

图 4-53　添加第 2 标准层

步骤 2　执行"楼层定义 | 本层信息"命令，将本层板厚改为 150，如图 4-54 所示。

图 4-54　本层楼板修改

步骤 3　执行"楼层定义 | 楼板生成 | 修改板厚"命令，修改楼梯间顶板板厚为 150，如图 4-55 所示。

步骤 4　执行"轴线输入 | 两点直线"命令，修改第 2 标准层的网格样式，效果如图 4-56 所示。

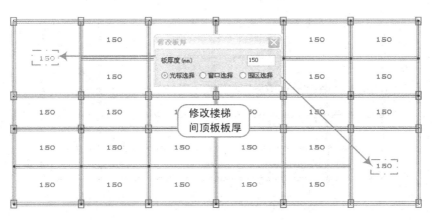

图 4-55　楼梯顶板板厚修改

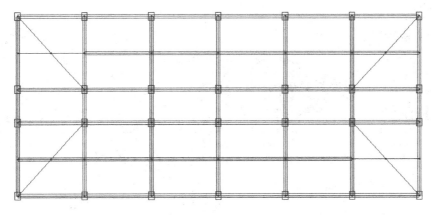

图 4-56　两点直线

步骤5　执行"楼层定义 | 主梁布置"命令，布置框架梁 240*500，如图 4-57 所示。

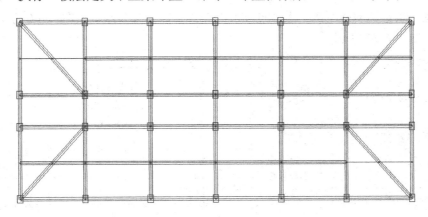

图 4-57　布置框架梁

步骤6　执行"楼层定义 | 主梁布置"命令，布置非框架梁 240*350，如图 4-58 所示。

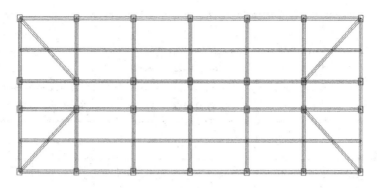

图 4-58 布置非框架梁

步骤 7 执行"楼层定义｜本层修改｜主梁查改"命令，将楼梯间层间梁进行修改，如图 4-59 所示。

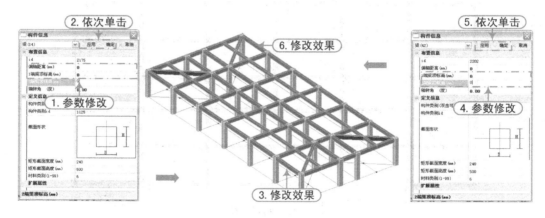

图 4-59 查改层间梁

步骤 8 执行"网格生成｜上节点高"命令，升高部分节点，如图 4-60 所示，形成坡屋顶效果，如图 4-61 所示。

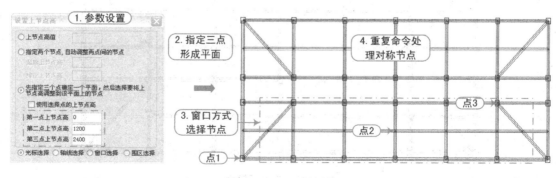

图 4-60 上节点高

步骤 9 执行"荷载输入｜恒活设置"命令，在弹出的"荷载定义"对话框中，设置恒活参数，如图 4-62 所示。

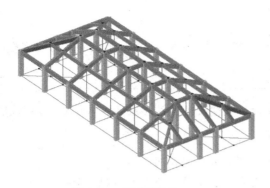 

图 4-61　坡屋顶效果　　　　　　　　　图 4-62　恒活设置

步骤 10　执行"荷载输入｜楼面荷载｜楼面恒载"命令，在弹出的"修改恒载"对话框中，设置恒载值为 6，并将楼梯间处恒载修改为 6，如图 4-63 所示。

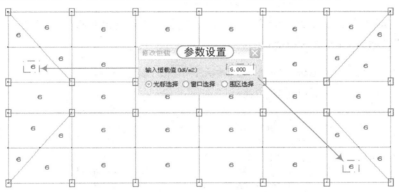

图 4-63　楼梯间楼面恒载修改

步骤 11　执行"荷载输入｜梁间荷载｜恒载删除"命令，删除此标准层梁上所有恒载，如图 4-64 所示。

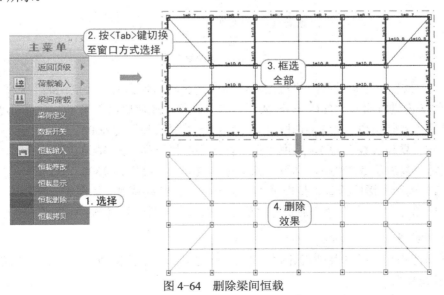

图 4-64　删除梁间恒载

2．楼层组装

此例题为 6 层教学楼，坡屋顶屋脊高 2400，层高为 3600，无地下室，现将教学楼组装，操作步骤如下。

> **注意**：（1）为保证首层竖向构件计算长度正确，该层层高通常从基础顶面起算。
>
> （2）结构标准层的组装顺序没有要求。
>
> （3）结构标准层仅要求平面布置相同，不要求层高相同。
>
> （4）在已组装好的自然层中间插入新楼层，各楼层已布置的荷载不会错乱。
>
> （5）屋顶楼梯间、电梯间、水箱等通常应参与建模和组装。
>
> （6）采用 SATWE 等软件进行有限元整体分析时，地下室应与上部结构共同建模和组装。

步骤 1　执行"设计参数"命令，弹出"楼层组装—设计参数"对话框，在其中的选项卡下设置相应参数，如图 4-65 所示。

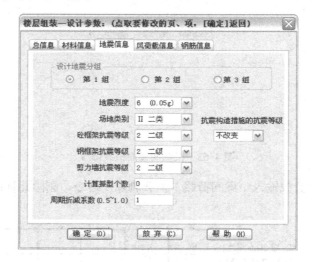

图 4-65　设计参数

步骤 2　执行"楼层组装 | 楼层组装"命令，在随后弹出的"楼层组装"对话框中，按照如下操作解说进行组装，如图 4-66 所示，参数设置完成后单击"确定"按钮即可。

➤ 选择"复制层数"为 1，选取"第 1 标准层"，"层高"为 6000。

➤ 选择"复制层数"为 4，选取"第 1 标准层"，"层高"为 3600。

➤ 选择"复制层数"为 1，选取"第 2 标准层"，"层高"为 3600。

步骤 3　执行"楼层组装 | 整楼模型"命令，查看组装模型，如图 4-67 所示。

步骤 4　执行"保存"命令后执行"退出"命令，操作如图 4-68 所示。

3．支座设置

1）支座的作用，是使基础设计软件 JCCAD 可以读取上部模型底部的支座信息，包括网点、构件及荷载信息。

图 4-66 楼层组装

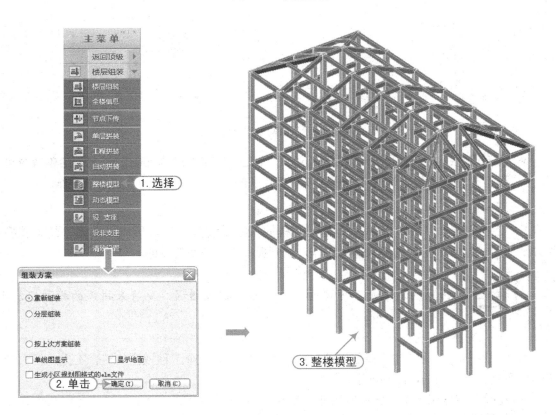

图 4-67 整楼模型

2）支座设置有自动设置和手工设置两种方式。

➤ 自动设置：在执行"楼层组装｜楼层组装"命令时，如勾选"生成与基础相连的墙柱支座信息"选项，程序将最低楼层的柱、墙底标高低于"与基础相连构件的最大底标高（m）"的，且其下部没有其他构件的节点设置为支座，如图 4-69 所示。

图 4-68 "保存"与"退出"

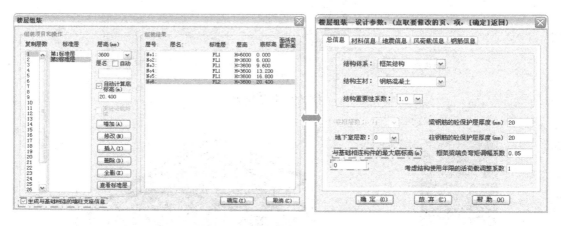

图 4-69 自动设置支座

> 手工设置：在"楼层组装"菜单下有"设支座"和"设非支座"两个子菜单命令可进行支座的设置，这两个命令可以对较复杂的工程进行支座的设置修改操作。

4．工程拼装

1）工程拼装的作用，是将多个分别建模的工程拼装到一起，形成一个完整的工程模型，适用于大型复杂工程的多人协同工作，达到提高工作效率的目的。

> 注意：拼装的结果是不可逆的，为了避免拼装错误，要将未拼装的模型提前备份。

2）"工程拼装"命令与"楼层组装"命令都可以完成一个工程模型的整合工作，但二者工作性质是完全不同的，区别如下：

> 楼层组装是在一个工程中将若干标准层整合为一栋建筑；而工程拼装是将几个分工程整合为一个整体工程。
> 楼层组装的对象是标准层，控制的是各楼层底标高；工程拼装的对象是若干独立的工程模型，控制的是各工程模型底标高。
> 楼层组装可以连接跨层构件，不能合并标准层；工程拼装可以合并顶标高相同的标准层，不能连接跨层构件。
> 楼层组装可以连接上下标准层，不能连接同一平面的标准层，工程拼装既可以连接

上下相关的工程，又可以连接同一平面的相邻工程。

注意：执行"楼层组装｜工程拼装"命令，弹出"选择拼装方案"对话框，如图 4-70 所示，介绍其中两个选项信息如下。

图 4-70　"选择拼装方案"对话框

（1）"合并顶标高相同的楼层"方式：选择该方式，如拼装的两楼层顶标高相同，将合并形成一个新的标准层。两个被拼装的结构，不一定必须从第一层开始拼装，可以从空间任意标高开始拼装。

（2）"楼层表叠加"方式：楼层表叠加拼装方式可以对合并标准层的操作进行控制，使工程拼装更加灵活方便，特别适合大底盘多塔结构的建模。

4.3　平面荷载显示校核

 视频\04\平面荷载显示校核.avi
案例\04\PMCAD

执行主菜单命令："PKPM"→"结构"→"PMCAD"→"2.平面荷载显示校核"，单击"应用"按钮，如图 4-71 所示，进入荷载显示校核界面，如图 4-72 所示。

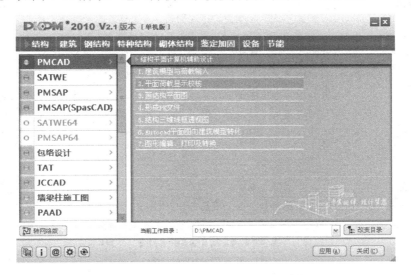

图 4-71　"平面荷载显示校核"主菜单

检查荷载的输入是否有误。

步骤 1　1 层：楼面恒荷载→5.0，楼梯间恒荷载→9.2，卫生间恒荷载→6.0；楼面活荷载→2.0；墙无窗梁间恒荷载→1*10.8，墙有窗梁间恒荷载→1*8.7。

步骤 2　在屏幕菜单中执行"显示上层"菜单命令，查看 2～5 层荷载。

步骤 3　6 层：楼面恒荷载→6.0；楼面活荷载→0.5，如图 4-73 所示。

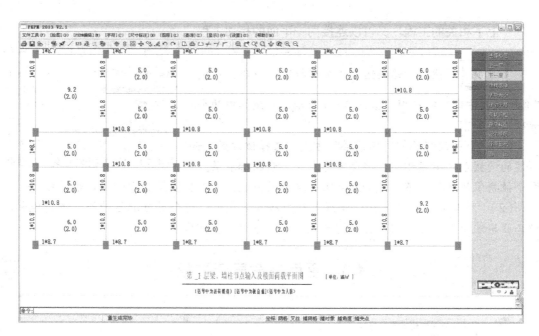

图 4-72 荷载显示校核界面

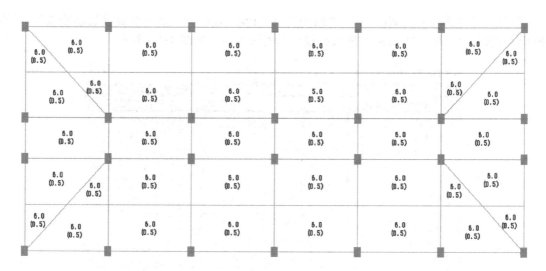

图 4-73 6层荷载显示

> **注意**：括号"( )"内为活荷载值。1*10.8 表示：荷载类型为 1 类，代表均布线荷载，大小为 10.8kN/m。

步骤 4 执行"退出"命令，退出荷载显示校核界面。

4.4　画结构平面图

视频\04\画结构平面图.avi
案例\04\PMCAD

执行主菜单命令："PKPM"→"结构"→"PMCAD"→"3.画结构平面图"，单击"应用"按钮，如图 4-74 所示，程序自动打开当前工作目录下的第 1 层平面图，如图 4-75 所示。

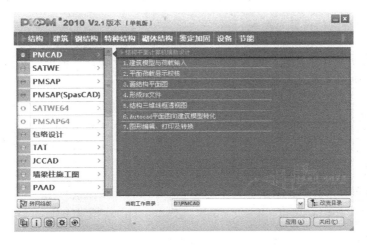

图 4-74　画结构平面图

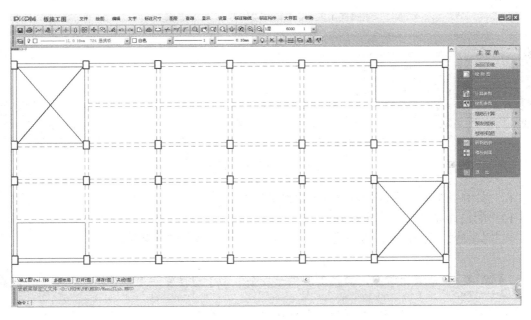

图 4-75　一层结构平面图

注意：虽然在结构模型及其荷载输入完成后，就可以进行结构的平面配筋，但是，在未完成"SATWE 计算分析"和"墙梁柱施工图"之前，还无法确定最后的平面结构布置。因此，此处仅作为讲解操作，不能作为最后出图。

1. 参数设置

平面施工图中参数分为计算参数和绘图参数两项。

注意：按照设计要求设置参数，如果没有改动，可直接单击"确定"按钮，取程序初始值进行平面图的计算与绘制。

步骤 1 执行"计算参数"命令，弹出"楼板配筋参数"对话框，在其中各个选项卡下设置相关参数后单击"确定"按钮即可，如图 4-76 所示。

图 4-76 计算参数设置

在"计算参数"对话框中，部分参数含义如下。

1）"配筋计算参数"选项卡中：

➤ "双向板计算方法"，程序提供两种算法：弹性算法和塑性算法。

注意：建议通常采用弹性算法偏于安全。由于塑性算法用钢量较少，一定要认真校核计算结果，并严格检查裂缝和挠度是否满足规范要求。

➢ "有错层楼板算法"，程序提供两种算法：按简支计算和按固端计算。

> **注意**：此处的"错层楼板"并非错层结构的楼板，而是不在层高处却又相差不大的特殊房间的楼板，比如卫生间楼板。

➢ "近似按矩形计算时面积相对误差"，对于外轮廓和面积与矩形楼板相差不大的异形楼板，比如缺角的、局部凹凸的、弧边形的和对边不平行的楼板，其板内力计算结果与规则板的内力计算结果很相近，可以近似按规则板计算；为保证计算结果的准确性，应将板面积的相对误差控制在 15%以内。

➢ "使用矩形连续板跨中弯矩算法"，勾选该项，程序按照《建筑结构静力计算手册》第四章第一节（四）中推荐的考虑活荷载不利布置的算法。

➢ "准永久值系数"，程序在进行板挠度计算时，荷载组合取准永久组合，活荷载的准永久值系数采用此处设置的数值。

➢ "人防计算时板跨中弯矩折减系数"，当板的周边支座横向伸长受到约束时，其跨中截面的计算弯矩可乘以折减系数 0.7，也可自行设定折减系数。

2）"连扳及挠度参数"选项卡中：

➢ "挠度限值"，程序计算的挠度值是否超限，按照此处设置的限值进行验算。

➢ "板跨中正弯矩按不小于简支板跨中正弯矩的一半调整"，这是规范对梁的规定，如要板也参照执行，可以勾选该项。

步骤 2　执行"绘图参数"命令，弹出"绘图参数"对话框，在其中设置相关参数后单击"确定"按钮即可，如图 4-77 所示。

图 4-77　绘图参数设置

在"绘图参数"对话框中，部分参数含义如下：

➢ "钢筋标注采用简化标注"，是指用 A、B、C、D、E 分别表示 HPB235、HRB335、HRB400、RRB400 和冷轧带肋钢筋。

➢ "自定义简化标注"，是指用 K6、K8 表示 A6@200、A8@200 等。

➢ "多跨负筋长度"，有"1/4 跨长""1/3 跨长"和"程序内定"三个选项，选择前两个选项中的一项时，负筋长度与跨度有关，选择最后一个选项时，与恒载和活载的比值有关，当可变荷载标准值小于等于永久荷载标准值时，负筋长度取跨度的 1/4；否则取跨度的 1/3。

➢ "两边长度取大值"，是指对于中间支座负筋，两侧长度是否统一取较大值。

2. 楼板计算

执行"楼板计算"菜单，通过其下子菜单可以进行边界条件的修改、自动计算房间配筋和生成指定房间的计算书等操作。

1）边界条件：执行"楼板计算 | 显示边界"命令，显示程序自动设定的楼板边界条件，如图 4-78 所示，如果与实际情况不相符，可以执行"固定边界"或"简支边界"或"自由边界"命令对边界条件进行修改。

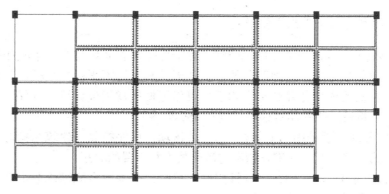

图 4-78　显示边界

2）楼板自动计算：执行"楼板计算 | 自动计算"命令，程序自动完成本楼层所有房间的楼板内力和配筋计算，如图 4-79 所示。

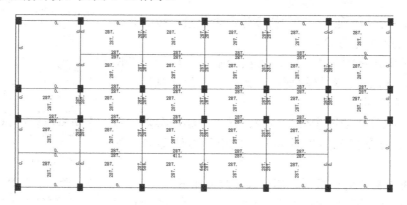

图 4-79　自动计算

3）连续板串计算：执行"楼板计算 | 连板计算"命令，根据命令行提示，在图上用两点画直线，凡是与直线相交的楼板按连续板串计算，这是程序提供的一种协调相邻板块负弯矩的算法。

4）计算结果：执行各显示命令，可以显示楼板计算结果，如楼板弯矩、计算钢筋面积、实配钢筋面积、裂缝、挠度、剪力和计算书。

3. 楼板钢筋

1）绘制楼板钢筋：程序提供了 7 种楼板钢筋绘图方式，现一一介绍如下。

➢ 执行"楼板钢筋 | 逐间布筋"命令，在一个房间内进行楼板钢筋的绘制，程序自动按照计算结果在指定的房间内绘制板底钢筋和支座负筋。

步骤 1　执行"楼板钢筋 | 逐间布筋"命令，按〈Tab〉键切换选择方式为窗口选择，选择所有房间，程序自动布置钢筋，如图 4-80 所示。

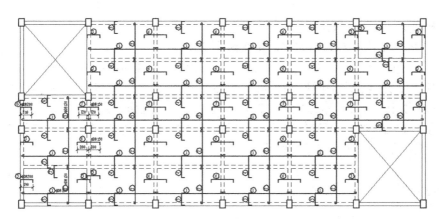

图 4-80　逐间布筋

➤ 执行"楼板钢筋 | 板底正筋"命令，弹出"请选择"对话框，选择"X（Y）方向"
选项后，按照命令行提示选择一个房间，程序自动布置上相应方向的板底正筋，如
图 4-81 所示，命令"支座负筋"的操作方法也一样。

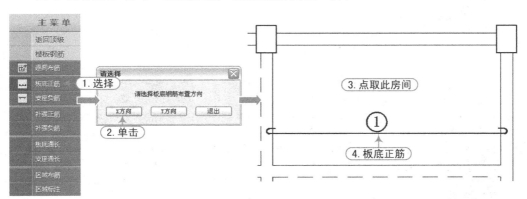

图 4-81　板底正筋

➤ 执行"楼板钢筋 | 补强正筋"命令或"楼板钢筋 | 补强负筋"命令，操作同板底正
筋，均是先选择钢筋的方向，再选择布置钢筋的房间即可，程序会自动布置。

注意：布置补强钢筋应在支座钢筋拉通之后执行。

➤ 执行"楼板钢筋 | 板底通长"命令或"楼板钢筋 | 支座通长"命令，程序将自动在指定
的多跨房间内布置通长正负筋取代原有的正负筋，若各房间的配筋不同时取较大值。

注意：布置通长筋不必点取轴线，板底筋可以点取房间内任意点，支座筋可以点
取房间外任意点。

➤ 执行"楼板钢筋 | 区域布筋"命令，在指定区域后，程序自动在指定区域内（含多

块楼板）布置板钢筋。

步骤 2 单击工具栏右上角的倒三角按钮，切换楼层。

步骤 3 在第 2 标准层，执行自动归并、定样板间以及重画钢筋等命令。

> 执行"楼板钢筋｜房间归并｜自动归并"命令，程序将楼板配筋相同的钢筋归并为一类，如图 4-82 所示，执行"定样板间"命令，选择作为样板间的房间，如图 4-83 所示，执行"重画钢筋"命令，可以仅在样板间绘制楼板钢筋，与其配筋相同的房间仅标注板号，如图 4-84 所示。

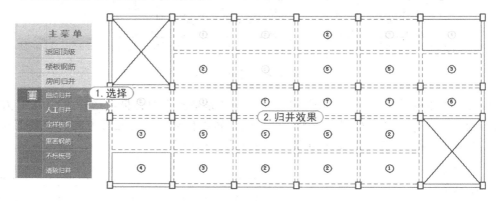

图 4-82 自动归并

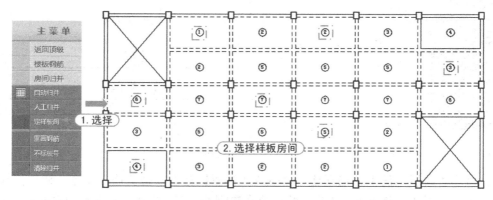

图 4-83 样板间确定

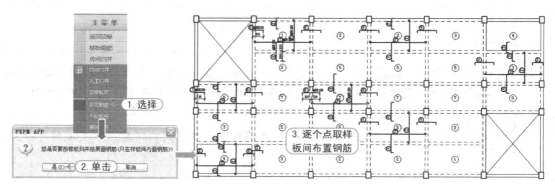

图 4-84 样板间钢筋

➢ 执行"楼板钢筋｜洞口钢筋"命令，根据命令行提示，点取规则洞口后，程序即可在指定的规则板洞周边布置附加钢筋。

2）编辑楼板钢筋：程序提供了多种楼板钢筋的编辑方式，包括修改、移动、删除、归并、编号等。

➢ 执行"楼板钢筋｜钢筋修改"命令，根据命令行提示，点取钢筋，比如点取支座钢筋，随后弹出"修改支座钢筋"对话框，如图 4-85 所示，在其中修改钢筋参数即可达到钢筋的修改目的。

> **注意**：在"修改支座钢筋"对话框中，部分选项含义如下：
>
> "简化输入"，是指当支座负筋两侧长度相等时，仅标注负筋的总长度。
>
> "同编号修改"，是指相同编号的钢筋同时修改。

➢ 执行"楼板钢筋｜钢筋编号"命令，弹出"钢筋编号参数"对话框，如图 4-86 所示，允许任意调整钢筋编号顺序，标注角度和起始编号，使命名钢筋编号更加随意方便。

图 4-85　"修改支座钢筋"对话框

图 4-86　"钢筋编号参数"对话框

4. 钢筋表

在各层平面图上绘制出当前层的钢筋用量表。

步骤 1　执行"画钢筋表"命令，程序自动统计绘图中用到的钢筋，并生成钢筋表，只需在屏幕空白区插入钢筋表即可，图 4-87 所示为第 2 层的钢筋表。

楼板钢筋表

编号	钢筋简图	规格	最短长度	最长长度	根数	总长度	重量
①	4800	Φ8@150	4900	4900	482	2313600	912.9
②	2700	Φ8@150	2799	2800	660	1781923	703.1
③	160 890 105	Φ8@200	1155	1155	518	598290	236.1
④	105 1600 105	Φ8@150	1809	1810	860	1556581	614.2
⑤	2400 105	Φ8@150	2500	2500	198	475200	187.5
⑥	160 810 105	Φ8@200	1075	1075	76	81700	32.2
⑦	105 1440 105	Φ8@150	1650	1650	85	140250	55.3
总重							2741.4

图 4-87　第 2 层的钢筋表

步骤 2 在下拉菜单区，执行相关的轴线、构件、文字等标注的命令，最后完成楼板施工图，图 4-88 所示为第 2 层楼板施工图。

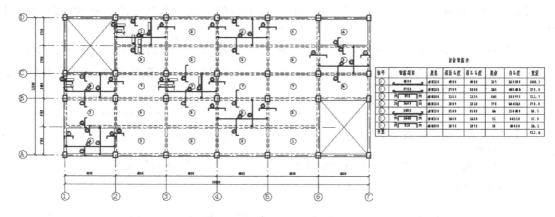

图 4-88 第 2 层楼板施工图

步骤 3 切换至其他楼层，完成各层楼板施工图的绘制。

本 章 小 结

通过本章的学习，应当对 PMCAD 的基本操作步骤有进一步的了解，更加认识到 PMCAD 功能的完整性。

在 PMCAD 中，主要运用的主菜单板块是"1.建筑模型与荷载输入""2.平面荷载显示校核"和"3.画结构平面图"。

创建模型，然后检查校核模型，最后在完成楼层结构优化布置后，绘制楼板施工图。

思考与练习

1．填空题

（1）要局部修改板厚，应执行_____命令。

（2）"错层斜梁"命令是_____屏幕菜单的子菜单命令。

（3）在 PKPM 中只需修改一层，其他层也可同样修改的便捷命令是_____。

2．操作题

绘制如图 4-89 所示的建筑的结构模型（具体尺寸见"案例\04\PMCAD 练习"）。

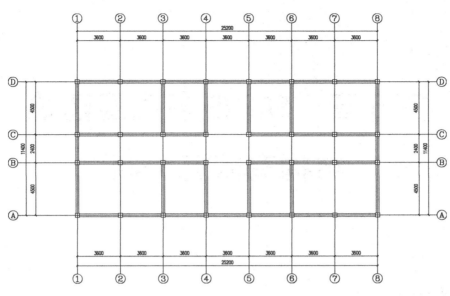

图 4-89　练习模型

第 5 章　SATWE 多高层建筑结构有限元分析

课前导读

SATWE 是中国建筑科学研究院 PKPM CAD 工程部应现代高层建筑发展的要求，专门为高层结构分析与设计而开发的基于壳元理论的三维组合结构有限元分析软件。其核心是解决剪力墙和楼板的模型化问题，尽可能地减小其模型化误差，提高分析精度，使分析结果能够更好地反映出高层结构的真实受力状态。

本章要点

- 了解 SATWE 的基本概述
- 掌握 SATWE 的基本操作
- 掌握 SATWE 与 TAT 的区别
- 掌握 PM 生成 SATWE 数据的方法
- 掌握结构内力计算和配筋计算方法
- 掌握分析结果图形和文本显示的应用

5.1 SATWE 的概述

SATWE 是 PKPM 软件中挺重要的一环，计算结构和分析修改直接影响结构施工图的正确与否。

1. SATWE 简介

SATWE 是中国建筑科学研究院 PKPM CAD 工程部应现代高层建筑发展的要求，专门为高层结构分析与设计而开发的基于壳元理论的三维组合结构有限元分析软件，其核心是解决剪力墙和楼板的模型化问题，尽可能地减小其模型化误差，提高分析精度，使分析结果能够更好地反映出高层结构的真实受力状态，SATWE 的部分程序处理如下所述：

1）SATWE 采用空间杆单元模拟梁、柱及支撑等杆件。采用在壳元基础上凝聚而成的墙元模拟剪力墙。对于尺寸较大或带洞口的剪力墙，按照子结构的基本思想，由程序自动进行细分，然后用静力凝聚原理将由于墙元的细分而增加的内部自由度消去，从而保证墙元的精度和有限的出口自由度。墙元不仅具有墙所在的平面内刚度，也具有平面外刚度，可以较好地模拟工程中剪力墙的实际受力状态。

2）对于楼板，SATWE 给出了四种简化假定，即楼板整体平面内无限刚、分块无限刚、分块无限刚加弹性连接板带和弹性楼板。在应用中，可根据工程实际情况和分析精度要求，选用其中的一种或几种简化假定。

3）SATWE 适用于高层和多层钢筋混凝土框架、框架-剪力墙、剪力墙结构，高层钢结构或钢-混凝土混合结构，及复杂体型的高层建筑、多塔、错层、转换层及楼板局部开洞等特殊结构形式。

4）SATWE 可完成建筑结构在恒荷载、活荷载、风荷载、地震力作用下的内力分析及荷载效应组合计算，对钢筋混凝土结构还可完成截面配筋计算。

5）可进行上部结构和地下室联合工作分析，并进行地下室设计。

6）SATWE 所需的几何信息和荷载信息都从 PMCAD 建立的建筑模型中自动提取生成并有多塔、错层信息自动生成功能，大大简化了用户操作。

7）SATWE 完成计算后，可经全楼归并接力 PK 绘梁、柱施工图，接力 JLQ 绘剪力墙施工图，并可为各类基础设计软件提供设计荷载。

2. 软件新增设计参数

新版本《混规》《高规》《抗规》对设计参数有重大调整，本模块按最新规范要求进行了调整，"设计参数"对话框内多处内容（文字及含义）有重大变化，请核实以下设计参数的理解及取值是否正确。

1）增加"考虑结构设计使用年限的荷载调整系数 γ_L"：新版《高规》第 5.6.1 条，增加了"考虑结构设计使用年限的荷载调整系数 γ_L"，本模块中"总信息"选项卡中此项为新增，默认值取"1.0"（按设计使用年限为 50 年取值 1.0，100 年对应为 1.1），取值可自行设置，取值区间为 [0，2]。

2）新旧规范"混凝土保护层"概念有所不同：新版《混规》条文说明 8.2.1 第 2 条明确提出，计算混凝土保护层厚度方法："不再以纵向受力钢筋的外缘，而以最外层钢筋（包括箍筋、构造筋、分布筋等）的外缘计算混凝土保护层厚度"。本模块采用新版《混规》的概念取值，"梁、柱钢筋的混凝土保护层厚度"默认值均取 20mm。

> **注意**：打开旧版模型数据时，需要按《混规》表 8.2.1 重新调整保护层厚度值，计算结果方可满足新规范要求。

3）钢筋类别的增减：新版《混规》第 4.2.3 条，增加 500MPa 级热轧带肋钢筋（该级钢筋分项系数取 1.15）和 300MPa 级钢筋，取消 HPB235 级钢筋，并增加了其他多种类别钢筋，修改了受拉、受剪、受扭、受冲切的多项钢筋强度限制规则。为此，本模块增加了 HPB300、HRBF335、HRBF400、HRB500、HRBF500 共 5 种钢筋类别。但仍保留了 HPB235 级钢筋，放在列表的最后，由用户指定。

> **注意**：打开旧版模型数据时，或者新建工程数据时，如果用户执意选用 HPB235 级钢筋进行计算，配筋结果将不符合新版规范要求。

4）Ⅰ类场地拆分为两个亚类 I_0、I_1：新版《抗规》第 4.1.6 条，将Ⅰ类场地细分为两个亚类 I_0、I_1。《抗规》第 5.1.4 条增加了水平地震影响系数最大值在 6 度罕遇地震下的数值，特征周期区分了两个亚类 I_0、I_1 的情况。为此，程序将原有的Ⅰ类场地也细分为了两个亚类 I_0、I_1。

5）抗震构造措施的抗震等级：新版《高规》第 3.9.7 条规定："甲、乙类建筑按本规程第 3.9.1 条提高一度确定抗震措施时，或 III、IV 类场地且设计基本地震加速度为 0.15g 和 0.30g 的丙类建筑按本规程第 3.9.2 条提高一度确定抗震构造措施时，如果房屋高度超过提高一度后对应的房屋最大适用高度，则应采取比对应抗震等级更有效的抗震构造措施"。原规范无此规定。为此，本模块新增"抗震构造措施的抗震等级"下拉列表，可指定是否提高或降低相应的等级。

6）新增钢框架抗震等级：新版《抗规》第 8.1.3 条规定："钢结构房屋应根据设防分类、烈度和房屋高度采用不同的抗震等级，并应符合相应的计算和构造措施要求"。为此，本模块新增"钢框架抗震等级"下拉列表，可指定抗震等级。

7）新增"结构体系"类型：新版《抗规》第 6.3.7 条关于柱纵向最小总配筋率的规定有所修改，对框架结构从严；第 8.2.5 条强柱弱梁极限承载力验算时，单层钢结构厂房可不用验算，多层厂房强柱系数取值不同，放宽条件也不同。为此，本模块增加 4 种新的结构体系：部分框支剪力墙结构、单层钢结构厂房、多层钢结构厂房、钢框架结构，并将旧版本的 2 种体系做如下自动转换：短肢剪力墙结构→剪力墙结构，复杂高层结构→部分框支剪力墙结构。

3．SATWE 的基本功能

SATWE 是专门为高层结构分析与设计而开发的基于壳元理论的三维组合结构有限元分析软件，其基本功能如下。

1）SATWE 采用空间杆单元模拟梁、柱及支撑等杆件。采用在壳元基础上凝聚而成的墙元模拟剪力墙。对于尺寸较大或带洞口的剪力墙，按照子结构的基本思想，由程序自动进行细分，然后用静力凝聚原理将由于墙元的细分而增加的内部自由度消去，从而保证墙元的精度和有限的出口自由度。墙元不仅具有墙所在的平面内刚度，也具有平面外刚度，可以较好地模拟工程中剪力墙的实际受力状态。

2）对于楼板，SATWE 给出了四种简化假定，即楼板整体平面内无限刚、分块无限刚、分块无限刚加弹性连接板带和弹性楼板。在应用中，可根据工程实际情况和分析精度要求，选用其中的一种或几种简化假定。

3）SATWE 适用于高层和多层钢筋混凝土框架、框架-剪力墙、剪力墙结构，高层钢结构或钢-混凝土混合结构，及复杂体型的高层建筑、多塔、错层、转换层及楼板局部开洞等特殊结构形式。

4）SATWE 可完成建筑结构在恒荷载、活荷载、风荷载、地震力作用下的内力分析及荷载效应组合计算，对钢筋混凝土结构还可完成截面配筋计算。

5）可进行上部结构和地下室联合工作分析，并进行地下室设计。

6）SATWE 所需的几何信息和荷载信息都从 PMCAD 建立的建筑模型中自动提取生成并有多塔、错层信息自动生成功能，大大简化了用户操作。

7）SATWE 完成计算后，可经全楼归并接力 PK 绘梁、柱施工图，接力 JLQ 绘剪力墙施工图，并可为各类基础设计软件提供设计荷载。

8）可完成建筑结构在恒荷载、活荷载、风荷载以及地震作用下的内力分析、动力时程分析和荷载效应组合计算，可进行活荷载不利布置计算；可将上部结构与地下室作为一个整体进行分析。

9）对于复杂体型高层建筑结构，可进行耦联抗震分析和动力时程分析；对于高层钢结构建筑，考虑了 $P-\Delta$ 效应；具有模拟施工加载过程的功能。

10）空间杆单元除了可以模拟一般的梁、柱外，还可模拟铰接梁、支撑等杆件；梁、柱及支撑的截面形状不限，可以是各种异形截面。

11）结构材料可以是钢、混凝土、型钢混凝土、钢管混凝土等。

12）考虑了多塔楼结构、错层结构、转换层及楼板局部开大洞等情况，可以精细地分析这些特殊结构；考虑了梁、柱的偏心及刚域的影响。

4. SATWE 的特点

SATWE 的特点介绍如下。

1）精度高：软件创建的理论模型科学合理，在计算模型和条件相同的情况下，与 Super SAP 等国际优秀软件具有一致的精度。

2）前后处理功能强：以 PMCAD 为其前处理模块，SATWE 读取 PMCAD 生成的几何数据及荷载数据，自动将其转换为空间有限元分析所需要的数据格式，并具有自动导荷及墙元和弹性楼板单元自动划分功能，大大方便了用户的使用。以 PK、JLQ 等为后处理模块，绘梁柱施工图和剪力墙施工图。

3）专业功能丰富：从高层、超高层建筑实际出发，充分考虑了高层、超高层建筑结构专业功能需要，这是 SAP 等通用软件所不具有的，形成了建筑结构专业软件的特点。

4）实用性好：能够高效、准确地分析各种复杂的多层、高层和超高层结构，包括多塔、错层、转换层、楼板局部开大洞、板柱结构以及复杂的工业厂房、体育场馆等。

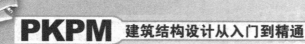

5.2 SATWE 的操作步骤

1. SATWE 基本操作步骤

执行 SATWE 部分前，应先对结构设计中 SATWE 的基本操作步骤熟悉，知道先做什么后做什么，知道哪些需要做，哪些可以做，SATWE 的基本操作步骤如下：

1）选择 SATWE 主菜单 1——"接 PM 生成 SATWE 数据"。

2）执行 SATWE 主菜单 1.1——"分析与设计参数补充定义"。

3）执行 SATWE 主菜单 1.2——"特殊构件补充定义"。

4）执行 SATWE 主菜单 1.8——"生成 SATWE 数据文件及数据检查"。

5）执行 SATWE 主菜单 2——"结构内力，配筋计算"。

6）选择 SATWE 主菜单 4——"分析结果图形和文本显示"。

2. SATWE 的适用范围

明确 SATWE 的适用范围在多高层建筑的结构设计中是十分必要的，如果超出了 SATWE 的计算能力，结果将出错或是无法计算结果，现将其适用范围整理见表 5-1。

表 5-1 SATWE 的适用范围

序 号	内 容	适 用 范 围
1	结构层数（高层版）	≤100
2	每层节点数	≤6000
3	每层梁数	≤5000
4	每层柱数	≤5000
5	每层墙数	≤2000
6	每层支撑数	≤2000
7	每层塔数（或刚性楼板块数）	≤10
8	结构总自由度数	不限

5.3 SATWE 与 TAT 的区别

这两个程序是由中国建筑科学研究院"PKPM CAD"工程部研制和开发的系列软件。其共同特点是可与 PKPM 系列 CAD 系统连接，与该系统的各功能模块接力运行，可从 PMCAD 中生成数据文件，从而省略计算数据填表。程序运行后，可接力 PK 绘制梁、柱施工图，并可为各类基础设计软件提供柱、墙底的组合内力作为各类基础的设计荷载。

TAT 程序与 TBSA 程序采用相同的结构计算模型，即"空间杆-薄壁柱"模型。该程序不仅可以计算钢筋混凝土结构，而且对钢结构中的水平支撑、垂直支撑、斜柱以及节点域的剪切变形等均予以考虑。可以对高层建筑结构进行动力时程分析和几何非线性分析。

SATWE 程序采用"空间杆-墙元"模型，即采用空间杆单元模拟梁、柱及支撑等杆件，用在壳元基础上凝聚而成的墙元模拟剪力墙。墙元是专用于模拟高层建筑结构中剪力墙的，对于尺寸较大或带洞口的剪力墙，按照子结构的思路，由程序自动进行细分，然后用静力凝聚原理将由于墙元的细分而增加的内部自由度消去，从而保证墙元的精度和有限的出口自由度。这种墙元对于剪力墙洞口（仅考虑矩形洞）的大小及空间位置无限制，具有较好的适应性。墙元不仅具有平面内刚度，也具有平面外刚度，可以较好地模拟工程中剪力墙的实际受力状态。对于楼板，该程序给出了四种简化假定，即楼板整体平面内无限刚性、楼板分块平面内无限刚性、楼板分块平面内无限刚性带有弹性连接板带、弹性楼板，平面外刚度均假定为零。应用时，根据工程实际情况和分析精度要求，选用其中的一种或几种。

　　SATWE 是专门为高层建筑结构分析与设计而研制的空间组合结构有限元分析软件，适用于各种复杂体型的高层钢筋混凝土框架、框架-剪力墙、剪力墙、筒体等结构，以及钢-混凝土混合结构和高层钢结构。

　　相对于 TAT，SATWE 在结构计算上更为普及。

5.4　接 PM 生成 SATWE 数据

视频\05\接PM生成SATWE数据.avi
案例\05\SATWE*.*

　　执行主菜单命令："PKPM"→"结构"→"SATWE"→"1.接 PM 生成 SATWE 数据"，单击"应用"后出现"SATWE 前处理-接 PMCAD 生成 SATWE 数据"对话框，如图 5-1 所示。

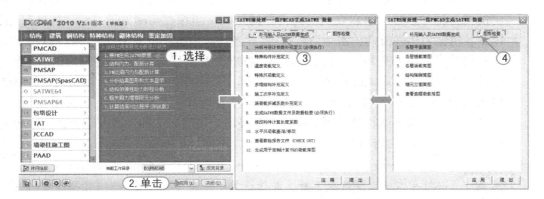

图 5-1　接 PM 生成 SATWE 数据

 5.4.1　分析与设计参数补充定义

　　选择"1.分析与设计参数补充定义"选项，单击"应用"按钮，弹出"分析与设计参数补充定义"对话框，然后在各个选项卡下，按照相应规范设置参数，下面按照"SATWE"文件夹下的工程需要，依次讲解这些选项。

1. 总信息

在如图 5-2 所示的"总信息"选项卡中，部分参数介绍如下：

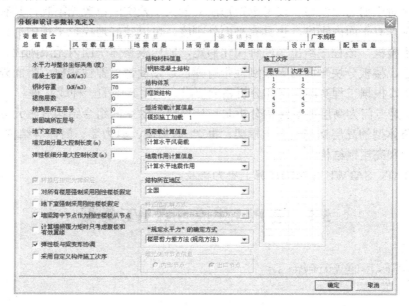

图 5-2 "总信息"选项卡参数设置

> 水平力与整体坐标系夹角：根据《抗规》第 5.1.1 条规定，"一般情况下，应至少在建筑结构的两个主轴方向分别计算水平地震作用，各方向的水平地震作用应由该方向抗侧力构件承担。有斜交抗侧力构件的结构，当相交角度大于 15° 时，应分别计算各抗侧力构件方向的水平地震作用"。当计算地震夹角大于 15° 时，给出水平力与整体坐标系的夹角（逆时针为正），程序改变整体坐标系，但不增加工况数。同时，该参数不仅对地震作用起作用，对风荷载同样起作用；由于事先很难估算结构的最不利地震作用方向，可暂时先取值为 0，SATWE 计算后在计算书 WZQ.OUT 中输出结构最不利方向角，如果这个角度与主轴夹角大于 ±15°，应将该角度输入再次重新计算。

注意：一般并不建议修改此参数（即使计算结果角度大于了 15°），当然，在这方面的调整也必然要进行，建议将"地震作用最不利方向角"数值填写到"地震信息"选项卡下的"斜交抗侧力构件夹角"处。这样做的原因如下：

（1）考虑该角度后，输出结构的整个图形将会旋转一个角度，会给识图带来不便。

（2）构件配筋按"考虑该角度"和"不考虑该角度"两种情况的计算结果做包络设计。

（3）旋转后的方向不一定是希望的风荷载作用方向。

> 混凝土容重：26，本参数用于程序近似考虑其没有自动计算的结构面层重量。同时由于程序未自动扣除梁板重叠区域的结构荷载，因而该参数主要近似计算竖向构件的面

层重量。通常对于框架结构取 26；框架-剪力墙结构取 27；剪力墙结构取 28。

步骤 1　修改"总信息"选项卡下"混凝土容重"为 26。

> **注意**：如果结构分析时不想考虑混凝土构件自重荷载，可以填 0。

➤ 钢材容重：一般情况下取 78，当考虑饰面设计时可以适当增加。

➤ 裙房层数：按实际填入，需符合《高规》第 3.9.6 条和《抗规》第 6.1.10 条。

> **注意**：（1）《高规》第 3.9.6 条规定：抗震设计时，与主楼连为整体的裙楼的抗震等级，除应按裙房本身确定外，相关范围不应低于主楼的抗震等级；主楼结构在裙房顶板上、下各一层应适当加强抗震构造措施裙房与主楼分离时，应按裙房本身确定抗震等级。
>
> （2）同时《抗规》第 6.1.10 条要求抗震墙底部加强部位的范围，应符合下列规定：底部加强部位的高度，应从地下室顶板算起。部分框支抗震墙结构的抗震墙，其底部加强部位的高度，可取框支层加框支层以上两层的高度及落地抗震墙总高度的 1/10 二者的较大值。其他结构的抗震墙，房屋高度大于 24m 时，底部加强部位的高度可取底部两层和墙体总高度的 1/10 二者的较大值；房屋高度不大于 24m 时，底部加强部位可取底部一层。当结构计算嵌固端位于地下一层的底板或以下时，底部加强部位尚宜向下延伸到计算嵌固端。
>
> （3）本参数必须按实际填入，使程序根据规范自动调整抗震等级，裙房层数包括地下室层数。

➤ 转换层所在层号：参数为程序决定底部加强部位及转换层上下刚度比的计算和内力调整提供信息。输入转换层号后，程序可以自动判读框支柱、框支梁及落地剪力墙的抗震等级和相应的内力调整。同时当转换层号大于等于三层时，程序自动对落地剪力墙、框支柱抗震等级增加一级，自动实现 $0.2V_0$ 或 $0.3V_0$ 的调整。

> **注意**：本参数必须按实际填入，转换层层号包括地下室层数。指定转换层层号后，框支梁、柱及转换层的弹性楼板还应在特殊构件定义中指定。

➤ 嵌固端所在层号：实际工程中均如实输入地下室层数，嵌固均选为底板（输入 1），此时计算结果偏安全，同时设计时构造上仍将地下室顶板（板厚、配筋、混凝土强度等级）满足嵌固要求。

> **注意**：嵌固端确定：
>
> （1）判断地下一层侧向刚度是否大于地上一层侧向刚度 2 倍（一般建筑短向墙长增加有限，较难满足）。
>
> （2）当满足顶板嵌固要求时，可指定地下室顶板为嵌固端，此时软件按规范要求对该层柱、梁内力放大，嵌固端以下柱配筋直接按一层柱纵向钢筋计算值的 1.1 倍配置。

（3）满足地下室顶板嵌固要求时，可不将地库建入模型，此时一层与二层的侧向刚度比不宜小于 1.5。

（4）当不满足地下室顶板嵌固时，可指定地下室底板或地下一层、二层为嵌固端，此时软件对指定嵌固端及地下室顶板均按嵌固端的要求包络设计。

> 地下室层数：本参数必须按实际填入，当地下室局部层数不同时，以主楼地下室层数输入。

注意：程序据此信息决定底部加强区范围和内力调整，内力组合计算时，其控制高度扣除了地下室部分；对 I、II、III 级抗震结构的底层内力调整系数乘在地下室的上一层；剪力墙的底部加强部位扣除了地下室部分。

程序据该参数扣除地下室的风荷载，并对地下室的外围墙体进行土、水压力作用的组合，有人防荷载时考虑水平人防荷载。

> 墙元细分最大控制长度：该参数用于墙元细分形成一系列小壳元时，为确保设计精度而给定的壳元边长限值。该限值对精度有影响但不敏感；对于尺寸较大的剪力墙，可取 2.0，对于框支结构和其他的复杂结构、短肢剪力墙等，可取 1.0～1.5。

注意：这是剪力墙计算"精度和速度"取舍的一个选择。选择"内部节点"，那么剪力墙侧边的节点将作为内部节点而凝聚掉，但这样速度快，精度稍有降低；作为"外部节点"，那么剪力墙侧边的节点也将作为出口节点，这样墙元的变形协调性好，计算准确，但速度慢。

所以程序建议规则的结构可以选择"内部节点"，复杂的结构还是选择"外部节点"进行计算。

> 对所有楼层强制采用刚性楼板假定：按照需要勾选，如当计算楼层位移比、结构层间位移比和周期比时应勾选，而在计算结构内力与进行配筋计算时不应勾选。

注意：对于复杂结构，如不规则坡屋顶、体育馆看台、工业厂房，或者柱、墙不在同一标高，或者没有楼板，楼层开大洞等情况，如果采用强制刚性楼板假定，结构分析会严重失真。对这类结构可以查看位移的"详细输出"，或观察结构的动态变形图，考察结构的扭转效应。

对于错层或带夹层的结构，总是伴有大量的越层柱，如采用强制刚性楼板假定，所有越层柱将受到楼层约束，造成计算结构失真。

> 地下室强制采用刚性楼板假定：强制地下室楼面板（包括自定义的弹性板）为刚性楼板，即只考虑平面内刚度，不考虑平面外刚度，因此在计算地下室墙柱内力时（板柱结构）必须勾选此项。

> 墙元侧向节点信息：2010 版本改为强制采用"出口节点"，选择出口节点，只把因墙元细分而在其内部形成的节点凝聚掉，四边上的节点均作为出口节点，墙元的变形协调性较好，但计算量大；选择内部节点，墙元仅保留上下两边的节点作为出口节点，墙元的其他节点作为内部节点被凝聚掉，故墙元两侧的变形不协调，精度稍差，但效率高。

> **注意**：对于多层结构，由于剪力墙较少，可选"出口节点"。
>
> 对于高层结构，由于剪力墙相对较多，可选"内部节点"。

> 结构材料信息：根据参数确定地震作用和风荷载计算所遵照的规范。不同结构的地震影响系数取值不同，不同结构体系的风振系数不同，结构基本周期也不同；程序提供多种结构材料，如图 5-3 所示，按照实际选钢筋混凝土结构。

> 结构体系：规范规定不同体系的结构内力调整及配筋要求不同，程序根据该参数对应规范中相应的调整系数。当结构体系定义为短肢剪力墙时，对墙肢高度和厚度之比小于 8 的短肢剪力墙，程序对其抗震等级自动提高一级（短肢剪力墙见《高规》第 7.1.2 条）；程序提供多种结构体系，如图 5-4 所示，按照实际结构体系填写。

> 恒活荷载计算信息：选用模拟施工加载 3；程序给出 4 种模拟施工加载方式，如图 5-5 所示，通常情况下应选择模拟施工加载 3。

图 5-3 结构材料列表　　　图 5-4 结构体系列表　　　图 5-5 恒活荷载计算方式列表

> **注意**：一次性加载，整体刚度一次加载，适用于多层结构、有上传荷载的情况。
>
> 模拟施工加载 1，整体刚度分次加载，可提高计算效率，但与实际不相符。
>
> 模拟施工加载 2，整体刚度分次加载，但分析时将竖向构件的刚度放大 10 倍，是一种近似方法，改善模拟施工加载 1 的不合理处，使结构传给基础的荷载比较合理，仅用于框剪结构或框筒结构的基础计算，不得用于上部结构的设计。采用"模拟施工加载 2"后，外围框架柱受力会增大，剪力墙核心筒受力略有减小。
>
> 模拟施工加载 3，分层刚度分次加载，比较接近实际情况。
>
> 建议一般对多、高层建筑首选"模拟施工加载 3"；对钢结构或大型体育场馆类结构（指没有严格的标准楼层概念）应选"一次性加载"，对于长悬臂结构或有吊柱结构，由于一般采用悬挑脚手架的施工工艺，因此对悬臂部分应采用"一次性加载"设计。

步骤 2 单击"总信息"选项卡下"恒活荷载计算信息"文本框后的倒三角符号，选择

"模拟施工加载 3"。

> 风荷载计算信息：这是风荷载计算控制参数，一般应选择计算风荷载，即计算 X、Y 两个方向的风荷载；而计算"特殊风荷载"和"同时计算普通风荷载和特殊风荷载"是新增的风载计算选项，主要配合特殊风荷载体型系数。

> 地震作用计算信息：包括"不计算地震作用""计算水平地震作用""计算水平和规范简化方法竖向地震作用"和"计算水平和反应谱方法竖向地震作用"几个选项。

注意：不计算地震作用：对于不进行抗震设防的地区或者抗震设防烈度为 6 度时的部分结构，规范规定可以不进行地震作用计算；在选择"不计算地震作用"后，仍然要在"地震信息"选项卡中指定抗震等级，以满足抗震构造措施的要求。此时，"地震信息"页除抗震等级相关参数外其余项会变灰。

计算水平地震作用：计算 X、Y 两个方向的地震作用。

计算水平和规范简化方法竖向地震作用：按《抗规》第 5.3.1 条规定的简化方法计算竖向地震。

计算水平和反应谱方法竖向地震作用：按竖向振型分解反应谱方法计算竖向地震。《高规》第 4.3.14 条规定，跨度大于 24m 的楼盖结构、跨度大于 12m 的转换结构和连体结构、悬挑长度大于 5m 的悬挑结构，结构竖向地震作用效应标准值宜采用时程分析方法或振型分解反应谱方法进行计算。采用振型分解反应谱法计算竖向地震作用时，程序输出每个振型的竖向地震力，以及楼层的地震反力和竖向作用力，并输出竖向地震作用系数和有效质量系数。

> 结构所在地区：分为"全国""上海"和"广东"。
> "规定水平力"的确定方式：一般选"楼层剪力差方法（规范方法）"。

2. 风荷载信息

在如图 5-6 所示的"风荷载信息"选项卡中，部分参数介绍如下。

> 地面粗糙度类别：根据具体情况选择，可查 GB 50009—2012《建筑结构荷载规范》。

注意：地面粗糙度类别。

A 类：近海海面，海岛、海岸、湖岸及沙漠地区。

B 类：指田野、乡村、丛林、丘陵及中小城镇和大城市郊区。

C 类：指有密集建筑群的城市市区。

D 类：指有密集建筑群且房屋较高的城市市区。

步骤 1 选择"地面粗糙度类别"为 B 类。

> 修正后的基本风压：按 GB 50009—2012《建筑结构荷载规范》第 8.1.2 条规定（基本风压应采用按本规范规定的方法确定的 50 年重现期的风压，但不得小于 $0.3kN/m^2$。对于高层建筑、高耸结构以及对风荷载比较敏感的其他结构，基本风压的取值应适当提高，并应符合有关结构设计规范的规定）确定。

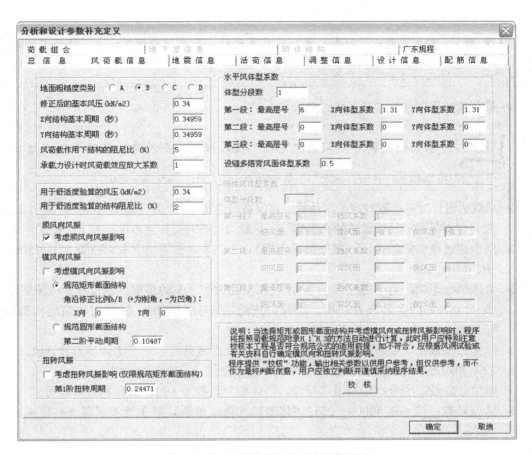

图 5-6 "风荷载信息"选项卡参数设置

> **注意**: CECS 102:2002《门式刚架轻型房屋钢结构技术规程（2012 年版）》规定门式刚架基本风压按 GB 50009—2012《建筑结构荷载规范》的规定值乘以 1.05。
>
> 《高规》第 4.2.2 条条文说明，一般情况下，对于房屋高度大于 60m 的高层建筑，承载力设计时风荷载计算可按基本风压的 1.1 倍采用。
>
> 对于平面、立面不规则的结构（如空旷结构、大悬挑结构、体育场馆、较大面积的错层结构、需要计算屋面风荷载的结构等），应考虑特殊风荷载的输入，目的是更真实地反映结构受力的情况。
>
> 顶层女儿墙高度大于 1m 时应修正顶层风荷载，在程序给出的风荷载上加上女儿墙风荷载。

步骤 2 在"修正后的基本风压"后的文本框中输入"0.34"。

➤ 结构基本周期：目的是计算风荷载的风振系数。GB 50009—2012《建筑结构荷载规范》第 8.4.1 条规定，对于高度大于 30m 且高宽比大于 1.5 的房屋，以及基本自振周期 T_1 大于 0.25s 的各种高耸结构，应考虑风压脉动对结构产生顺风向风振的影响；分两次计算，目的是计算风荷载的风振系数。

> **注意**：首先按默认值试算，然后将试算的结构基本周期结果填入，作为本结构的
基本周期，并与近似计算值相比较。

➤ 风荷载作用下结构的阻尼比：5%。

> **注意**：不同的结构有不同的阻尼比，设计者应区别对待：钢筋混凝土结构→
0.05；小于 12 层钢结构→0.03；大于 12 层钢结构→0.035；钢结构→0.05。

➤ 承载力设计时风荷载效应放大系数：建议高层建筑填写 1.1（根据《高规》第 4.2.2 条
规定，对风荷载比较敏感的高层建筑，承载力设计时应按基本风压的 1.1 倍采用）。

➤ 用于舒适度验算的风压：根据第《高规》3.7.6 条，在高层混凝土建筑大于 150m 时
按 10 年一遇。

➤ 考虑风振影响：对于高度大于 30m 且高宽比大于 1.5 的房屋，以及基本自振周期 T_1
大于 0.25s 的各种高耸结构，均须勾选此项（GB 50009—2012《建筑结构荷载规
范》第 8.4.1 条）。

➤ 体型分段数：一般情况下分段数为 1。高层立面复杂时，可考虑体型系数分段。程序
自动扣除地下室高度，不必将地下室单独分段。

➤ 体型分段最高层号：结构最高层号，当体型分段数为 1 时，即结构最高层号。

➤ 体型系数：按 GB 50009—2012《建筑结构荷载规范》第 3 节和《高规》第 4.2.3 条
填入。

> **注意**：《高规》第 4.2.3 条规定：
>
> （1）圆形平面建筑取 0.8。
> （2）正多边形及截角三角形平面建筑，$\mu_s=0.8+1.2/\sqrt{n}$，其中 n 为多边形的边数。
> （3）高宽比 H/B 不大于 4 的矩形、方形、十字形平面建筑取 1.3。
> （4）下列建筑取 1.4。
> ① V 形、Y 形、弧形、双十字形、井字形平面建筑。
> ② L 形、槽形和高宽比 H/B 大于 4 的十字形平面建筑。
> ③ 高宽比 H/B 大于 4，长宽比 L/B 不大于 1.5 的矩形、鼓形平面建筑。
> （5）在需要更细致进行风荷载计算的场合，风荷载体型系数可按本规程附录 B 采
> 用，或由风洞试验确定。
> GB 50009—2012《建筑结构荷载规范》第 8.3.2 条和《高规》第 4.2.4 条规定：
> 当多栋或群集的高层建筑相互间距较近时，宜考虑风力相互干扰的群体效应。根据国
> 内学者的研究，当相邻建筑物的间距小于 3.5 倍的迎风面宽度且两建筑物中心线的连线与
> 风向成 45°角时，群楼效应明显，其增大系数一般为 1.25～1.5，最大到 1.8。

➤ 设缝多塔背风面体型系数：0.5，应用于设缝多塔结构。由于遮挡造成的风荷载折减
值通过该系数来指定。当缝很小时，可取 0.5。

3.地震信息

在如图 5-7 所示的"地震信息"选项卡中,部分参数介绍如下:

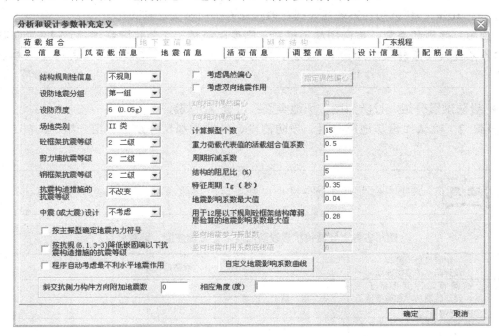

图 5-7 "地震信息"选项卡参数设置

> **注意**:(1)《抗规》第 3.1.2 条规定,"抗震设防烈度为 6 度时,除本规范有具体规定外,对乙、丙、丁类的建筑可不进行地震作用计算"。
>
> (2)《抗规》第 5.1.6 条规定,"6 度时的建筑(不规则建筑及建造于Ⅳ类场地上较高的高层建筑除外),以及生土房屋和木结构房屋等,应符合有关的抗震措施要求,但应允许不进行截面抗震验算";"6 度时不规则建筑、建造于Ⅳ类场地上较高的高层建筑,7 度和 7 度以上的建筑结构(生土房屋和木结构房屋等除外),应进行多遇地震作用下的截面抗震验算。"
>
> (3)《抗规》第 5.1.1 条规定,"8、9 度时的大跨度和长悬臂结构及 9 度时的高层建筑,应计算竖向地震作用"。
>
> (4)《高规》4.3.2 条规定,"高层建筑中的大跨度、长悬臂结构,7 度(0.15g)、8 度抗震设计时应计入竖向地震作用;""9 度抗震设计时应计算竖向地震作用"。
>
> (5)《高规》第 10.5.2 条规定,"7 度(0.15g)和 8 度抗震设计时,连体结构的连接体应考虑竖向地震的影响"。
>
> (6)注意事项:8(9)度地区大跨度结构一般指跨度不小于 24(18)m,长悬臂构件指悬臂板不小于 2(1.5)m,悬臂梁不小于 6(4.5)m。

➢ 结构规则性信息:《抗规》第 3.4.3 条规定了不规则的类型。

步骤 1 选择此建筑结构的规则性信息为"规则"。

> **注意**：平面不规则的类型，扭转不规则（位移比超标）、凹凸不规则（结构平面凹进大于 30%）、楼板局部不连续（楼板的尺寸和平面刚度急剧变化）。
>
> 竖向不规则的类型，侧向刚度不规则（刚度比超标、立面收进超过 25%）、竖向抗侧力构件不连续（带转换层结构）、楼层承载力突变（层间受剪承载力小于相邻上一楼层的 80%）。

> ➢ 设防地震分组、设防烈度、场地类别：可查《抗规》。

步骤 2 确认"设防地震分组、设防烈度、场地类别"分别为"第一组、6（0.05g）、Ⅱ类"。

> **注意**：场地类别自地质勘查报告中查得后应按照《抗规》第 4.1.6 条复核。

四川省各主要城镇抗震设防烈度、地震加速度、地震分组

序号	抗震设防烈度和设计基本地震加速度	设防地震分组
1	抗震设防烈度不低于 9 度，设计地震基本加速度值不小于 0.40g	第二组：康定，西昌
2	抗震设防烈度为 8 度，设计地震基本加速度值为 0.30g	第二组：冕宁*
3	抗震设防烈度为 8 度，设计地震基本加速度值为 0.20g	第一组：茂县，汶川，宝兴 第二组：松潘，平武，北川（震前），都江堰，道孚，泸定，甘孜，炉霍，喜德，普格，宁南，理塘 第三组：九寨沟，德昌，石棉
4	抗震设防烈度为 7 度，设计地震基本加速度值为 0.15g	第二组：巴塘，德格，马边，雷波，天全，芦山，丹巴，安县，青川，江油，绵竹，什邡，彭州，理县，剑阁* 第三组：荥经，汉源，昭觉，布拖，甘洛，越西，雅江，九龙，木里，盐源，会东，新龙
5	抗震设防烈度为 7 度，设计地震基本加速度值为 0.10g	第一组：自贡（自流井、大安、贡井、沿滩） 第二组：乐山（市中、沙湾），宜宾，宜宾县，峨边，沐川，屏山，得荣，马尔康，峨眉山，雅安，广元（3 个市辖区），中江，德阳，罗江，绵阳（2 个市辖区） 第三组：攀枝花（3 个市辖区），若尔盖，色达，壤塘，石渠，白玉，盐边，米易，乡城，稻城，名山，美姑，金阳，小金，会理，黑水，金川，洪雅，夹江，邛崃，蒲江，彭山，丹棱，眉山，青神，郫县，大邑，崇州，成都（8 个市辖区+温江），双流，新津，金堂，广汉，乐山（金口河、五通桥）
6	抗震设防烈度为 6 度，设计地震基本加速度值为 0.05g	第一组：泸州（3 个市辖区），内江（2 个市辖区），宣汉，达州，达县，大竹，邻水，渠县，广安，华蓥，隆昌，富顺，南溪，兴文，叙永，古蔺，资阳，资中，通江，万源，巴中，阆中，仪陇，西充，南部，射洪，大英，乐至 第二组：梓潼，筠连，井研，阿坝，南江，苍溪，旺苍，盐亭，三台，简阳，泸县，江安，长宁，高县，珙县，仁寿，威远 第三组：红原，犍为，荣县，梓潼，筠连，井研，阿坝

> ➢ 砼框架抗震等级、剪力墙抗震等级、钢框架抗震等级：按规范要求填写，按照《抗规》第 6.1.2 条的规定。

> **注意**：抗震等级确定应注意如下几点。

（1）框架-剪力墙结构，当框架承受的地震倾覆力矩大于结构总地震倾覆力矩的 50% 时，框架部分的抗震等级按框架结构确定。

（2）裙房与主楼相连，除应按裙房本身确定外，不应低于主楼的抗震等级（主楼为带转换层高层结构时，裙房的抗震等级按主楼的高度，框架-剪力墙结构的剪力墙查表）。

（3）当地下室顶板作为上部结构的嵌固部位时，地下一层的抗震等级应与上部结构相同，地下一层以下可根据情况采用三级或四级。

（4）无上部结构的地下室或地下室中无上部结构的部分，可根据情况采用三级或四级。

（5）乙类建筑，应按照提高一度的设防烈度查表确定抗震等级。

➢ 抗震构造措施的抗震等级：该项主要针对抗震措施的抗震等级与抗震构造措施的抗震等级不一致时设定。抗震措施由抗震设防标准确定；抗震构造措施需根据特殊情况（《抗规》第 3.3.2、3.3.3 条）进行调整，否则应选择不改变。

> **注意**：当转换层数大于等于 3 时，其框支柱、剪力墙底部加强部位的抗震墙等级宜按《抗规》第 6.1.2 条查的抗震等级提高一级采用，已为特一级时可不调整。

➢ 中震（或大震）设计：属于结构性能设计的范围，目前规范没有规定。

> **注意**：程序处理的原则为地震影响系数按中震（大震）采用；地震分项系数为 1.0；取消强柱弱梁、强剪弱弯调整；材料强度取标准值；不同于中震（大震）弹性设计，这时应采用中震（大震）的地震影响系数，将抗震等级改为四级（不进行相关调整）。

➢ 斜交抗侧力构件方向附加地震数及相应角度：这里填入的参数主要是针对非正交的平面不规则结构中，除了两个正交方向外，还要补充计算的方向角度。注意该参数仅与地震作用计算有关，与风荷载计算无关，根据《抗规》第 5.1.1 条规定：有斜交抗侧力构件的结构，当相交角度大于 15° 时，应分别计算各抗侧力构件方向的水平地震作用。抗侧力构件方向一般就是结构的较大侧向刚度方向，也就是地震力作用不利方向，所以在此应输入沿平面布置中局部柱网的主轴方向。同时，输入时应选择对称的多方向地震。

> **注意**：相应角度，就是除 0°、90° 这两个角度外需要计算的其他角度，个数要与"斜交抗侧力构件方向附加地震数"相同，且不得大于 90° 和小于 0。这样程序计算的就是填入的角度再加上 0 和 90° 这些方向的地震力。

➢ 考虑偶然偏心：《抗规》第 5.2.3 条对平面规则的结构采用增大边榀结构地震内力的方式考虑该扭转影响，这对高层建筑不尽合理。当设计者同时指定考虑偶然偏心和双向地震作用时，程序仅对无偏心的地震作用效应进行双向地震作用计算，无论左偏心还是右偏心均不做双向地震作用计算。因此，无论是否考虑双向地震作用，均应勾选本参数。

步骤3 勾选"考虑偶然偏心"选项。

> **注意**：位移比超过 1.2 时，则考虑双向地震作用，不考虑偶然偏心。位移比不超过 1.2 时，则考虑偶然偏心，不考虑双向地震作用。

> 考虑双向地震作用：《抗规》第 5.1.1 条和《高规》第 4.3.2 条规定质量和刚度分布明显不对称的结构，应计入双向水平地震作用下的扭转的影响。位移比超过 1.2 时，必须考虑双向地震作用。

> **注意**：程序隐含"考虑双向地震作用"是不考虑偶然偏心的，自动按二者最不利计算，因此，所有结构计算均可选上考虑双向地震作用。

步骤4 勾选"考虑双向地震作用"选项。

> 计算振型个数：《抗规》第 5.2.2 条条文说明规定振型个数一般可以取振型参与质量达到总质量 90%所需的振型数，同时《高规》第 4.3.9 条规定不考虑扭转耦联振动的结构，规则结构取 3，当建筑较高、结构沿竖向刚度不均匀时可取 5~6；《高规》第 4.3.10 条规定考虑扭转耦联振动的结构，一般情况可取 9~15，多塔结构每个塔楼的振型数不宜小于 9。

步骤5 在"计算振型个数"文本框中填入"15"。

> **注意**：目前 SATWE 软件对所有结构均考虑扭转耦联振动计算。因此在同时满足地震作用有效质量系数要大于等于 0.9 且不小于 3，振型数应为 3 的倍数时，振型数按以下原则选取。
>
> 当结构按侧刚计算时，单塔楼考虑耦联时应大于等于 9；复杂结构应大于等于 15；多塔结构的振型个数应大于等于 9 倍的塔楼数（注意各振型的贡献由于扭转分量的影响而不服从随频率增加而递减的规律）。
>
> 当结构按总刚计算时，采用的振型数不宜小于按侧刚计算的 2 倍，存在长梁或跨层柱时应注意低阶振型可能是局部振型，其阶数低，但对地震作用的贡献却较小。

> 重力荷载代表值的活载组合值系数：按照《抗规》第 5.1.3 条和《高规》第 4.3.6 条执行。

> **注意**：楼面活荷载按照实际情况计算时取 1.0；按等效均布活荷载计算时：藏书库、档案库、库房取 0.8；硬钩起重机悬吊物重力取 0.3，软钩起重机悬吊物重力取 0；其他情况取 0.5。

➤ 周期折减系数：周期折减的目的是充分考虑非承重填充墙刚度对结构自振周期的影响，因为周期小的结构，其刚度较大，相应吸收的地震力也较大。若不做周期折减，则结构偏于不安全；《高规》第 4.3.17 条规定，当非承重墙体为砌体墙时，高层建筑结构的计算自振周期折减系数可按下列规定取值：框架结构可取 0.6～0.7；框架-剪力墙结构可取 0.7～0.8；框架-核心筒结构可取 0.8～0.9；剪力墙结构可取 0.8～1.0。

注意：当结构的第一自振周期 $T_1 \leqslant T_g$ 时，不需进行周期折减，因为此时地震影响系数由程序自动取结构自振周期与特征周期的较大值进行计算。

➤ 结构的阻尼比：《抗规》第 5.1.5 条规定，除有专门规定外，建筑结构的阻尼比应取 0.05；《抗规》第 8.2.2 条规定，钢结构在多遇地震下的阻尼比，高度不大于 50m 时可取 0.04；高度大于 50m 且小于 200m 时，可取 0.03；高度不小于 200m 时，宜取 0.02，在罕遇地震下的弹塑性分析，阻尼比可取 0.05；此例题为 5%。

➤ 特征周期：场地特征周期根据设计地震分组确定。

➤ 地震影响系数最大值：由设防烈度确定；按照《抗规》第 5.1.4 条确定。

步骤6 在"特征周期"文本框中填入"0.35"。

注意：钢结构、砌体结构没有抗震等级。

4. 活荷信息

在如图 5-8 所示的"活荷信息"选项卡中，部分参数介绍如下。

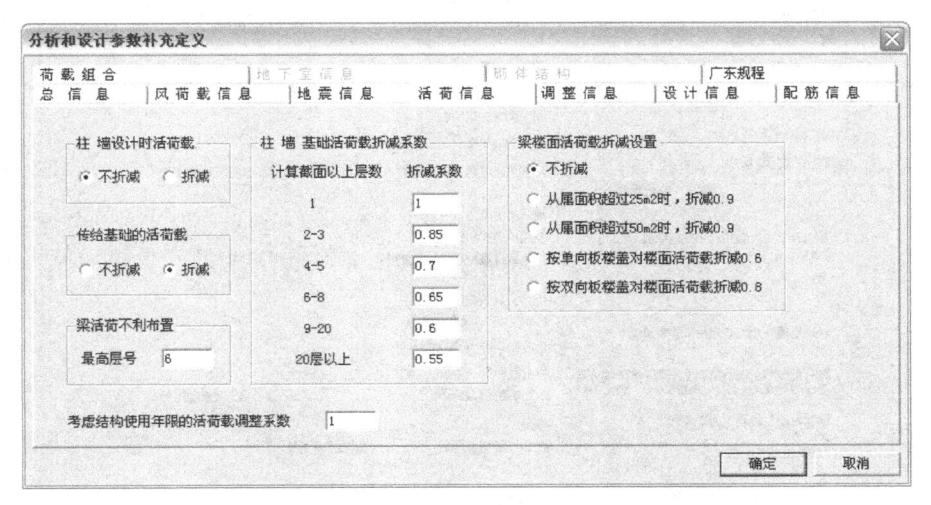

图 5-8 "活荷信息"选项卡参数设置

➤ 柱墙设计时活荷载：按照 GB 50009—2012《建筑结构荷载规范》第 5.1.2 条规定，设计楼面梁、墙、柱及基础时，楼面活荷载应乘以规定的折减系数。其中楼面梁的活荷载折减在 PM 楼面荷载导算过程中完成，而竖向荷载折减在 SATWE 荷载信息中规定。

> **注意**：如果要求高，楼面梁的和竖向构件的内力和配筋应按照折减和不折减分别计算两次。

通常情况下，民用建筑可以折算，工业厂房不折算。建议楼面梁在 PM 导算时不考虑楼面梁荷载折减，SATWE 计算时考虑墙、柱及基础活荷载的折算，应注意根据不同建筑功能修改活荷载折减系数。

步骤 1 选择"柱墙设计时活荷载"为"不折减"。

> 考虑结构使用年限的活荷载调整系数：根据《高规》第 5.6.1 条，对于使用年限为 100 年时取 1.1（注：新《高规》对恒+活+风的荷载组合，考虑了持久设计与短暂设计的区别，新增了活荷载调整系数）。

步骤 2 在"考虑结构使用年限的活荷载调整系数"文本框中输入"1"。

> 其他参数默认。

5. 调整信息

检查如图 5-9 所示的"调整信息"选项卡中各参数后，本例题只需按照程序取值即可，部分参数介绍如下。

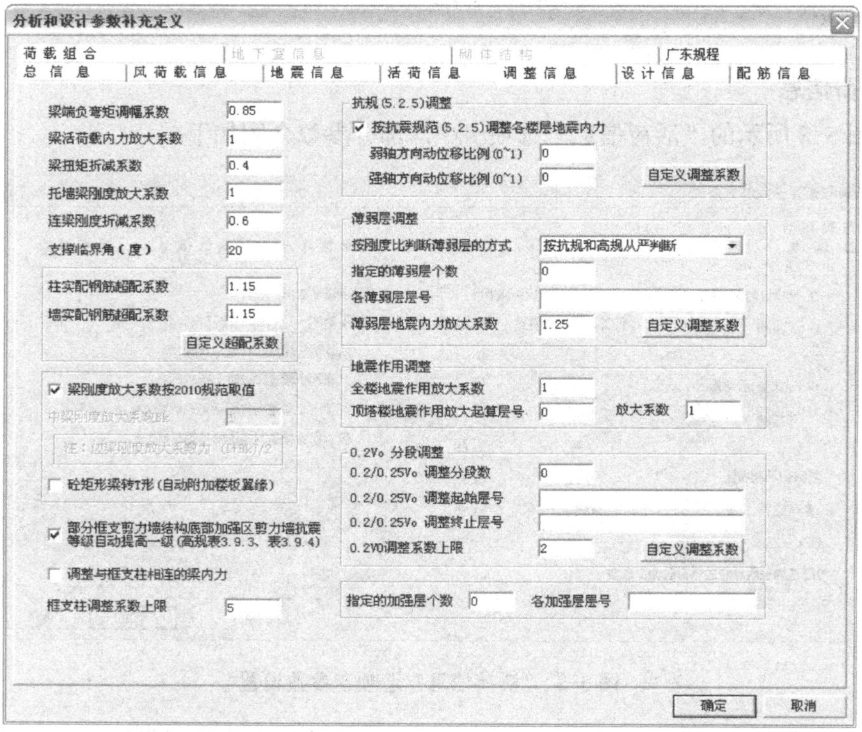

图 5-9 "调整信息"选项卡参数设置

- 梁端负弯矩调幅系数：《高规》第 5.2.3 条规定在竖向荷载作用下，可考虑框架梁端塑性变形内力重分布，其调幅系数取值范围为：现浇框架梁取 0.8～0.9；装配整体式框架梁取 0.7～0.8。

- 梁活荷载内力放大系数：在活荷载信息中考虑活荷载最不利布置时可填写 1.0，如若未考虑活荷载不利布置建议取值 1.1～1.2（一般工程建议该系数取值 1.1～1.2，如已输入梁活荷载不利布置楼层数，则应填 1.0，初始值为 1.0）。

- 梁扭矩折减系数：《高规》第 5.2.4 条规定对于现浇楼板结构，应考虑楼板对梁抗扭的约束作用。程序通过对梁的扭矩进行折减达到减小梁的扭转变形和扭矩计算值，折减系数为 0.4～1.0，一般取 0.4。对不与刚性楼板相连或圆弧梁，此系数不起作用。

> **注意**：《高规》第 5.2.4 条规定，"高层建筑结构楼面梁受扭计算时应考虑现浇楼盖对梁的约束作用。当计算中未考虑现浇楼盖对梁扭转的约束作用时，可对梁的计算扭矩予以折减。

- 托墙梁刚度放大系数：由于 SATWE 程序计算框支梁和梁上的剪力墙分别采用梁元和墙元两种不同的计算模型，造成剪力墙下边缘与转换大梁的中性轴变形协调，而与转换大梁的上边缘变形不协调，或者说，计算模型的刚度偏柔了；为了真实反映转换梁刚度，使用该放大系数。一般取 1，为了使设计保持一定的富裕度，也可以考虑或不考虑该系数。

- 实配钢筋超配系数：该项针对 9 度抗震设防烈度的各类框架和一级抗震的框架结构，其余情况可忽略该项，取默认值。

- 拖墙梁刚度放大系数：该项主要考虑板对梁刚度的贡献，选取此项即梁刚度按《混规》5.2.4 自动计算不同板厚对梁刚度的贡献，可不勾选此项。

- 薄弱层地震内力放大系数：1.25。

- 框支柱调整系数上限：程序默认 5，可参看《高规》第 10.2.17。

- 调整与框支柱相连的梁内力：勾选，《高规》第 10.2.7 条规定，框支柱按 $0.3V_0$ 调整后，应相应调整框支柱的弯矩及柱端梁（不包括转换梁）的剪力和弯矩，框支柱轴力可不调整。

- 部分框支剪力墙结构底部加强区剪力墙抗震等级自动提高一级（高规表 3.9.3、表 3.9.4）：程序默认勾选。

- 连梁刚度折减系数：0.7，《抗规》第 6.2.13 条规定折减系数不宜小于 0.5。当连梁内力由风荷载控制时，不宜折减。《高规》第 5.2.1 条条文说明指出，设防烈度低时可少折减一些（6、7 度时可取 0.7），设防烈度高时可多折减一些（8、9 度时可取 0.5）。折减系数不宜小于 0.5，以保证连梁承受竖向荷载的能力。

> **注意**：程序通过该参数考虑连梁进入塑性状态后的连梁刚度。一般工程取 0.7（并且不小于 0.55），位移由风载控制时取 ≥0.8。该系数仅对地震作用下的连梁刚度进行

折减，风荷载作用时不折减，与老版本 PKPM 不同，《高规》中第 5.2.1 条规定不宜小于 0.5。

➢ 按抗震规范（5.2.5）调整各楼层地震内力：建议初步计算时不勾选此项，方便判断 各项指标，如若勾选，软件会自动按《抗规》第 5.2.5 条条文说明将不满足剪重比的 楼层及以上所有楼层地震剪力进行放大；该项与同界面中的地震作用调整功能类 似，但地震作用调整只能将全楼地震作用放大（注意：两项均选时是否重复放大， 尚不明确）。

注意：剪重比，主要为控制各楼层最小地震剪力，确保结构安全性，见《抗规》 第 5.2.5 条和《高规》第 4.3.12 条。这个要求如同最小配筋率的要求，算出来的地震剪力 如果达不到规范的最低要求，就要人为提高，并按这个最低要求完成后续的计算。

剪重比不满足时的调整方法：

（1）程序调整：在 SATWE 的"调整信息"中勾选"按抗震规范（5.2.5）调整各楼层 地震内力"后，SATWE 按《抗规》第 5.2.5 条自动将楼层最小地震剪力系数直接乘以该层 及以上重力荷载代表值之和，用以调整该楼层地震剪力，以满足剪重比要求。

（2）人工调整，可按下列三种情况进行调整：

① 当地震剪力偏小而层间侧移角又偏大时，说明结构过柔，宜适当加大墙、柱截 面，提高刚度。

② 当地震剪力偏大而层间侧移角又偏小时，说明结构过刚，宜适当减小墙、柱截 面，降低刚度以取得合适的经济技术指标。

③ 当地震剪力偏小而层间侧移角又恰当时，可在 SATWE 的"调整信息"中的"全 楼地震作用放大系数"中输入大于 1 的系数增大地震作用。

➢ 中梁刚度放大系数：现浇楼面和装配整体式楼面可考虑翼缘作用对梁的刚度予以放 大。一般情况下，装配式楼板取 1.0；装配整体式楼板取 1.3；现浇楼板取 2.0。程序 自动处理边梁、独立梁及与弹性楼板相连梁的刚度不放大。另外，该系数对连梁不 起作用。《抗规》第 5.2.5 条为强制性条文，必须执行。应注意的是 6 度区没有剪重 比控制指标要求，宜按 $\lambda=0.008$ 控制。该内容可在计算结果文本信息中查看。

➢ 指定的薄弱层（加强层）个数及其层号：根据具体情况选择。程序只是根据层间侧 向刚度的比值来确定薄弱层，没有根据受剪承载力的比值确定薄弱层。通常情况 下，如框支结构，刚度、承载力削弱层应人工定义为薄弱层。

➢ 全楼地震作用放大系数：一般情况下可以不用考虑"全楼地震作用放大系数"，特殊 情况如采用弹性动力时程分析时计算出的楼层剪力大于振型分解法计算出的楼层剪 力时，可填入此参数。

➢ 顶塔楼地震作用放大起算层号：起算层号按突出屋面部分最低层号填写，若无顶塔 楼或不调整顶塔楼的内力，可将起算层号填为 0（注：该系数仅放大顶塔楼的内力， 并不改变位移）。计算振型为 9～15 及以上时，内力放大系数宜取 1.0（不调整）；计 算振型为 3 时，可取 1.5。《抗规》第 5.2.4 条：采用底部剪力法时，突出屋面的屋顶间、女儿墙、烟囱等的地震作用效应，宜乘以增大系数 3；采用振型分解法时，突出屋面部分可作为一个质点。如果振型数取得足够多（按前述振型数），可不考虑顶塔楼地震作用放大，否则，应考虑鞭梢效应。根据 SATWE 用户手册，计算振型数与放大系数的关系为：振型数小于 12 大于 9 时，取放大系数小于 3.0；振型数小于 15 大于 12 时，取放大系数小于 1.5。

➤ 0.2/0.25V_0 调整起始层号和终止层号：按实填入，仅用于框-剪结构和钢框架-支撑（剪力墙）结构体系，可将起始层号填入负值（−m），表示取消程序内部对调整系数上限 2.0 限制。0.2V_0 调整也可以人工干预，实现分段、分塔 0.2V_0 的调整。具体方法为在前处理程序中选取"用户指定 0.2V_0 调整系数"，按约定格式输入要修改的各层具体调整系数。对框支剪力墙结构，当在特殊构件定义中指定框支柱后，程序自动按照《高规》第 10.2.7 条实现 0.2V_0 或者 0.3V_0 的调整。对于柱少剪力墙多的框架剪力墙结构，0.2V_0 调整一般只用于主体结构，一旦结构内收则不往上调整。0.2V_0 调整的放大系数只针对框架梁柱的弯矩和剪力，不调整轴力。

6. 设计信息

检查如图 5-10 所示的"设计信息"选项卡中各参数后，本例题只需按照程序取值即可，部分参数介绍如下：

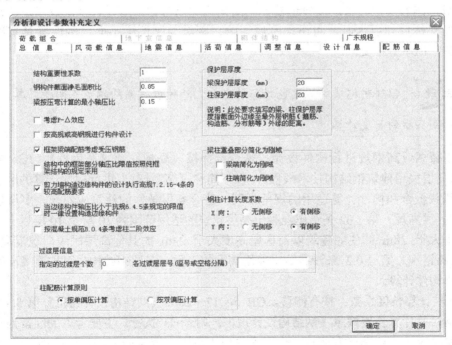

图 5-10 "设计信息"选项卡参数设置

➤ 结构重要性系数：1.0，《混规》第 3.3.2 条，《高规》第 3.8.1 条，对安全等级为一级的结构构件不应小于 1.1；对安全等级为二级的结构构件不应小于 1.0；对安全等级为三级的结构构件不应小于 0.9；对地震设计状况下应取 1.0。

➤ 梁、柱保护层厚度：20，20；新规范规定，保护层厚度是截面外边缘到最外层钢筋

外缘的距离，20 足够。

> **注意**：程序的保护层厚度是指构件外表面到钢筋中心的距离，与规范要求的边到边距离不同，设计人员应引起注意，如净保护层厚度为 Cover，则一排钢筋的合理作用点到截面外缘的距离为 Cover+12.5mm。因此，梁单排布筋实际保护层厚度为 Cover+12.5mm；梁双排布筋实际保护层厚度为 Cover+12.5mm+25mm。
>
> 当梁柱实配钢筋直径大于 25mm 时，应复核保护层厚度不小于钢筋直径。
>
> 设置钢筋保护层厚度时还应考虑构件工作环境，如在地下室、露天或其他恶劣环境中的构件应按规范要求加大保护层厚度。

➤ 考虑 P-Δ 效应：《高规》5.4 节给出由结构刚重比确定是否考虑重力二阶效应的原则；JGJ 99—1998《高层民用建筑钢结构技术规程》第 5.2.11 条给出对于无支撑结构和层间位移角大于 1/1000 的有支撑结构，应考虑 P-Δ 效应，具体应用中由程序计算（Wmass.out）确定是否勾选。

➤ 梁柱重叠部分简化为刚域：不选，《高规》第 5.3.4 条规定，在结构整体计算中，宜考虑框架或壁式框架梁、柱节点区的刚域影响。一般情况下可不考虑刚域的有利作用，作为安全储备。但异形柱框架结构应加以考虑；对于转换层及以下的部位，当框支柱尺寸巨大时，可考虑刚域影响。刚域与刚性梁不同，刚性梁具有独立的位移，但本身不变形。

> **注意**：程序对刚域的假定包括不计自重；外荷载按梁两端节点间距计算，截面设计按扣除刚域后的长度计算。

➤ 按高规或高钢规进行构件设计：是否选择按《高规》或《高钢规》（JGJ 99—1998《高层民用建筑钢结构技术规程》，以下简称《高钢规》）进行构件计算的区别在于，荷载组合和构件计算适用的规范不同；符合高层条件的建筑应勾选，多层建筑不勾选；《高规》第 1.02 条给出混凝土高层建筑的适用范围为 10 层及 10 层以上或房屋高度大于 28m 的住宅建筑以及房屋高度大于 24m 的其他高层民用建筑混凝土结构；《高钢规》第 1.0.2 条没有给出使用高度的下限，多层钢结构也可按照《高钢规》进行构件计算。

➤ 钢柱计算长度系数：按有侧移。GB 50017—2003《钢结构设计规范》第 5.3.3 条给出钢柱的计算长度按照《钢结构设计规范》附录 D 执行，主要考虑的因素为支撑的侧移刚度。一般选择有侧移，也可考虑以下原则：楼层最大杆间位移小于 1/1000（强支撑）时，按无侧移；楼层最大杆间位移大于 1/1000 且小于 1/300（弱支撑）时，取 1.0；楼层最大杆间位移大于 1/300（弱支撑、无支撑）时，按有侧移计算。

> **注意**：不选择此项，SATWE 执行《混规》6.2.20-2 条，按表 6.2.20-2 取用混凝土柱计算长度，对相交楼盖底层柱计算长度取 $1.0H$，上层柱取 $1.25H$。

➤ 框架梁端配筋考虑受压钢筋：《高规》第 6.3.3 条，梁端支座抗震设计时，如果受压钢筋配筋率不小于受拉钢筋的一半时，梁端最大配筋率可以放宽到 2.75%（原来为 2.5%），当选择该项时，同时执行这一条，否则还是按最大配筋率 2.5% 来控制。

注意：选择该项参数，原来只对地震作用组合进行该项控制，2010 版对所有组合下的框架梁支座进行相对受压区高度验算，一级抗震 x 小于等于 $0.25h_0$，其他都是 x 小于等于 $0.35h_0$，不满足时会按此限值重新计算受拉及受压钢筋。

➤ 结构中的框架部分轴压比限值按照纯框架结构的规定采用：一般不选，少墙框架等应选择此项。

➤ 柱配筋计算原则：具体应用宜按单偏压计算，并对计算结果按双偏压校核。对于异形柱框架结构中的异形柱和特殊构件定义的角柱，程序自动按照双偏压计算。

注意：单偏压计算只考虑平面内的弯矩和轴力，在同一组设计内力中，当两个方向的弯矩都很大时，可能配筋不足。双偏压计算同时考虑平面内和平面外的弯矩和相应的轴力，但结果不唯一。

程序按照双偏压计算时，按照第一组组合内力进行计算，初步给定角筋和腹筋，从第二组组合内力起，验算初步配筋，并按照先角筋后腹筋或按弯矩比例增大的方式给出配筋结果。

程序计算没有考虑配筋优化，故配筋可能偏大。

对单偏压和双偏压计算结果应进行认真复核，因为两种计算方式都有可能出现不合理的计算结果，如发现错误应予以调整。

7. 配筋信息

检查如图 5-11 所示的"配筋信息"选项卡中各参数后，本例题只需按照程序取值即可，部分参数介绍如下。

➤ 梁柱及边缘构件箍筋强度：通常情况下根据梁柱受剪承载力和配箍特征值的大小以及保证混凝土对钢筋的结合性能选择钢筋品种。对于框支梁柱及约束边缘构件宜采用 HRB400 钢筋，对于一般框架梁柱和构造边缘构件选择 HPB300 钢筋。

➤ 梁柱及边缘构件主筋强度：SATWE 进行构件计算时，按照本参数取得主筋的强度，不同于 PM 模型输入时的钢筋型号选择，后者用于出图时的钢筋符号表示。输入时必须将二者对应起来。

注意：通常情况下，应按如下原则选择钢筋。

受力较大的构件，如大跨度的梁、板构件，框支梁、柱构件，约束边缘构件等，宜采用 HRB400 钢筋。

小跨度的梁，普通框架柱及混凝土墙的构造边缘构件宜采用 HRB335 钢筋。

地下室钢筋混凝土外墙，通常情况下由裂缝控制，宜采用 HRB335 钢筋。

楼板应采用 HRB400 钢筋，楼梯等根据跨度、荷载大小采用 HRB400 或 HRB335 钢筋。

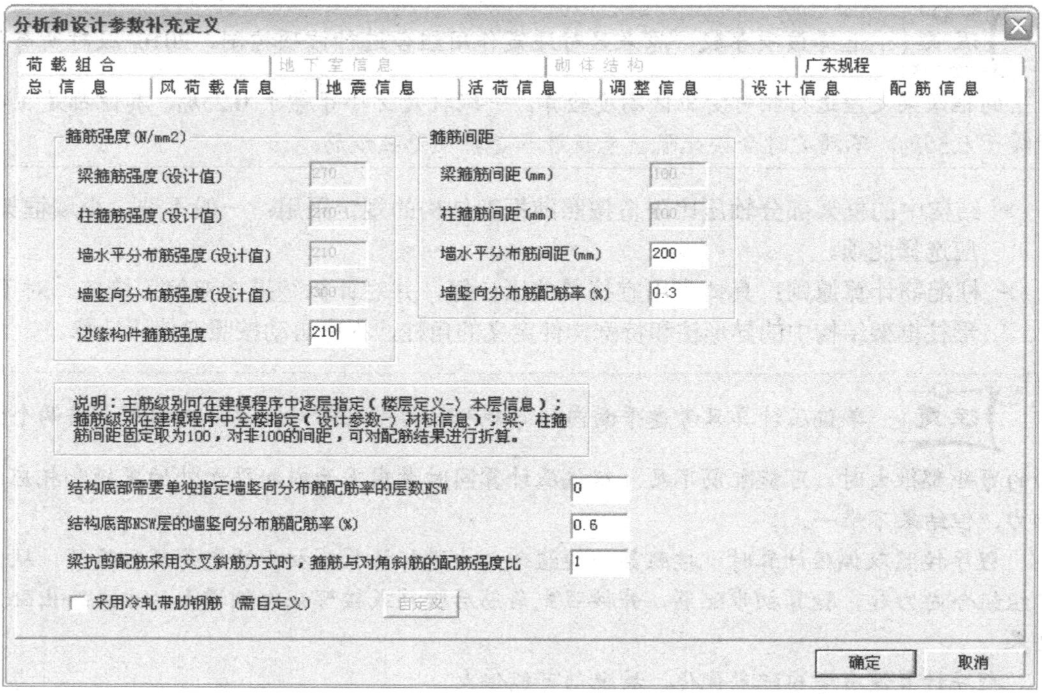

图 5-11 "配筋信息"选项卡参数设置

- ➤ 墙分布筋强度：一般情况下，墙的竖向分布筋由规范规定的最小配筋率确定，故宜选择 HPB300 钢筋，以降低钢筋成本；一般部位的混凝土墙的水平分布筋，HPB235 钢筋也能够满足墙受剪承载力的要求。对于复杂高层和筒体结构的特殊部位，因受力复杂，以考虑 HRB400 钢筋作为墙分布筋。混凝土墙的水平分布筋和竖向分布筋应采用同一品种，且都应符合最小配筋率的要求。

- ➤ 梁、柱箍筋间距：100，通常情况下为 100，当抗震设计时，本参数为加密区的间距。

注意：《混规》第 9.2.9 条规定了非抗震设计时梁箍筋最大间距要求，根据梁的高度和剪压比大小取 100～400；第 9.3.2 条规定了非抗震设计时柱箍筋最大间距要求为 min（400mm，柱短边尺寸，15 倍柱纵筋最小直径）。

《抗规》第 6.3.3、6.3.7 条和《高规》第 6.3.2、6.4.3 条规定了抗震设计时梁、柱箍筋加密区的最大间距要求。当个别梁构件因高度（$h/4$）或个别梁柱因其纵筋最小直径（$6d$ 或 $8d$）造成箍筋加密区间距小于 100mm 时，应在画图时人工修改以满足规范要求。

- ➤ 墙水平分布筋间距及竖向分布筋配筋率：200、0.25%，《高规》第 7.2.17、7.2.18、7.2.19 条规定。

注意：（1）《高规》第 7.2.17、7.2.18、7.2.19 条规定：一、二、三级混凝土竖向和横向分布钢筋的最小配筋率均不应小于 0.25%，四级抗震时不应小于 0.2%，钢筋最大间距不大于 300mm，最小直径不应小于 8mm；部分框支剪力墙结构的底部加强部位，竖向和横向分布钢筋的最小配筋率均不应小于 0.3%（非抗震设计时不应小于 0.25%），钢筋间距不大于 200mm。

（2）《高规》第 8.2.1 条：框架-剪力墙结构、板柱-剪力墙结构中，剪力墙的竖向、水平分布钢筋的配筋率，抗震设计时均不应小于 0.25%，非抗震设计时均不应小于 0.2%。

（3）《高规》第 3.10.5 条规定：抗震等级为特一级的筒体墙、剪力墙一般部位的水平和竖向分布钢筋最小配筋率应取为 0.35%，底部加强部位应取为 0.4%。

（4）《高规》第 7.2.19 条：房屋顶层剪力墙、长矩形平面房屋的楼梯间和电梯间剪力墙、端开间的剪力墙以及端山墙的水平和竖向分布钢筋的配筋率均不应小于 0.25%，钢筋间距不应大于 200mm。

（5）《高规》第 10.4.6 条：错层处平面外受力的剪力墙的截面厚度，非抗震设计时不应小于 200mm，抗震设计时不应小于 250mm，并均应设置与之垂直的墙肢或扶壁柱；抗震设计时，其抗震等级应提高一级采用。错层处剪力墙的混凝土强度等级不应低于 C30，水平和竖向分布钢筋的配筋率，非抗震设计时不应小于 0.3%，抗震设计时不应小于 0.5%。

➤ 结构底部需要单独指定墙竖向分布筋的层数及其配筋率：参数用于设定不同部位的混凝土墙分布筋的配筋率，可按照上述规范要求调整；顶层加强部位最高层号，0.3%。

➤ 其他：板配筋宜采用 HRB400 钢筋，并可采用塑性方法计算板配筋；另外，除受力钢筋外的其他构造钢筋、分布钢筋宜采用 HPB300 钢筋。

8. 荷载组合

检查如图 5-12 所示的"荷载组合"选项卡中各参数后，本例题只需按照程序取值即可，部分参数介绍如下：

➤ 荷载分项系数：恒荷载→1.2（1.35）；活荷载（含吊车荷载）→1.4；风荷载→1.4（按照荷载规范第 3.2.4 条、《高规》第 5.6.2 条规定执行）。

注意：（1）GB 50009—2012《建筑结构荷载规范》第 5.1.1 条、5.3.1、7.1.5 条：一般的民用建筑、工业建筑活荷载及屋面雪荷载的组合值系数为 0.7。

（2）GB 50009—2012《建筑结构荷载规范》第 5.4 节规定了屋面积灰荷载的组合值系数为 0.9 或 1.0（高炉临近建筑的屋面积灰荷载）。

（3）GB 50009—2012《建筑结构荷载规范》第 6.4 节规定了吊车荷载的组合值系数，除硬钩吊车和工作级别 A8 的软钩吊车为 0.95 外，其他软钩吊车的荷载组合值系数均为 0.7。

（4）GB 50009—2012《建筑结构荷载规范》第 8.1.4 条规定风荷载的组合值系数为 0.6。

（5）《高规》第 5.6.1 条：无地震作用组合时，当永久荷载起控制作用时，楼面活荷载和风荷载的组合值系数取 0.7（书库、档案库、通风机房、电梯机房取 0.9）和 0.0；当可变荷载起控制作用时应分别取 1.0 和 0.6 或者 0.7（书库、档案库、通风机房、电梯机房取 0.9）和 1.0。

（6）《高规》第 5.6.3 条：有地震作用组合时，风荷载的组合值系数取 0.2。

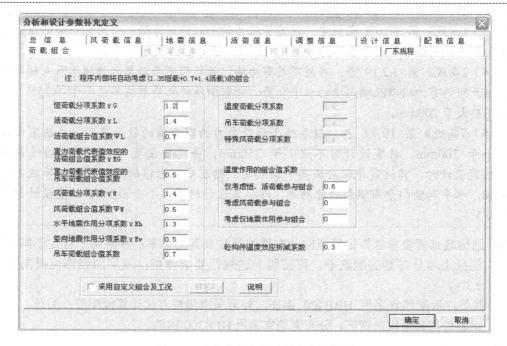

图 5-12 "荷载组合"选项卡参数设置

> 活载重力代表值系数：《抗规》第 5.1.3 条、《高规》第 4.3.6 条规定了活载重力代表值系数，雪荷载及一般民用建筑楼面等效均布活荷载取 0.5，屋面活荷载和软钩吊车荷载取 0，硬钩吊车取 0.3，藏书库、档案库为 0.8，按实际情况计算的楼面活荷载取 1.0。

> 地震作用分项系数：水平地震作用，1.3；竖向地震作用，0.5（按《高规》第 5.6.4 条执行）。

> 风荷载分项系数：1.4，按 GB 50009—2012《建筑结构荷载规范》第 3.2.4 条执行。

> 温度荷载分项系数：1.2，参照 JGJ 133—2001《金属与石材幕墙工程技术规范》第 5.1.6 条的规定，取 1.2，同时温差效应组合值系数取 0.8。

> 采用自定义组合及工况：不勾选，直接按规范要求执行，一般不采用另外的组合。

9. 地下室信息

在本例题中因无地下室，此选项卡未被激活，现仅通过文字介绍"地下室信息"选项卡中的部分参数。

> 回填土对地下室约束的相对刚度比：该参数通过填入与地下室侧移刚度的相对刚度比模拟基础回填土对结构约束作用。填 0 认为回填土对结构没有约束作用，上部结构嵌固于基础上；若该参数大于 5，则认为地下室基本上没有侧移，上部结构在地下一层顶嵌固（但竖向变形没有约束）。

注意：若填入负数（−m），则相当于地下室在−m 层顶的顶板嵌固，这时根据《抗规》第 6.1.14 条的规定，应保证地下室的剪切刚度大于一层剪切刚度的 2 倍。

若地下室不考虑嵌固作用，地下室信息中回填土对地下室约束的相对刚度比一般为 3，模拟约束作用为 70%～80%。

> 外墙分布筋保护层厚度：根据 GB 50108—2008《地下工程防水技术规范》第 4.1.7 条的规定，结构混凝土迎水面的钢筋保护层厚度不小于 50mm，当不考虑结构防水时，应按照《混规》第 8.2.1 条依据环境类别选用，并适当加大（可按相应环境类别柱的保护层厚度选用）。该参数用于地下室外墙的配筋计算。
> 扣除地面以下几层的回填土约束：此参数指从第几层地下室考虑基础回填土对结构的约束作用，一般可不扣除，当地下室不完整时，可扣除相应的地下室层数。
> 地下室外墙侧土水压力参数：用于计算地下室外墙的土压力，应按实填写，室外地面附加荷载取 4.0～10.0kN/m^2。
> 人防设计信息：用于人防地下室外维护结构计算，根据 GB 50038—2005《人民防空地下室设计规范》按实际填写。

10．砌体结构

在本例题中为框架结构，此选项卡未被激活，现仅通过文字介绍"砌体结构"选项卡中的部分参数。

> 砌块类别、容重：均按实填写。
> 底部框架层数：按实填写。
> 底框结构空间分析方法：通常情况下选择规范算法，以满足规范要求；对一些特殊的复杂砌体结构，可以选取有限元整体算法计算结构中的局部梁柱构件内力。
> 配筋砌块砌体结构：勾选后，程序按相应的规范进行分析和构件设计。

 5.4.2　特殊构件补充定义

选择"2.特殊构件补充定义"选项，单击"应用"按钮，进入特殊构件补充定义界面，如图 5-13 所示，特殊构件包括特殊梁、特殊柱、特殊墙、特殊支撑、弹性板等，分别列出其下子菜单，如图 5-14 所示。

1．特殊梁

现将"特殊梁"下的部分子菜单介绍如下。

> 不调幅梁：程序自动对梁两端的支撑情况判断，当梁两端的支座均为混凝土墙或柱时，隐含定义为调幅梁，否则为不调幅梁。

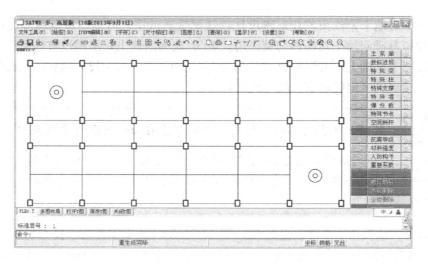

图 5-13 特殊构件补充定义界面

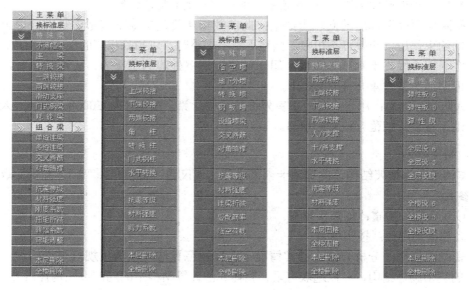

图 5-14 部分特殊构件命令的子菜单

> **注意**：通常情况下框架梁一般支座弯矩大，实际配筋困难，而且是实际塑性铰形成的点，所以应该进行调幅。多跨连续梁一般荷载较小，调幅的意义不大。对于梁端内力较大的多跨连续梁，按照规范规定，也可以调幅，实际操作时可灵活掌握。

➤ 连梁：按照《高规》第 7.1.3 条，根据跨高比确定连梁（<5）或框架梁（≥5），连梁可以进行刚度折减，框架梁不折减，但框架梁考虑刚度放大。

➤ 转换梁：根据实际情况指定转换梁，注意转换次梁和托柱梁也应指定为框支梁，使得程序可以自动对其调整抗震等级并进行内力调整。

➤ 铰接梁（一端铰接、两端铰接）：根据计算结果可以将个别超筋或配筋率大的梁端定义为铰接梁，并在设计图中规定相应的构造措施。

➤ 滑动支座梁、门式钢梁、耗能梁、组合梁：根据实际情况指定梁的抗震等级、材料强度、刚度系数、扭转系数、调幅系数，根据需要单独调整个别梁的相关参数。

注意：（1）程序不能自动搜索转换梁等特殊梁，必须由设计人员指定。

（2）值得注意的是，程序可以根据规范的有关规定，对某些特殊结构的特殊构件自动提高抗震等级，但人工设定优先于程序设定，所以设计人员单独定义构件抗震等级后，程序不再自动提高这些构件的抗震等级。

（3）特殊构件定义、设置及显示颜色参看 SATWE 用户手册。

2．特殊柱

现将"特殊柱"下的部分子菜单介绍如下。

➤ 角柱、框支柱：根据柱的布置位置判断并定义角柱、框支柱，程序根据指定自动进行相关的内力调整和抗震等级的调整。

步骤 1　在平面图四角设置角柱，执行"特殊柱 | 角柱"命令，用光标逐个点取角柱，如图 5-15 所示。

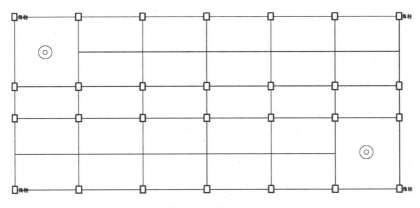

图 5-15　设置角柱

步骤 2　执行"换标准层"命令，切换至另一标准层，观察后得出结论，第 2 标准层没有符合角柱定义的柱。

步骤 3　执行"保存"命令后执行"退出"命令，返回到"SATWE 前处理-接 PMCAD 生成 SATWE 数据"对话框。

➤ 其他如铰接柱（上端、下端）、门式钢柱：根据实际情况指定；柱的抗震等级、材料强度、剪力系数（广东规范）：根据需要单独调整个别柱的相关参数。

3．特殊墙、特殊支撑

根据需要指定或修改相关参数。

4．弹性板

现将"弹性板"下的部分子菜单介绍如下。

> 刚性楼板，平面内无限刚，平面外刚度为0。程序默认楼板为刚性楼板。
> 弹性板3：平面内无限刚，平面外有限刚。适用于厚板转换。厚板转换PM建模时，与板柱结构一样布置虚梁，将厚板高度一分为二，分别加在上下楼层层高上。
> 弹性板6：壳元计算真实反映平面内、平面外的刚度。适用于板-柱或板柱-剪力墙结构，按照《高规》第5.3.3条的要求执行。
> 弹性膜：应用应力膜单元真实反映板平面内、外的刚度，同时忽略平面外刚度。适用于转换层、楼板开大洞、楼板弱连接的情况。

注意：未设定弹性楼板，程序默认为刚性楼板，假定楼板平面内无限刚，楼板平面外刚度为0，刚性板假定使用于大多数常规工程。

弹性楼板设定是以房间为单元进行的，用光标点取房间内的任意点，房间内显示一个带数字的圆圈（数字为板厚），表示该板已设定为弹性楼板。

强制刚性楼板仅用于位移比的计算，构件设计则不应选择强制刚性楼板，因此需要进行两次计算。

5.4.3 生成SATWE数据文件及数据检查

选择"8.生成SATWE数据文件及数据检查"选项，单击"应用"按钮，开始进行数据文件的生成和检查，如图5-16所示。

图5-16 数据文件的生成和检查

5.5 SATWE 结构内力和配筋计算

视频\05\SATWE结构内力和配筋计算.avi
案例\05\SATWE

选择"PKPM"→"结构"→"SATWE"→"2.结构内力，配筋计算"主菜单，单击"应用"后出现"SATWE 计算控制参数"对话框，设置参数后，单击"确定"按钮，程序即可自动计算，如图 5-17 所示，计算完成后，自动返回到 SATWE 主界面。

图 5-17 "SATWE 计算控制参数"对话框

在"SATWE 计算控制参数"对话框中，部分需要注意的参数含义如下。

➤ 吊车荷载计算：当设计工业厂房需要考虑吊车作业时应选择此项，并应在 PMCAD 建模时输入吊车荷载，程序初始值为不选择。

➤ 生成传给基础的刚度：当基础设计需要考虑上部结构刚度影响时，选择此项，否则不选。

➤ 层刚度比计算：有以下三种方法，①剪切刚度比，是《高规》附录 E.0.1 规定的，主要用于底部大空间为一层的转换层结构刚度比计算，及地下室嵌固部位的刚度比计算。②剪弯刚度比，是《高规》附录 E.0.2 规定的，主要用于底部大空间层数大于一层的转换层结构刚度比计算。③地震力与地震层间位移的比值，是《抗规》第 3.4.2、3.4.3 条和《高规》第 4.3.5 条规定的，适用于没有转换结构的大多数常规建筑，也可用于地下室嵌固部位的刚度比计算，这是程序默认的层刚度比计算方法。

> 注意：一般来讲，常规工程选择第三种方法计算刚度比，对复杂高层建筑，建议多用几种方法计算刚度比，从严控制。

➤ 地震作用分析方法：程序提供了"侧刚分析方法"和"总刚分析方法"两种地震作用分析方法，"侧刚分析方法"的优点是分析效率高，由于浓缩以后的侧刚自由度很少，所以计算速度快。但其应范围是有限的，当定义有弹性楼板或有不与楼板相连的构件时，其计算是近似的，会有一定的误差；"总刚分析方法"适用于分析有弹性楼板或楼板开大洞的复杂建筑结构，不足之处是计算量大，因而速度稍慢；但是对于没有定义弹性板或没有不与楼板相连构件的工程，"侧刚分析方法"和"总刚分析方法"的计算结果是一致的。

5.6 PM 次梁内力与配筋计算

"PM 次梁内力与配筋计算"菜单的功能是将在 PMCAD 中输入的次梁按照"简化力学模型"进行内力分析，并进行截面配筋设计；在 SATWE 配筋简图中将次梁与 SATWE 计算的梁放在同一张图上以便查看，在接 PK 绘制梁时，主次梁统一处理，即同时归并，和主梁一起出施工图，从而达到简化操作的目的。

在 PM 模型输入时，在容量允许的情况下，都将次梁作为主梁输入，所以此项不用进行操作。

5.7 分析结果图形和文本显示

视频\05\分析结果图形和文本显示.avi
案例\05\SATWE

选择"PKPM"→"结构"→"SATWE"→"4.分析结果图形和文件显示"主菜单，单击"应用"后，显示"SATWE 后处理"对话框，分为"图形文件输出"和"文本文件输出"两页，如图 5-18 所示。

图 5-18 "SATWE 后处理"对话框

对 SATWE 的结构分析着重于"柱轴压比""梁挠度""位移角""刚度比""剪重比""周期比""有效质量系数"等几个方面，一般来说，在结构上控制好了这几个参数，结构就基本安全；至于后期结构的优化设计，就需要不断地调整再计算，一遍遍地调试得出最优结构。

5.7.1　图形显示

图形文件输出共有 17 个选项，通过平面图和三维彩色云斑图显示计算分析结果，下面仅选择常用的几个选项进行讲解。

1．"1.各层配筋构件编号简图"

在"图形文件输出"页面下选择"1.各层配筋构件编号简图"，单击"应用"按钮，程序给出首层构件编号以及质刚心之间的位置关系，如图 5-19 所示。

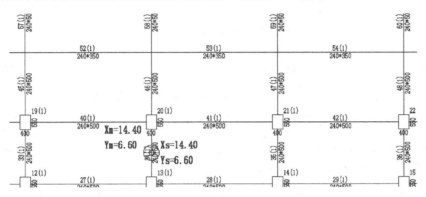

图 5-19　配筋构件编号简图

> **注意**：此项构件编号的图形显示作用如下。
>
> （1）查看质心与刚心之间的距离，依次粗略判断结构是否"规则"。例图中，质、刚心完全重合，结构模型"规则"。
>
> （2）精确查找到某编号的构件；在屏幕菜单中执行"构件搜寻"命令，按照命令行提示进行操作即可。
>
> （3）查看构件的详细信息；在屏幕菜单中执行"构件信息"命令，点取需要了解的构件，然后程序将自动弹出该构件的信息列表文本。

2．"2.混凝土构件配筋及钢构件验算简图"

在"图形文件输出"页面下选择"2.混凝土构件配筋及钢构件验算简图"，单击"应用"按钮，程序给出首层混凝土构件配筋及钢构件验算简图，如图 5-20 所示。

> **注意**：此项构件配筋的图形显示主要注意有无梁柱超筋现象；在 PKPM 中，如果出现超筋，程序会将超筋的部位用红色凸显出来。
>
> **超筋解决方法：**
>
> （1）加大截面，增大截面的刚度；一般在建筑要求严格处，如过廊等，加大梁宽；建筑要求不严格处，如卫生间等加大梁高；提高混凝土强度等级。

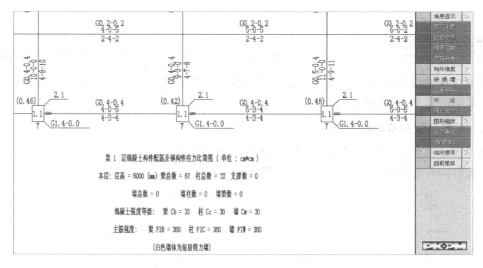

图 5-20　首层混凝土构件配筋及钢构件验算简图

（2）点铰，以梁端开裂为代价，不宜多用；点铰对输入的弯矩进行调幅到跨中，并释放扭矩。强行点铰不符合实际情况，不安全。或者改变截面大小，让节点有接近铰的趋势；并且相邻周边的竖向构件加强配筋。

（3）力流与刚度，通过调整构件刚度来改变输入力流的方向，使力流避开超筋处的构件，加大部分力流引到其他构件，但在高烈度区，会导致其他地方的梁超筋。

### 3.	"3.梁弹性挠度、柱轴压比、长细比、墙边缘构件简图"

在"图形文件输出"页面下选择"3.梁弹性挠度、柱轴压比、长细比、墙边缘构件简图"，单击"应用"按钮，程序给出首层轴压比与有效长度系数简图，如图 5-21 所示。

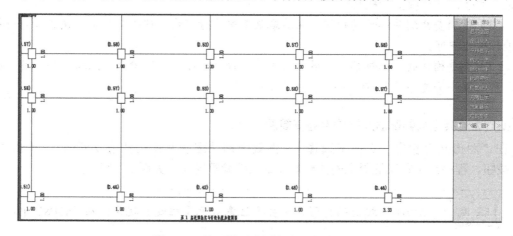

图 5-21　首层轴压比与有效长度系数简图

注意：轴压比不满足时的调整方法：增大该墙、柱截面或提高该楼层墙、柱混凝土强度。

在 GB 50011—2010《建筑抗震设计规范》第 6.3.6 条对轴压比限值有明确规定：见表 6.3.6。

表 6.3.6　柱轴压比限值

结构类型	抗震等级			
	一	二	三	四
框架结构	0.65	0.75	0.85	0.90
框架-抗震墙，板柱-抗震墙、框架-核心筒及筒中筒	0.75	0.85	0.90	0.95
部分框支抗震墙	0.60	0.70	—	

注：1. 轴压比指柱组合的轴压力设计值与柱的全截面面积和混凝土轴心抗压强度设计值乘积之比值；对本规范规定不进行地震作用计算的结构，可取无地震作用组合的轴力设计值计算。

　　2. 表内限值适用于剪跨比大于 2、混凝土强度等级不高于 C60 的柱；剪跨比不大于 2 的柱，轴压比限值应降低 0.05；剪跨比小于 1.5 的柱，轴压比限值应专门研究并采取特殊构造措施。

　　3. 沿柱全高采用井字复合箍且箍筋肢距不大于 200mm、间距不大于 100mm、直径不小于 12mm，或沿柱全高采用复合螺旋箍、螺旋间距不大于 100mm、箍筋肢距不大于 200mm、直径不小于 12mm，或沿柱全高采用连续复合矩形螺旋箍、螺旋净距不大于 80mm、箍筋肢距不大于 200mm、直径不小于 10mm，轴压比限值均可增加 0.10；上述三种箍筋的最小配箍特征值均应按增大的轴压比由本规范表 6.3.9 确定。

　　4. 在柱的截面中部附加芯柱，其中另加的纵向钢筋的总面积不少于柱截面面积的 0.8%，轴压比限值可增加 0.05；此项措施与注 3 的措施共同采用时，轴压比限值可增加 0.15，但箍筋的体积配箍率仍可按轴压比增加 0.10 的要求确定。

　　5. 柱轴压比不应大于 1.05。

4. "9.水平力作用下结构各层平均侧移简图"

在"图形文件输出"页面下的 17 个选项中，选择"9.水平力作用下结构各层平均侧移简图"，给出地震力作用下楼层反应曲线图形文件，如图 5-22 所示。

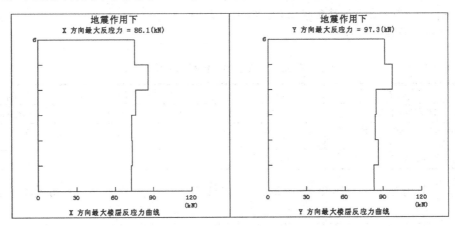

图 5-22　地震力作用下楼层反应曲线

注意：在当前界面的屏幕菜单中选择地震力和风荷载作用下的"层剪力""倾覆

弯矩""层位移角"命令等;重点注意地震力作用下的"层位移角",如图 5-23 所示。

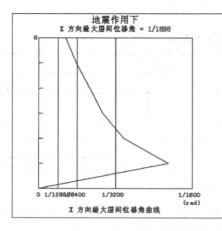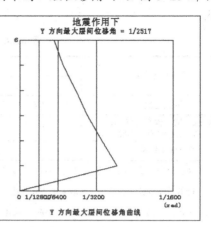

图 5-23　地震力作用下的层位移角

注意:在 GB 50011—2010《建筑抗震设计规范》第 5.5.1 条对层间位移角限值有明确规定:5.5.1　表 5.5.1 所列各类结构应进行多遇地震作用下的抗震变形验算,其楼层内最大的弹性层间位移应符合下式要求:

$$\Delta u_e \leqslant [\theta_e]h \qquad (5.5.1)$$

式中　Δu_e——多遇地震作用标准值产生的楼层内最大的弹性层间位移;计算时,除以弯曲变形为主的高层建筑外,可不扣除结构整体弯曲变形;应计入扭转变形,各作用分项系数均应采用 1.0;钢筋混凝土结构构件的截面刚度可采用弹性刚度;

　　$[\theta_e]$——弹性层间位移角限值,宜按表 5.5.1 采用;

　　h——计算楼层层高。

表 5.5.1　弹性层间位移角限值

结 构 类 型	$[\theta_e]$	结 构 类 型	$[\theta_e]$
钢筋混凝土框架	1/550	钢筋混凝土框支层	1/1000
钢筋混凝土框架-抗震墙、板柱-抗震墙、框架-核心筒	1/800	多、高层钢结构	1/250
钢筋混凝土抗震墙、筒中筒	1/1000		

　　在给出的图形中,1/1898 和 1/2517 均比 1/550 小,明显层间位移角没有超出规范规定。

5."13.结构整体空间振动简图"

　　在"图形文件输出"页面下的 17 个选项中,选择"13.结构整体空间振动简图",查看各个振型下结构的振动形式,例如选择前三个振型进行观察,如图 5-24、图 5-25、图 5-26 所示。

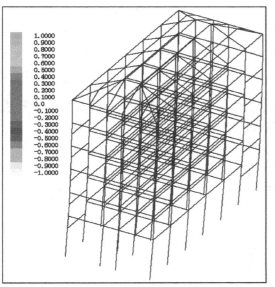

图 5-24　第 1 振型图　　　　　　　　　图 5-25　第 2 振型图

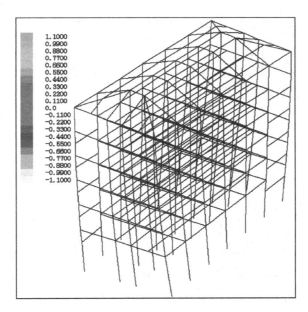

图 5-26　第 3 振型图

> **注意**：在第 1、2 振型时结构整体应该以平动为主，其中，第 1 振型应该是沿 Y 方向的平动，第 2 振型应该是沿 X 方向的平动。

> **注意**：第 3 振型可以是以扭转为主的振动。

5.7.2 文本显示

1. "1.结构设计信息"

选择"1.结构设计信息"项，在弹出的信息文本（WMASS.OUT）中要查看的参数是："刚度比""刚重比"和"层间受剪承载力之比"，如图5-27、图5-28、图5-29所示。

图5-27 刚度比检查

层号	X向刚度	Y向刚度	层高	上部重量	X刚重比	Y刚重比
1	0.117E+06	0.166E+06	6.00	42181.	16.61	23.58
2	0.279E+06	0.294E+06	3.60	34361.	29.28	30.84
3	0.297E+06	0.306E+06	3.60	27003.	39.60	40.78
4	0.299E+06	0.302E+06	3.60	19645.	54.70	55.42
5	0.293E+06	0.288E+06	3.60	12287.	85.91	84.35
6	0.243E+06	0.233E+06	3.60	4929.	177.28	170.38

结构整体稳定验算结果

该结构刚重比Di*Hi/Gi大于10,能够通过高规(5.4.4)的整体稳定验算
该结构刚重比Di*Hi/Gi小于20,应该考虑重力二阶效应

图5-28 刚重比检查

> **注意**：当此三项参数中有不满足的时，调整方法有适当加强本层墙柱、梁的刚度，适当削弱上部相关楼层墙柱、梁的刚度。如实在不便调整，程序自动在SATWE中将不满足要求楼层定义为薄弱层，并按《高规》第3.5.7将该楼层地震剪力放大。

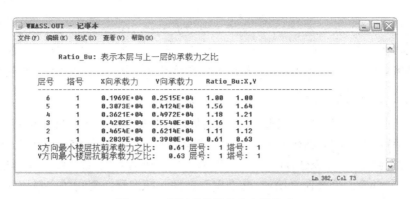

图 5-29　层间受剪承载力之比检查

1）刚度比：参数"Ratx1"和"Raty1"，即剪切刚度主要用于底部大空间为一层的转换结构（例如一层框支）及地下室嵌固条件的判定，判断地下室嵌固时，依据《高规》第 5.3.7 条，地下室其上一层的计算信息中 Ratx、Raty 结果不应大于 0.5。剪弯刚度主要用于底部大空间为多层的转换结构（例如二层以上框支）；通常工程都采用地震剪力与地震层间位移比。在各层刚心、偏心率、相邻层侧移刚度比等计算信息中 Ratx1、Raty1 结果大于等于 1，即满足规范要求。

注意：刚度比相关规范规定如下。

（1）《高规》第 3.5.7 条规定，"不宜采用同一楼层刚度和承载力变化同时不满足本规程第 3.5.2 条和 3.5.3 条规定的高层建筑结构"。

（2）《高规》附录 E.0.2 条规定，"当转换层设置在第 2 层以上时，按本规程式（3.5.2-1）计算的转换层与其相邻上层的侧向刚度比不应小于 0.6"。

（3）《抗规》附录 E.2.1 条规定，筒体结构"转换层上下层的侧向刚度比不宜大于 2"。

2）刚重比：控制刚重比主要为了控制结构的稳定性，避免结构在风荷载或地震力的作用下整体失稳、滑移、倾覆。<结构整体稳定验算结果>X 向刚重比 $EJd/GH**2$；Y 向刚重比 $EJd/GH**2$。结构刚重比 $EJd/GH**2$ 大于 1.4，能够通过《高规》第 5.4.4 条的整体稳定性验算；该结构刚重比 $EJd/GH**2$ 大于 2.7，可以不考虑《高规》第 5.4.1 条的重力二阶效应。

注意：刚重比不满足要求，说明结构的刚度相对于重力荷载过小；但刚重比过分大，则说明结构的经济技术指标较差。

3）层间受剪承载力之比：控制层间受剪承载力之比主要为了控制竖向不规则性，以免竖向楼层受剪承载力突变，形成薄弱层；楼层抗剪承载力及承载力比值"Ratio_Bu:X,Y"在 A 级高度时均不宜小于 0.8，不应小于 0.65；在 B 级高度时均不应小于 0.75。

注意：层间受剪承载力之比相关规范规定如下。

《高规》第 3.5.3 条规定，"A 级高度高层建筑的楼层抗侧力结构的层间受剪承载力不宜小于其相邻上一层受剪承载力的 80％，不应小于其相邻上一层受剪承载力的 65％；B 级高度高层建筑的楼层抗侧力结构的层间受剪承载力不应小于其相邻上一层受剪承载力的 75％"。

本题中，刚度比、层间受剪承载力之比和刚重比都偏小，且都是第 1 层不满足，基于这种情况，可仅增强第一层的结构刚度，加大柱截面和梁截面即可，修改的操作步骤如下：

步骤 1 返回进入 "PMCAD" → "建筑模型和荷载输入"，首先执行 "楼层定义 | 层编辑 | 插标准层" 命令，选择在 "第 2 标准层" 前插入标准层，复制的当前层为 "第 1 标准层"，插入标准层。

步骤 2 然后，执行 "楼层定义 | 柱布置" 命令，新建柱截面 500*600，如图 5-30 所示，替换当前的第 1 标准层中布置的所有柱。

步骤 3 然后，执行 "楼层定义 | 主梁布置" 命令，新建梁截面 400*650 和 300*450，如图 5-31 所示，分别替换当前的第 1 标准层中布置的主梁和按照主梁输入的次梁。

图 5-30 新建柱截面

图 5-31 新建梁截面

步骤 4 接着，执行 "楼层组装 | 楼层组装" 命令，更新修改楼层组装信息中各楼层标准层的套用信息，如图 5-32 所示。

图 5-32 楼层组装修改效果

步骤 5 执行 "保存" 命令后执行 "退出" 命令，并选择 "存盘退出"。

步骤6　重复执行 SATWE 中第 1 和第 2 主菜单中的操作项,然后,再次进行分析结果图形及文本的检查。

2. "2.周期　振型　地震力"

选择"2.周期　振型　地震力"项,在弹出的信息文本(WZQ.OUT)中要检查的参数是:"周期比""地震作用最大方向""剪重比"和"有效质量系数",如图 5-33、5-34 所示。

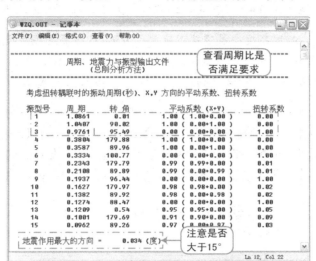

图 5-33　周期比和地震作用最大方向

图 5-34　剪重比和有效质量系数

1）周期比：控制周期比主要为了控制结构平面规则性，以避免产生过大的偏心而导致结构产生较大的扭转效应；《高规》第 3.4.5 条规定，结构扭转为主的第一自振周期 T_t 与平动为主的第一自振周期 T_1 之比，A 级高度高层建筑不应大于 0.9，B 级高度高层建筑、超过 A 级高度的混合结构及本规程第 10 章所指的复杂高层建筑不应大于 0.85。

> **注意**：《高规》第 3.4.5 条规定，结构扭转为主的第一自振周期 T_t 与平动为主的第一自振周期 T_1 之比，A 级高度高层建筑不应大于 0.9，B 级高度高层建筑、超过 A 级高度的混合结构及本规程第 10 章所指的复杂高层建筑不应大于 0.85。
>
> 如果周期比不满足，应加强结构外围墙柱、梁的刚度，适当削弱结构中间墙柱的刚度。

2）地震作用最大方向：地震作用最大方向如果大于 15°，需要在 "SATWE｜接 PK 生成 SATWE 数据文件｜1.分析与设计参数补充定义" 选项下，在弹出的对话框中，选择 "地震信息" 选项卡，将此值填入最后一项参数的 "相应角度" 中，进行地震作用最大方向的设置，然后再重新计算。

3）剪重比：剪重比参数主要限制各楼层的最小水平地震剪力，确保周期较长的结构的安全，《抗规》第 5.2.5 条有规定。

> **注意**：剪重比不满足时的调整方法如下。
>
> 当剪重比偏小且与规范限值相差较大时，宜调整增强竖向构件，加强墙、柱等竖向构件的刚度。
>
> 当剪重比偏小但达到规范限值的 80% 以上时，可按下列方法之一进行调整。
>
> （1）在 SATWE 的 "调整信息" 中勾选 "按抗震规范 5.2.5 调整各楼层地震内力"，SATWE 按《抗规》第 5.2.5 条自动将楼层最小地震剪力系数直接乘以该层及以上重力荷载代表值之和，用以调整该楼层地震剪力，以满足剪重比要求。
>
> （2）在 SATWE 的 "调整信息" 中的 "全楼地震作用放大系数" 中输入大于 1 的系数，增大地震作用，以满足剪重比要求。
>
> （3）在 SATWE 的 "地震信息" 中的 "周期折减系数" 中适当减小系数，增大地震作用，以满足剪重比要求。

4）有效质量系数：如果计算时只取了几个振型，那么这几个振型的有效质量之和与总质量之比即为有效质量系数；此系数是判断结构振型数取得够不够的重要指标，当此系数大于 90% 时，表示振型数、地震作用满足规范要求，否则应增加振型数直到此系数大于 90%。

> **注意**：有效质量系数不满足时的调整方法如下。
>
> 当有效质量系数小于 90% 时，应增加振型组合数以满足大于 90% 的要求，振型组合数应不大于结构自由度数（结构层数的 3 倍）。

3. "3.结构位移"

选择"3.结构位移"项，在弹出的信息文本（WDISP.OUT）中要检查的参数是："各工况下的层间位移角""各工况下的位移比"，如图 5-35、图 5-36 所示。

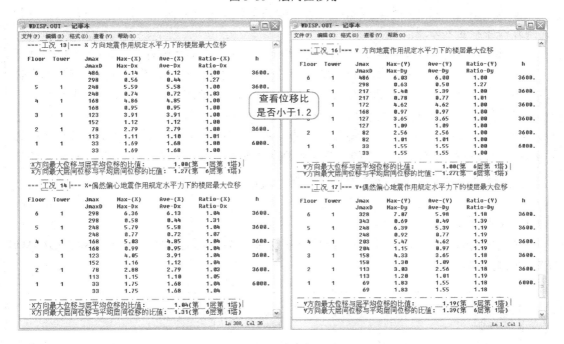

图 5-35　层间位移角

图 5-36　位移比检查

1）层间位移角：《抗规》第 5.5.1 条规定，"按弹性方法计算的楼层层间最大位移与层高之比宜符合规定"。

> **注意**：同图形文件显示中的层间位移角一样的规定；在同一个建筑模型中，图形

文件和文本文件应该是对应相同的，现在图形文件显示的层间位移角和图形显示的参数值不一致，是因为在"1.结构设计信息"检查时，曾修改过工程，所以，这儿给出的值和原来的值不一致是没错的；如在进行修改之前检查此文件，参数值就将与原数值一致。

2）位移比：《高规》第 3.4.5 条规定，"在考虑偶然偏心影响的规定水平地震力作用下，楼层竖向构件最大的水平位移和层间位移，A 级高度高层建筑不宜大于该楼层平均值的 1.2 倍，不应大于该楼层平均值的 1.5 倍；B 级高度高层建筑、超过 A 级高度的混合结构及本规程第 10 章所指的复杂高层建筑不宜大于该楼层平均值的 1.2 倍，不应大于该楼层平均值的 1.4 倍"。

注意：规范规定位移比按刚性板假定计算，如果在结构模型中设定了弹性板或楼板开大洞，应计算两次，第一次抗震计算时选择<对所有楼层强制采用刚性楼板假定>。按规范要求的条件计算位移比；第二次应在位移比满足要求后，不选择该项，以弹性楼板假定进行配筋等计算。

位移比不满足规范要求，说明结构的刚心偏离质心的距离较大，扭转效应过大，结构抗侧力构件布置不合理。

不满足时的调整方法（通过调整改变结构平面布置，减小结构刚心与质心的偏心距）：

（1）由于位移比是在刚性楼板假定下计算的，结构最大水平位移与层间位移往往出现在结构的边角部位；因此应注意调整结构外围对应位置抗侧力构件的刚度，减小结构刚心与质心的偏心距。同时在设计中，应在构造措施上对楼板的刚度予以保证。

（2）对于位移比不满足规范要求的楼层，也可利用程序的节点搜索功能在 SATWE 的"分析结果图形和文本显示"中的"各层配筋构件编号简图"中，快速找到位移最大的节点，加强该节点对应的墙、柱等构件的刚度。

4."6.超配筋信息"

选择"6.超配筋信息"项，在弹出的信息文本（WGCPJ.OUT）中检查梁柱等构件是否超筋，如图 5-37 所示。

注意："超配筋信息"文本文件显示本例题没有任一楼层有构件超筋现象。

如果出现超筋现象，首先，结合"图形文件输出"中的"混凝土构件配筋及钢构件验算简图"的图形信息，找出超筋部位，分析超筋原因。

5."13.定制计算书"

选择"13.定制计算书"项，在弹出的信息文本（WGCPJ.OUT）中检查梁柱等构件是否超筋，如图 5-38 所示。

图 5-37 超配筋信息

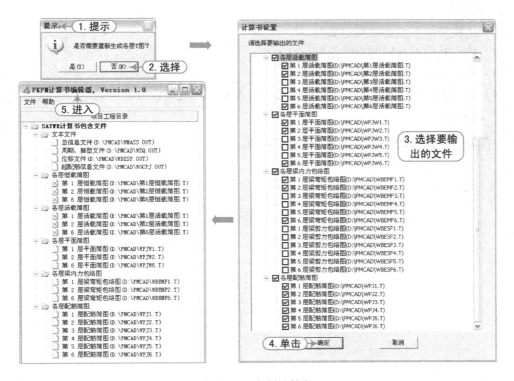

图 5-38 定制计算书

本 章 小 结

通过本章的学习，应该充分了解到 SATWE 在结构设计中的重要性和必要性；需要读者通过本章的学习，对 SATWE 参数理解透彻，达到融会贯通的目的。

在 SATWE 这一结构设计板块中，生成 SATWE 数据和结构内力、配筋计算是结构设计的至关重要的前提，而分析计算结果则是检验结构布置、参数设置等是否合理的重要手段，三者非常重要，望认真执行。

思考与练习

1．填空题

（1）在"总信息"参数设置对话框中"水平力与整体坐标系夹角"参数是为了确定_____方向角。

（2）程序提供了_____"荷载计算信息"，通常执行_____荷载加载方式。

（3）规范规定"地面粗糙度类别"分为_____、_____、_____、_____4 类。

（4）"结构不规则"应从_____、_____方面判断。

2．思考题

（1）结构平面不规则的判定依据。

（2）结构竖向不规则的判定依据。

（3）梁柱的保护层厚度应如何考虑？

（4）结构的合理性分析应查看哪 7 个方面？参数不满足时，应怎样处理？

3．操作题

计算分析"案例\05\SATWE 练习"中的结构。

第6章 梁柱墙施工图设计

课前导读 --

　　经过 SATWE 计算之后，若计算输出的各项参数基本符合规范要求，就可以进入 PKPM 软件中的"墙梁柱施工图"菜单项，完成后续墙梁柱的配筋施工图设计。

本章要点 --

　　📂 梁施工图设计
　　📂 柱施工图设计
　　📂 墙施工图设计

6.1 梁施工图设计

视频\06\梁施工图设计.avi
案例\06\墙梁柱施工图

执行主菜单命令："PKPM"→"结构"→"墙梁柱施工图"→"1.梁平法施工图"，单击"应用"按钮后，开始梁施工图设计，如图 6-1 所示。

图 6-1 "梁平法施工图"

6.1.1 设钢筋层

选择"梁平法施工图"主菜单并单击"应用"按钮后，进入梁平法施工图设计的界面，弹出"定义钢筋标准层"对话框，如图 6-2 所示，设置钢筋层后，单击"确定"按钮，程序即可自动归并钢筋，并生成首层梁配筋施工图，如图 6-3 所示。

图 6-2 设置钢筋层

注意：（1）钢筋层用于构件归并和图样生成，每一钢筋层出一张施工图。

（2）钢筋层由若干构件布置相同，受力特点类似的自然层组成。

（3）程序自动生成钢筋层，允许修改。

（4）钢筋层与标准层的区别在于，钢筋层的设置不要求荷载相同，考虑上下层关系，尤其是屋顶。

（5）梁柱墙有独立钢筋层。

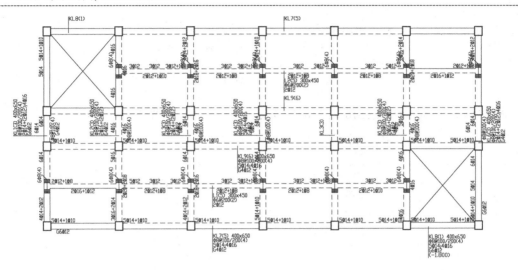

图6-3　首层梁配筋施工图

注意：在施工图编辑过程中，也可以随时通过右侧菜单的"设钢筋层"命令来调整钢筋标准层的定义，如图6-4所示，在对话框中，左侧的定义树表示当前的钢筋层定义情况；单击任意钢筋层左侧的号，可以查看该钢筋层包含的所有自然层；右侧的分配表表示各自然层所属的结构标准层和钢筋标准层。

图6-4　"设钢筋层"

在"定义钢筋标准层"对话框中，各按钮功能含义如下：

➤ 增加：按钮可以增加一个空的钢筋标准层，如图6-5所示。

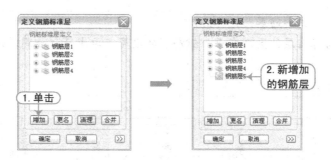

图6-5 "增加"

➤ 更名：按钮用于修改当前选中的钢筋标准层的名称，如图6-6所示。

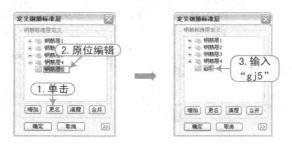

图6-6 "更名"

➤ 合并：按钮可以将选中的多个钢筋层合并为一个（按住〈Ctrl〉键或〈Shift〉键可以选中多个钢筋层），如图6-7所示。

图6-7 "合并"

➤ 清理：由于含有自然层的钢筋标准层不能直接删除（不然会出现没有钢筋层定义的自然层），想删除一个钢筋层只能先把该钢筋层包含的自然层都移到其他钢筋层去，将该钢筋层清空，再使用"清理"按钮，清除空的钢筋层，如图6-8所示。

6.1.2 参数设置

在梁施工设计界面的屏幕菜单中，执行"配筋参数"命令，弹出"参数修改"对话框，在其中设置配筋参数，操作步骤如下。

步骤1　单击"是否考虑文字避让"文本框后的倒三角，修改选项为"考虑"。

图 6-8 "清理"

步骤 2 单击"纵筋选筋参数"下的"主筋选筋库"文本框后的倒三角，弹出"主筋选筋库"对话框，在对话框中勾选直径为 8、10、12 的钢筋，去掉勾选直径大于 25 的钢筋，如图 6-9 所示。

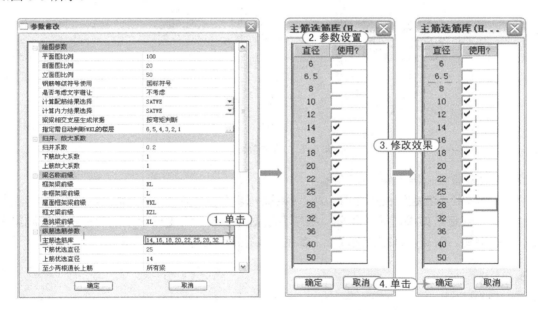

图 6-9 主筋选筋库修改

步骤 3 参数修改完成后，单击"确定"按钮，程序弹出"梁施工图"对话框，选择"是"后，程序自动按照修改的参数重新进行归并，再次生成梁施工图，如图 6-10 所示。

在"参数修改"对话框中，部分参数解释如下。

➤ 根据裂缝选筋：如果选择"是"，并在其后"允许裂缝宽度"处输入数值，程序将自动调整钢筋用量，不仅满足构造计算要求，且满足控制裂缝宽度的要求。

➤ 梁名称前缀：修改梁名称前缀必须遵循规则；梁名称前缀不能为空；梁名称前缀不能包含空格和特殊字符如"◇()@+*/"；梁名称前缀的最后一个字符不能为数字；不同种类梁的前缀不能相同。

➤ 支座宽度对裂缝的影响：如果选择为"考虑"，程序自动考虑此影响，对支座处弯矩加以折减，可以减少实配钢筋。

➤ 归并系数：归并系数是控制归并过程的重要参数。归并系数越大，则归并出的连梁种类数越少。归并系数的取值范围是 0～1，缺省为 0.2。如果归并系数取 0，则只有实配钢筋完全相同的连续梁才被分为一组，如果归并系数取 1，则几何条件相同的连续梁都会被归并为一组。

图 6-10　完成参数修改

> 架立筋直径：确定架立筋直径。
> 主筋直径不宜超过柱尺寸的 1/20：《混规》第 11.3.7 条和《抗规》第 6.3.4 和 6.3.3 条都有规定。如果选择了此项，程序将根据连续梁各跨支座中最小的柱截面控制梁上部钢筋，但是，有时会造成梁上部钢筋直径小而根数多的不合理情况。

6.1.3　归并

在梁施工图的设计绘制中，程序隐藏归并命令于梁的施工设计中；或者在屏幕菜单中，可执行"连梁定义｜重新归并"命令，弹出"梁施工图"对话框，如图 6-11 所示，根据需要选择"是"或"否"即可。

连续梁生成和归并的基本过程大致如下：

> 划分钢筋标准层，确定哪几个楼层可以用一张施工图表示。

图 6-11　重新归并

> 根据建模时布置的梁位置生成连续梁，判断连续梁的性质属于框架梁还是非框架梁。
> 在同一个标准层内对几何条件（包括性质、跨数、跨度、截面形状与大小等）相同的连续梁归类，相同的程序称作"几何标准连续梁类别"相同，找出几何标准连续梁类别总数。

> 对属于同一几何标准连续梁类别的连续梁，预配钢筋，根据预配的钢筋和用户给出的钢筋归并系数进行归并分组。

> 为分组后的连续梁命名，在组内所有连续梁的计算配筋面积中取大，配出实配钢筋。

6.1.4 调整施工图

定距等分点，是指在选定的对象上，按指定的长度放置点的标记符号。可通过以下任意一种方式来执行"定数等分"命令。

1. 平面查改钢筋

选择"查改钢筋"菜单，显示其下二级菜单命令，如图 6-12 所示，通过这些菜单可以进行钢筋修改。

2. 立面查改钢筋

执行"立面改筋"菜单命令，程序显示梁构件的立面图，并切换一个立面编辑界面，程序提供各形菜单用于显示和修改钢筋，如图 6-13 所示。

图 6-12 "查改钢筋"二级菜单　　　图 6-13 "立面改筋"菜单

3. 钢筋标注

选择"钢筋标注"菜单，显示其下二级菜单命令，如图 6-14 所示，通过这些菜单可以进行钢筋标注的修改。

4. 双击原位修改钢筋

双击钢筋标注字符，在光标处弹出钢筋修改对话框，修改即可，如图 6-15 所示。

5. 动态查询梁参数

将光标静置在梁的轴线上，即弹出浮动框显示梁的截面和配筋数据，如图 6-16 所示。

6. 移动标注

梁的平法标注有时可能会太密集，导致数字重叠，看不清楚；这时可执行"移动标注"命令，稍微移动钢筋标注，使文字相互避让。

图 6-14 钢筋标注

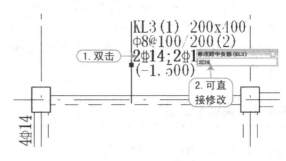

图 6-15 原位双击修改钢筋

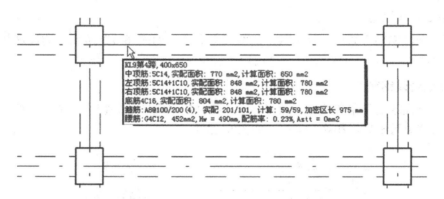

图 6-16 动态查询梁参数

7. 挠度图

执行"挠度图"命令，在弹出的"挠度计算参数"对话框中设置挠度参数后，如图 6-17 所示，将生成挠度图；如果挠度在某一处超限，则该处的挠度值会显红，十分便于观察及修改。

在"挠度计算参数"对话框中，部分计算参数含义如下：

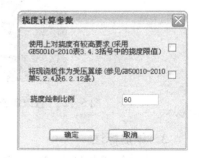

图 6-17 "挠度计算参数"对话框

> 使用上对挠度有较高要求：参看《混规》表 3.4.3 括号内数值和注释的第 2 项。

> 将现浇板作为受压翼缘：参看《混规》第 5.2.4 及 6.2.12 条，T 形、I 形及倒 L 形截面受弯构件翼缘计算。

注意：如果梁挠度超限，可采取如下方法调整。

（1）加大梁的截面。

（2）梁加柱子板加梁，把跨度降下来。

（3）增加配筋，不过效果不明显。

（4）施工措施方向，采用预先起拱的施工方法，挠度可以按照扣除起拱值来计算。

8. 裂缝图

执行"裂缝图"命令，在弹出的"裂缝计算参数"对话框中设置裂缝参数后，如图 6-18 所示，将生成裂缝图；如果裂缝在某一处超限，则该处的裂缝值会显红，十分便于观察及修改。

> **注意**：如果梁裂缝超限，可采取如下方法调整。
>
> （1）提高混凝土等级。
> （2）可以加大钢筋直径或减小钢筋直径、增加钢筋根数或加大梁高度。

9. 配筋面积

执行"配筋面积"命令，程序自动切换到配筋面积操作界面，如图 6-19 所示。

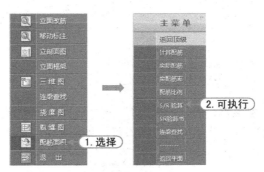

图 6-18 "裂缝计算参数"对话框　　　　图 6-19 "配筋面积"

 6.1.5 绘新图

执行"绘新图"命令，在弹出的对话框选择绘新图方式，如图 6-20 所示，程序重新绘制。

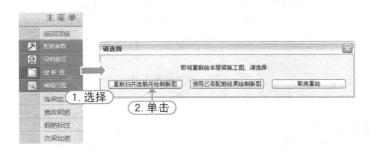

图 6-20 绘新图

在"请选择"对话框中，有三个按钮选项供选择，分别解释如下：

➤ 重新归并选筋并绘制新图：单击此按钮，系统会删除本层所有已有数据，重新归并选筋后重新绘图，此选项比较适合模型更改或重新进行有限元分析后的施工图更新。

> 使用已有配筋结果绘制新图：单击此按钮，系统只删除施工图目录中本层的施工图，然后重新绘图。绘图时使用数据库中保存的钢筋数据，不会重新选筋归并。此选项适合模型和分析数据没变，但是钢筋标注和尺寸标注的修改比较混乱，需要重新出图的情况。

> 取消重绘：此按钮选项与单击右上角小叉一样，都是不做任何实质性操作，只是关掉窗口，取消命令。

 注意：软件还提供了"编辑旧图"的命令，可以通过此命令反复打开修改编辑过的施工图。

6.2　柱施工图设计

视频\06\柱施工图设计.avi
案例\06\墙梁柱施工图

执行主菜单命令："PKPM"→"结构"→"墙梁柱施工图"→"3.柱平法施工图"，单击"应用"后，开始梁施工图设计，如图 6-21 所示。

图 6-21　柱平法施工图

6.2.1　参数设置

执行"参数修改"命令，在弹出的"参数修改"对话框中，按照相应规范及要求设置参数，如图 6-22 所示。

在"参数修改"对话框中，需要特别注意的参数解释如下。

> 绘图参数：设置柱平面图的绘制参数。

图 6-22 "参数修改"对话框

➤ 计算结果：如果当前工程采用不同的计算程序（TAT、SATWE、PMSAP）进行过计算分析，用户可以选择不同的结果进行归并选筋，程序默认的计算结果采用当前子目录中最新的一次计算分析结果。

➤ 归并系数：归并系数是对不同连续柱列作归并的一个系数。主要指两根连续柱列之间所有层柱的实配钢筋（主要指纵筋，每层有上、下两个截面）占全部纵筋的比例。该值的范围 0～1。如果该系数为 0，则要求编号相同的一组柱所有的实配钢筋数据完全相同。如果归并系数取 1，则几何条件相同的柱都会被归并为相同编号。

➤ 主筋放大系数：只能输入≥1.0 的数，如果输入的系数<1.0，程序自动取为 1.0。程序在选择纵筋时，会把读到的计算配筋面积 X 放大系数后再进行实配钢筋的选取。

➤ 箍筋放大系数：只能输入≥1.0 的数，如果输入的系数<1.0，程序自动取为 1.0。程序在选择箍筋时，会把读到的计算配筋面积 X 放大系数后再进行实配钢筋的选取。

➤ 柱名称前缀：程序默认的名称前缀为"KZ—"，可以根据施工图的具体情况修改。

➤ 箍筋形式：对于矩形截面柱共有 4 种箍筋形式供选择，如图 6-23 所示，程序默认的是井字箍。对其他非矩形、圆形的异形截面柱这里的选择不起作用，程序将自动判断应该采取的箍筋形式，一般多为矩形箍和拉筋井字箍。

菱形箍

井字箍

矩形箍

矩形箍（加拉筋）

图 6-23 箍筋形式

- ➢ 矩形柱是否采用多螺箍筋形式：当在方框中选择对勾时，表示矩形柱按照多螺箍筋的形式配置箍筋。
- ➢ 连接形式：程序提供 12 种连接形式，主要用于立面画法，用于表现相邻层纵向钢筋之间的连接关系。
- ➢ 是否包括边框柱配筋：可以控制在柱施工图中是否包括剪力墙边框柱的配筋，如果不包括，则剪力墙边框柱就不参加归并以及施工图的绘制，这种情况下的边框柱应该在剪力墙施工图程序中进行设计；如果包括边框柱配筋，则程序读取的计算配筋包括与柱相连的边缘构件的配筋，应用时应注意。
- ➢ 归并是否考虑柱偏心：若选择"考虑"项，则归并时偏心信息不同的柱会归并为不同的柱。
- ➢ 每个截面是否只选一种直径的纵筋：如果需要每个不同编号的柱子只有一种直径的纵筋，选择"是"选项。
- ➢ 设归并钢筋标准层：可以设定归并钢筋标准层。程序默认的钢筋标准层数与结构标准层数一致。也可以修改钢筋标准层数多于结构标准层数或少于结构标准层数，如设定多个结构标准层为同一个钢筋标准层；设归并钢筋标准层对用户是一项非常重要的工作，因为在新版本新的钢筋标准层概念下，原则上对每一个钢筋标准层都应该画一张柱的平法施工图，设置的钢筋标准层越多，应该画的图就越多。另一方面，设置的钢筋标准层少时，虽然画的施工图可以简化减少，但由于程序将一个钢筋标准层内所有各层柱的实配钢筋归并取大，使其完全相同，有时会造成钢筋使用量偏大。

> **注意**：将多个结构标准层归为一个钢筋标准层时，注意这些结构标准层中的柱截面布置应该相同，否则程序将提示不能够将这些结构标准层归并为同一钢筋标准层。

- ➢ 是否考虑优选钢筋直径：如果选择"是"，程序可以根据用户在"纵筋库"和"箍筋库"中输入的数据顺序优先选用排在前面的钢筋直径进行配筋。
- ➢ 优选影响系数：与归并系数类似，可以根据需要设定。
- ➢ 纵筋库：可以根据工程的实际情况，设定允许选用的钢筋直径，程序可以根据用户输入的数据顺序优先选用排在前面的钢筋直径，如 20，18，25，16……，20mm 的直径就是程序最优先考虑的钢筋直径。
- ➢ 箍筋库：可以设定允许选用的箍筋直径，程序可以根据用户输入的数据顺序优先选用排在前面的箍筋直径，如 8，10，12，6，14……，8mm 的直径就是程序最优先考虑的箍筋直径。

> **注意**："参数修改"对话框中的归并参数修改后，程序会自动提示是否重新执行"归并"命令。由于重新归并后配筋将有变化，程序将刷新当前层图形，钢筋标注内容将按照程序默认的位置重新标注。

在"参数修改"对话框中，如果只修改了"绘图参数"（如比例、画法等），应执行"绘新图"命令刷新当前层图形，以便修改生效。

6.2.2 设钢筋层

执行"设钢筋层"命令，弹出"定义钢筋标准层"对话框，如图 6-24 所示，柱"归并"命令下的"定义钢筋标准层"对话框同梁的归并对话框相同，不再详述。

选中"钢筋层 2"～"钢筋层 5"，单击"合并"按钮，定义钢筋标准层，效果如图 6-25 所示，这样只留三个钢筋层，将来柱钢筋出图也就只需出三张图即可。

图 6-24 定义钢筋标准层

图 6-25 合并钢筋标准层

6.2.3 归并

SATWE、TAT、PMSAP 等空间结构计算完成后，做施工图设计之前，要对计算配筋的结果作归并，从而简化出图。

1. 归并

在屏幕菜单中，执行"归并"命令，程序自动按照设定的绘图参数和钢筋层，生成各层的柱施工图，如图 6-26 所示。

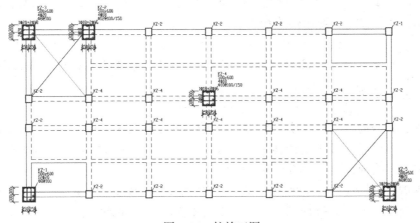
图 6-26 柱施工图

2．施工图的表示方法

程序提供几种柱的截面平法施工图表示方法，除图 6-26 中使用的截面原位标注外，还有其他标注方法，如图 6-27 所示。

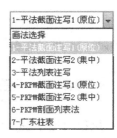

图 6-27　平法施工图表示
方法列表

➤ 1-平法截面注写 1（原位）：在柱的屏幕图中的布置位置上以 1∶50 的比例绘制柱的钢筋施工图。

➤ 2-平法截面注写 2（集中）：将当前层中的柱集中在一起标注。例如，切换图 6-26 中的柱平法表示，用此表示方法，如图 6-28 所示。

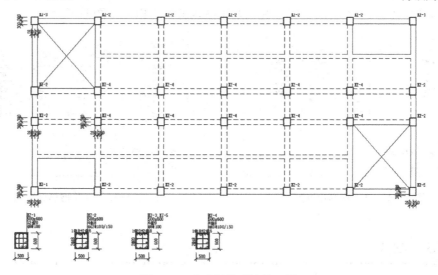

图 6-28　集中标注平法施工图

➤ 3-平法列表注写：是参照 03G101-1《混凝土结构施工图平面整体表示方法制图规则和构造详图（现浇混凝土框架、剪力墙、框架-剪力墙、框支剪力墙结构）》绘制，该法由平面图和表格组成，表格中注写每一种归并截面柱的配筋结果，包括该柱各钢筋标准层的结果，注写了它的标高范围、尺寸、偏心、角筋、纵筋、箍筋等。程序还增加了 L 形、T 形和十字形截面的表示方法，适用范围更广；执行"画柱表｜平法柱表"命令，操作如图 6-29 所示。

> **注意**：要是柱的标注方式为列表标注，应在屏幕菜单中执行"画柱表"菜单选项，选择列表子菜单，画出相应的柱列表标注方式。

➤ 4-PKPM 截面注写 1（原位）：将传统的柱剖面详图和平法截面注写方式结合起来，在同一个编号的柱中选择其中一个截面，用比平面图放大的比例直接在平面图上柱原位放大绘制详图，如图 6-30 所示。

➤ 5-PKPM 截面注写 2（集中）：在平面图上柱原位只标注柱编号和柱与轴线的定位尺寸，并将当前层的各柱剖面大样集中起来绘制在平面图侧方，图看起来简洁，并便于柱详图与平面图的相互对照，如图 6-31 所示。

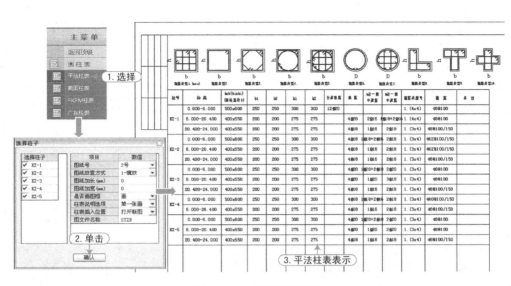

图 6-29　3-平法列表注写

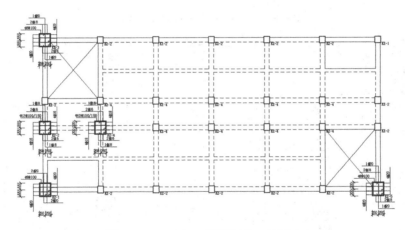

图 6-30　4-PKPM 截面注写 1（原位）

> 6-PKPM 剖面列表法：PKPM 柱表表示法，是将柱剖面大样画在表格中排列出图的一种方法。表格中每个竖向列是一根纵向连续柱各钢筋标准层的剖面大样图，横向各行为自下到上的各钢筋标准层的内容，包括标高范围和大样。平面图上只标注柱名称。此方法平面标注图和大样图可以分别管理，图标注清晰。

> 7-广东柱表：是广东省设计单位广泛采用的一种柱施工图表示方法，表中每一行数据包括了柱所在的自然层号、集合信息、纵筋信息、箍筋信息等内容，并且配以柱施工图说明，表达方式简洁明了，也便于施工人员看图。

> 尽管平法表示法在设计院的应用越来越广，但是仍有不少设计人员使用传统的柱立剖面图画法，因为这种表示方法直观，便于施工人员看图。这种方式需要人机交互地画出每一根柱的立面和大样。新版中对立剖面画法进行了改进，还增加了三维线框图和渲染图，能够很真实地表示出钢筋的绑扎和搭接等情况。

例如，执行"立剖面图"命令，根据命令行提示，操作如图 6-32 所示。

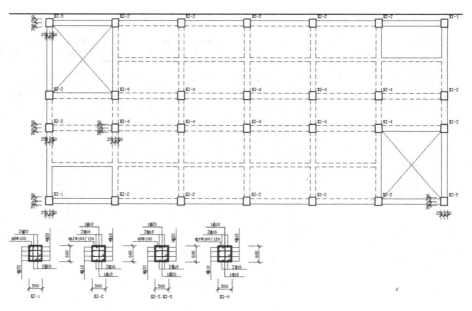

图6-31　5-PKPM 截面注写2（集中）

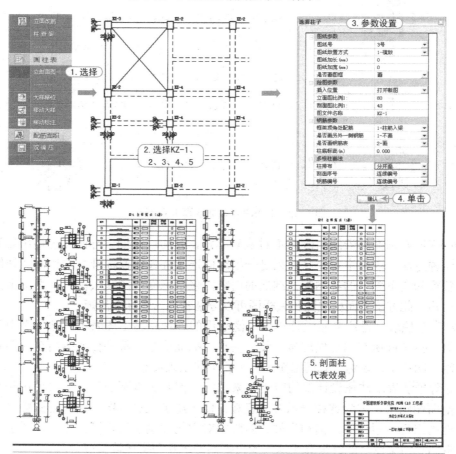

图6-32　立剖面柱

6.2.4 调整施工图

和梁施工图相似，在柱的施工图中，程序同样提供了多种方式对已生成的柱施工图进行修改、标注、移动和查询显示操作。

1．修改柱名

在屏幕菜单中，根据需要指定框架柱的名称，执行"修改柱名"命令，对于配筋相同的同一组柱子可以一同修改柱子的名称。

2．平法录入

可以利用对话框的方式修改柱钢筋，在对话框中不仅可以修改当前层柱的钢筋，也可以修改其他层的钢筋。另外该对话框包含了该柱的其他信息，如：几何信息、计算数据和绘图。

例如，执行"平法录入"命令，按照命令行提示，选择要修改钢筋的柱，比如 KZ-2 后，弹出"特性"面板，如图 6-33 所示，在其中设置柱的参数即可。

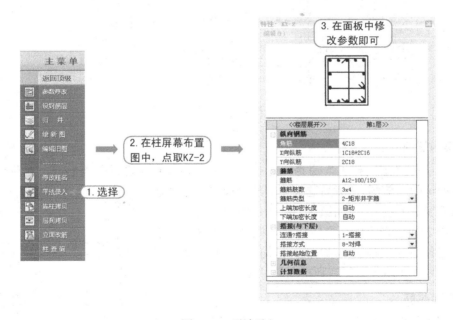

图 6-33 平法录入

在"特性：××编辑"对话框中，部分参数功能含义如下。

➤ 纵筋的修改：对于矩形柱，纵向钢筋分为三部分，角筋、X 向纵筋、Y 向纵筋；圆柱和其他异形柱，只输入全部纵筋，程序会根据截面的形状自动布置纵筋。

➤ 箍筋的修改：矩形柱可以修改箍筋的肢数，圆柱和其他异形柱不能修改箍筋肢数，程序根据截面的形状自动布置箍筋。

➤ 箍筋加密区长度：箍筋加密区长度包括上下端的加密区长度，程序默认的箍筋加密区长度数值为"自动"，程序自动计算，计算原则参见前面有关章节的介绍。

> 纵筋与下层纵筋的搭接起始位置：程序默认的数值是"自动"，用户可以根据实际工程情况进行修改。
> 绘图参数：可以单独修改某根柱的施工图表示方法和绘图比例。

3．连柱复制

选择要复制的参考柱和目标柱后，程序将根据用户对话框中的选项，复制相应选项的数据。两根柱只有同层之间数据可以相互复制。

例如，执行"连柱拷贝"命令，根据命令行提示选择"参考柱子"和"需要修改的柱"后，按〈Esc〉键，随后弹出"柱钢筋复制"对话框，如图 6-34 所示，在其中选择内容进行复制即可。

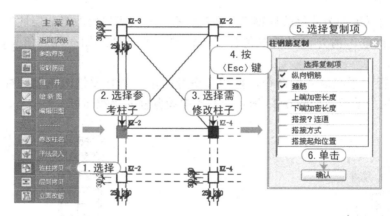

图 6-34　连柱复制

4．层间复制

例如，执行"层间拷贝"命令，选择复制的原始层号（可以是当前层，也可以是其他层，程序默认是当前层），然后选择复制的目标层（可以是一层，也可以是多层）。在如图 6-35 所示的"层间钢筋复制"对话框中，单击"确认"按钮后，根据对话框提供选项（如只选择纵筋或箍筋，或纵筋+箍筋等），自动将同一个柱原始层号的钢筋数据复制到相应的目标层。

5．立面改筋

在全部柱子的立面线框图上显示柱子的配筋信息，准许用户进行修改配筋的操作方式。包括修改钢筋、钢筋复制、重新归并、移动大样、插入图框和返回平面菜单。

图 6-35　层间复制

6．柱查询

"柱查询"菜单命令的功能，是可以快速定位柱子在平面中的位置，单击柱查询菜单，在出现的对话框中单击需要定位的柱名称，软件会用高亮闪动的方式显示查询到的柱子。

7．大样移位

效果为将某个柱的截面尺寸和配筋具体数值注写与同类柱（归并为同一种的柱）中的一

个柱对调换位。

例如，执行"大位移样"命令，根据命令行提示进行操作，如图6-36所示。

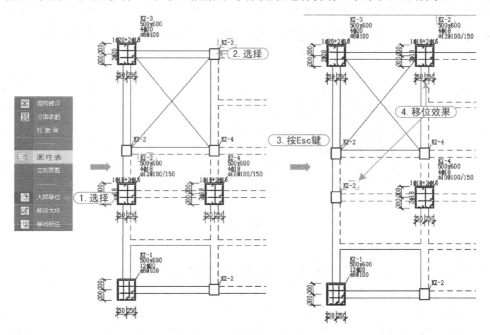

图6-36　大位移样

8. 轴线标注

在下拉菜单区，执行"标注轴线｜自动标注"命令，对将要出图的柱施工图进行标注，以第1层为例，如图6-37所示。

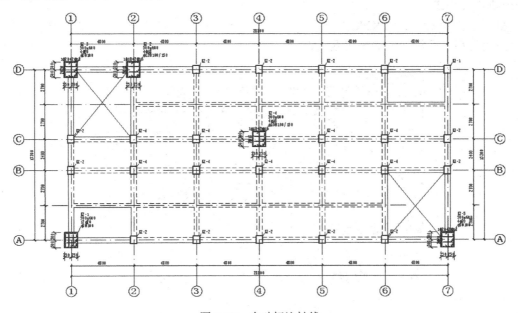

图6-37　自动标注轴线

6.2.5 绘新图

和梁施工图相似，执行"绘新图"命令，根据选择的选项，程序重新绘制，如图 6-38 所示。

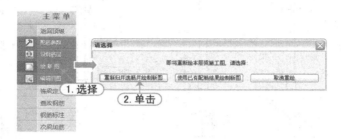

图 6-38 绘新图

6.3 剪力墙施工图

在 PKPM 结构设计软件中的"施工图设计"包含"剪力墙施工图"，可用于绘制钢筋混凝土结构的剪力墙施工图。执行剪力墙施工图模块时应插入 S-4 软件锁。在使用时可指定依据整体分析软件 SATWE、TAT 或 PMSAP 的计算分析结果选配钢筋。如果使用 SATWE 计算结果，程序将读取 Border_M.SAT 和 JLQPJ.SAT 文件的内容。使用 TAT 或 PMSAP 结果时，上述两个文件的后缀（扩展名）相应替换为.TAT 和.SAP。如果在 SATWE 中应用了"剪力墙组合配筋修改及验算"并在剪力墙施工图程序中指定使用该种结果，则用 Border_3M.SAT 替代 Border_M.SAT。

执行主菜单命令："PKPM"→"结构"→"墙梁柱施工图"→"7.剪力墙施工图"，单击"应用"后，开始剪力墙施工图的设计，如图 6-39 所示。

图 6-39 剪力墙施工图

6.3.1 参数设置

在屏幕菜单中，执行"工程设置"命令，弹出"工程选项"对话框，对话框中有"显示内容""绘图设置""选筋设置""构件归并范围"和"构件名称"5 个选项卡。

1．显示内容

在如图 6-40 所示的"显示内容"选项卡下，部分参数介绍如下。

➢ 配筋量：表示在平面图中（包括截面注写方式的平面图）是否显示指定类别的构件名称和尺寸及配筋的详细数据。

➢ 柱与墙的分界线：指图 6-41 中圈定位置以虚线表示的与墙相连的柱和墙之间的界线。可按绘图习惯确定是否要画此类线条。

   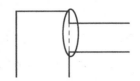

图 6-40　"显示内容"选项卡 　　　　　　　 图 6-41　柱与墙的分界线

➢ 涂实边缘构件：在截面注写图中，将涂实未做详细注写的各边缘构件；在平面图中则是对所有边缘构件涂实。

> **注意**：此种涂实的结果在按"灰度矢量"打印后会比下拉菜单中"设置"→"构件显示（绘图参数）"→"墙、柱涂黑"的颜色更深。

➢ 轴线位置浮动提示：对已命名的轴线在可见区域内示意轴号。此类轴号示意内容仅用于临时显示，不保存在图形文件中。

2．绘图设置

在如图 6-42 所示的"绘图设置"选项卡下，部分参数介绍如下。

➢ 包含各层连梁（分布筋）：此复选框决定是否在同一张图上显示多层的内容，使用者可根据设计习惯选择。

➢ 标注各类墙柱的统一数字编号：如选中，则程序用连续编排的数字编号替代各墙柱的名称。在画平面图（包括截面注写方式的平面图）之前可以设定要求在生成图形时考虑文字避让，这样程序会尽量考虑由构件引出的文字互不重叠，但选中该项，生成图形较慢。

➤ 大样图估算尺寸：指画墙柱大样表时每个大样所占的图纸面积。

> **注意**：用下拉菜单的"文字 | 点取修改"命令中"特殊字符"输入的钢筋符号只能按矢量字体输出。

3. 选筋设置

在如图 6-43 所示的"选筋设置"选项卡下，部分参数介绍如下。

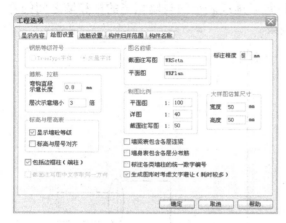

图 6-42 "绘图设置"选项卡   图 6-43 "选筋设置"选项卡

➤ 规格/间距：表中列出的是选配时优先选用的数值。

> **注意**："规格"表中反映的是钢筋的等级和直径，用 A～F 依次代表不同型号钢筋，依次对应 HPB300、HRB335、HRB400、HRB500、CRB550、HPB235，在图形区显示为相应的钢筋符号。
>
> "纵筋"的间距由"最大值"和"最小值"限定，不用"间距"表中的数值。
>
> "箍筋"或"分布筋"的间距则只用表中数值，不考虑"最大值"和"最小值"。
>
> 可在表中选定某一格，用表侧的"↑"和"↓"调整次序，用"×"删除所选行。
>
> 如需增加备选项可点在表格尾部的空行处。
>
> 选筋时程序按表中排列的先后次序，优先考虑用表中靠前者。

➤ 同厚墙分布筋相同：选择此项，程序在设计配筋时，在本层的同厚墙中找计算结果最大的一段，据此配置分布筋。

➤ 墙柱用封闭复合内箍：选择此项，则墙柱内的小箍筋优先考虑使用封闭形状。现行规范对计算复合箍的体积配箍率时是否扣除重叠部分暂未做明确规定。程序中提供相应选项，由使用者掌握。

> ➤ 每根墙柱纵筋均由两方向箍筋或拉筋定位：通常用于抗震等级较高的情况。如选中此复选框则不再按默认的"隔一拉一"处理，而是对每根纵筋均在两方向定位。
> ➤ 选筋方案：包括本页上除"边缘构件合并净距"之外的全部内容，均保存在 CFG 目录下的"墙选筋方案库.MDB"文件中。保存时可指定方案名称，在做其他工程墙配筋设计时可用"加载选筋方案"调出已保存的设置。

4．构件归并范围

"构件归并范围"选项卡下参数内容，如图 6-44 所示。

同类构件的外形尺寸相同，需配的钢筋面积（计算配筋和构造配筋中的较大值）差别在本页参数指定的归并范围内时，按同一编号设相同配筋。构件的归并仅限于同一钢筋标准层平面范围内。一般地说，不同墙钢筋标准层之间相同编号的构件配筋很可能不同。洞边暗柱、拉结区的"取整长度"常用数值为 50mm，程序中考虑此项时通常将相应长度加大以达到指定取整值的整倍数。如使用默认的数值 0 则不考虑取整。程序中设有"同一墙段水平、竖直分布筋规格、间距相同"选项，可适应部分设计者的习惯。如选中这一复选框，程序将取两方向的配筋中的较大值设为分布筋规格。

5．构件名称

"构件名称"选项卡下参数内容，如图 6-45 所示。

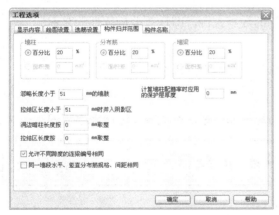

图 6-44　"构件归并范围"选项卡　　　　图 6-45　"构件名称"选项卡

表示构件类别的代号默认值参照"平面整体表示法"图集设定。如选中"在名称中加注 G 或 Y 以区分构造边缘构件和约束边缘构件"则这一标志字母将写在类别代号前面。可在"构件名模式"中选择将楼层号嵌入构件名称，即以类似于 AZ1-2 或 1AZ-2 的形式为构件命名。使用者可根据自己的绘图习惯选择并设置间隔符。默认在楼层号与表示类别的代号间不加间隔符，而在编号前加"-"隔开。加注的楼层号是自然层号。

 6.3.2　设钢筋层

执行"墙筋标准层"命令，弹出"定义钢筋标准层"对话框，如图 6-46 所示，在其中即可设置墙施工图钢筋标准层。

图 6-46 "定义钢筋标准层"对话框

 6.3.3 读取剪力墙钢筋

1. 选计算依据

执行"选计算依据"命令，确定剪力墙钢筋的数据来源，即计算分析软件的名称。

2. 自动配筋

执行"自动配筋"命令，程序自动根据墙体的计算结果配筋。

3. 生成剪力墙截面注写图

确定读入当前一个楼层还是多个楼层的剪力墙钢筋数据，生成剪力墙截面注写图。

> **注意**：剪力墙截面注写方式适用于较大比例尺出图。

 6.3.4 调整施工图

在生成剪力墙施工图之前，应该查对校核剪力墙各构件的计算配筋量和配筋方式是否正确合理，并根据工程实际情况进行修改，最终得到满意的剪力墙施工图。

1. 查找构件

执行"查找构件"命令，按提示输入要查找的构件名称（对字母按大小写都可以），程序将闪动显示找到的相关构件文字。可按任意键结束闪动；可用此功能搜索指定名称的构件，然后选定适当的标注位置做"标注换位"，使图面文字布置尽量均匀。

2. 命令修改方式

在屏幕菜单中，执行"编辑墙柱""编辑连梁""编辑分布筋"等程序提供的菜单命令，根据命令行提示，及相应的对话框中参数选项，进行墙施工图的修改。

3．双击修改方式

双击剪力墙构件的钢筋标注，弹出"构件编辑"的对话框，编辑墙体

4．鼠标右键快捷修改方式

将光标指向需要修改的构件，单击鼠标右键，弹出构件编辑对话框，进行构件参数编辑修改。

5．标注的编辑修改

用于对剪力墙标注字符的修改，包括移动、换位、删除等操作。

➢ 移动标注：可用于调整图面文字布置。在点取引出的墙内构件配筋或名称文字后，可看到该文字随光标移动，单击鼠标左键确认移动结果；当墙柱的箍筋形式较复杂时，程序提供了箍筋的层次示意图。此种图形也可用"移动标注"功能调整位置。如果要移动示意图中某一道箍筋的位置，请使用下拉菜单的"编辑"→"移动"命令。

➢ 标注换位：用于"截面注写图"方式。可在多个同名的构件中指定选取哪一个做详细注写；对于标准号相同的（尺寸和配筋完全一样而且同名的）多个构件，程序在平面图中只选一个详细写出各种尺寸、配筋数据，其余只标构件名。如果希望标注的位置与程序选择的不同，可使用此功能。点选要详细注写的构件名，程序将注写内容及详图标注于指定的构件位置；可用此命令调整图面布置，使各部分图形疏密适中。

➢ 删除标注：可删除多余的构件标注内容，包括该构件的配筋示意。点选不需要的文字标注，程序将成组的文字和引出线一同删去；如需删除尺寸标注，请用下拉菜单中的"编辑 | 删除"命令或工具栏上的"删除"按钮。

 6.3.5　绘新图

同样的，在墙施工图中，程序也提供了"绘新图"的命令，如图 6-47 所示，执行命令的方法与梁柱相同。

图 6-47　"绘新图"命令

本 章 小 结

通过本章的学习，应熟悉墙梁柱施工图的绘制及其相应的检查，不合适的地方进行调整

修改。

梁施工图中需要注意梁的挠度和裂缝有无超限，根据梁的挠度和裂缝值，调整结构梁的尺寸和布置，优化构件截面。

柱施工图中，通过柱的轴压比大小，调整柱的尺寸大小，优化柱截面布置。

思考与练习

1．填空题

（1）非承重墙是不承重的，可以到顶也可不到顶，对房间内部只起分隔、限制空间及装饰作用，在软件中_____、_____、_____属于非承重墙。

（2）梁是按照_____进行定位的，"梁顶标高"是指相对于梁的顶面与_____的距离。

（3）轴线命名的方法有_____、_____、_____三种方式。

2．操作题

继第 5 章 SATWE 计算分析完成后，继续完成墙梁柱施工图的绘制。

第 7 章　JCCAD 基础设计

课前导读

　　基础设计软件 JCCAD 以基于二维、三维图形平台的人机交互技术建立模型，界面友好，操作顺畅；它接力上部结构模型建立基础模型、接力上部结构计算生成基础设计的上部荷载，充分发挥了系统协同工作、集成化的优势。

本章要点

　　📂 "地质资料输入"
　　📂 "基础人机交互输入"
　　📂 "桩基承台及独基沉降计算"
　　📂 "基础施工图"

7.1 JCCAD 的基本功能及特点

新的基础软件 JCCAD 将原来三个软件的交互输入菜单与绘制平面图菜单分别合并，功能相同的菜单共用，这样使软件可以处理复杂多类型的联合基础，同时也使设计人员可以更为方便地进行各类基础的方案比较，和对同一类基础（如筏板基础）采用不同计算方法进行比较。

7.1.1 JCCAD 的基本功能

基础设计软件 JCCAD 是 PKPM 系统中功能最为纷繁复杂的模块；"JCCAD"主菜单可完成柱下独立基础、墙下条形基础、弹性地基梁、带肋筏板、柱下平板、墙下筏板、柱下独立桩基承台基础、桩筏基础、桩格梁基础及单桩的设计工作。同时软件还可完成由上述多种基础组合起来的大型混合基础的设计，而且一次处理的筏板块数可达 10 块。软件可处理的独基包括倒锥形、阶梯形、现浇或预制杯口基础，单柱、双柱或多柱基础；条基包括砖、毛石、钢筋混凝土条基（可带下卧梁），灰土及混凝土基础；筏板基础的梁肋可朝上或朝下；桩基包括预制混凝土方桩、圆桩、钢管桩、水下冲（钻）孔桩、沉管灌注桩、干作业法桩和各种形状的单桩或多桩承台；其主要功能特点概括说明如下：

1）适应多种类型基础的设计。
2）接力上部结构模型。
3）接力上部结构计算生成的荷载。
4）将读入的各荷载工况标准值按照不同的设计需要生成各种类型荷载组合。
5）考虑上部结构刚度的计算。
6）提供多样化、全面的计算功能满足不同需要。
7）设计功能自动化、灵活化。
8）完整的计算体系。
9）辅助计算设计。
10）提供大量简单实用的计算模式。
11）导入 AutoCAD 各种基础平面图辅助建模。
12）施工图辅助设计。
13）地质资料的输入。
14）基础计算工具箱。

7.1.2 JCCAD 的特点

基础设计软件 JCCAD 以基于二维、三维图形平台的人机交互技术建立模型，界面友好，操作顺畅。

它接力上部结构模型建立基础模型、接力上部结构计算生成基础设计的上部荷载，充分发挥了系统协同工作、集成化的优势。

它系统地建立了一套设计计算体系，科学严谨地遵照各种相关的设计规范，适应复杂多样的多种基础形式，提供全面的解决方案。

它不仅为最终的基础模型提供完整的计算结果，还注重在交互设计过程中提供辅助计算工具，以保证设计方案的经济合理。

它使设计计算结果与施工图设计密切集成，基于自主图形平台的施工图设计软件经历十多年的用户实践，成熟实用。

7.1.3 基础设计的内容

PKPM 基础设计的内容，如图 7-1 所示。

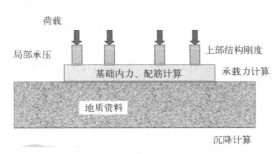

图 7-1　基础设计的内容

7.1.4 规范规定

新规范版本 JCCAD 程序与原程序相比做了较大改动，现将主要改动介绍如下。

1. 荷载组合

按 GB 50009—2001《建筑荷载规范》要求，程序按不同计算需要，生成三类荷载组合，即：基本组合，标准组合和准永久组合。

➢ 基本组合：用于确定基础内力和配筋计算。如基础或桩台高度、支挡结构截面、计算基础或支挡结构内力、确定配筋和验算材料强度等。在新规范版本中放弃简化公式，采用活荷载轮次作为第一活荷载的荷载组合方式。

➢ 标准组合：用于地基承载力计算。

➢ 准永久组合：用于地基变形计算（沉降）；与原规范版本相同。

> 注意：荷载选用原则为墙下条形基础可采用 PM 荷载或砖混荷载；柱下独基和桩承台采用尽量多的荷载组合；筏板和基础梁选相同工况荷载组合。
>
> 　　独立基础底面积的计算类似于压弯正截面计算，由轴力和弯矩两个因素决定。所以不能按最大轴力计算。由于各程序的计算假定不同，荷载的分布有差别。如果选取全部荷载则计算结果偏大。

PMCAD 荷载可用于砖混结构及初设计，其特点是模拟人工倒荷，没有弯矩。

TAT、SATWE、PMSAP 荷载是上部结构计算结果，可用于所有情况。

程序能自动区分是否地震组合，并进行承载力放大。

PK 荷载只能用于独基。

2．地基承载力计算

按标准组合（标准荷载）设计（原规范设计荷载）；去掉修正以后的地基承载力大于 1.1 倍的地基承载力特征值；墙下条形基础避免基础底面重复计入（强制性条文）；独基与条基重叠时计算独基可考虑部分线荷载；按土的抗剪强度指标计算地基承载力特征值的方法。

1）柱下独立基础结果比较：没偏心荷载减少得多；有偏心荷载减少得少。

➢ 用新规范计算的柱下独立基础底面边长与原规范相比减小了 11%左右：中柱比边柱减小得多；PM 荷载计算比用 TAT 荷载计算减小得多。

➢ 由于底面积减小，造成基础配筋量减少。

2）墙下条形基础结果比较：基础宽度较大时基础底面重叠对基础的影响较大。

➢ 用新规范计算的柱下独立基础底面边长与原规范相比：不考虑基础底面重叠时，减小了 19%左右；考虑基础底面重叠时，减小了 4%～15%。

3．基础沉降计算

计算公式不变，计算深度确定公式中的 Δz 有变动。

b/m	≤ 2	$2 < b \leq 4$	$4 < b \leq 8$	> 8
$\Delta z/m$	0.3	0.6	0.8	1.0

4．基础配筋计算

材料特性指标的修改。

➢ 混凝土：钢筋的物理特性指标都有所改变。

➢ 独立基础受弯配筋计算公式略有调整。

5．配筋率的调整

➢ 独立基础（墙下钢筋混凝土条基）：底板配筋直径不小于 10mm，间距不大于 200mm。

➢ 筏板和基础梁：抗弯最小配筋率提高到 0.2%和 $45f_t/f_y$ 中的较大值；基础梁的腰筋单侧不小于 0.1%的体积配筋率，配置在梁肋部分。

6．插筋长度

按新规范要求钢筋搭接长度计算插筋伸出基础的长度。柱子插筋是根据锚固长度计算确定的。如果柱插筋锚固长度大于基础高度，则柱插筋要弯到基础底板中。

7．冲切计算

新规范版本按 GB 50007－2002《建筑地基基础设计规范》第 8.2.7 条的公式进行抗冲切计算，并考虑受冲切承载力截面高度影响系数 β_{hp}。

➢ 独立基础及柱对承台的冲切：按公式（$F_L \leq 0.7\beta_{hp}f_tb_mb_0$；$b_m=(b_t-b_b)/2$；$F_L=p_sA$）进行抗冲切计算得到最小高度。

- 桩对承台冲切：按公式（$F_l \leq 2[\beta_{ox}(b_c+a_{oy})+\beta_{oy}(h_c+a_{ox})]\beta_{hp}f_tb_0$；$F_l=F-\sum N_i$；$\beta_{ox}=0.84/(\lambda_{ox}+0.2)$；$\beta_{oy}=0.84/(\lambda_{oy}+0.2)$）计算。
- 柱对平板的冲切：按计算公式计算。

8. 局部承压计算

新规范版本增加了局部承压计算。程序可进行柱对独基、桩承台、基础梁以及桩对承台的局部承压计算；按照 GB 50007—2002《建筑地基基础设计规范》中第 8.2.7 条的第 4 款要求和第 7.8.1、7.8.2 条的方法进行柱对基础的局部承压计算。

7.2　JCCAD 主菜单及操作过程

在 PKPM 软件主界面"结构"中，选择"JCCAD"选项，查看 JCCAD 主菜单，如图 7-2 所示（案例\07\JCCAD）。

图 7-2　JCCAD 主菜单

基础设计的操作过程概括如下：
1）执行地质资料输入→"地质资料输入"。
2）进行基础参数设置→"基础人机交互输入"。
3）进行基础荷载输入→"基础人机交互输入"。
4）进行基础构件布置→"基础人机交互输入"。
5）进行沉降计算→"桩基承台及独基计算"。
6）绘制基础平面施工图→"基础施工图"。

7.3　地质资料输入

选择"PKPM"→"结构"→"JCCAD"→"1.地质资料输入"主菜单，单击"应用"

后，进入地质资料输入环境，如图 7-3 所示。

图 7-3　地质资料输入

1."选择地质资料文件"对话框

甫一进入地质资料输入环境，系统自动弹出"地质资料输入环境"对话框，以此调入外部地质资料。

➤ 如果建立新的地质资料文件，应该在对话框的"文件名"项内，输入地质资料的文件名，并单击"打开"按钮，进行地质资料的输入工作。

➤ 如果编辑已有的地质资料文件，可以在文件列表框中，选择要编辑的文件，并单击"打开"按钮。屏幕显示地质勘探孔点的相对位置和由这些孔点组成的三角单元控制网格；即可利用地质资料输入的相关菜单观察地质情况，进行补充和修改已有的地质资料。

> **注意**：如果希望采用其他工程已形成的地质资料文件，请将该文件拷贝到当前工作目录下调用，以防工程数据备份时缺失数据。

2. 屏幕菜单区的菜单命令

在确定"选择地质资料文件"后，系统显示屏幕菜单区的菜单命令，如图 7-4 所示，下面介绍部分命令。

➤ 土参数：用于设定各类土的物理力学指标。例如，执行"土参数"菜单命令，弹出"默认土层参数表"对话框，如图 7-5 所示，根据实际的土质情况对其中默认参数进行修改，特别是需要用到的那些土层的参数。

图 7-4　地质资料输入菜单命令

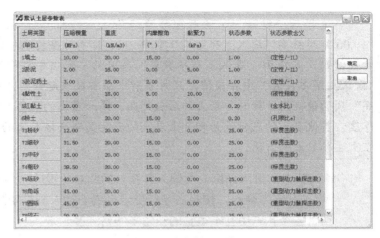

图 7-5　土参数对话框

> **注意**：程序对各种类别的土进行了分类，并约定了类别号。
>
> 无桩基础只需压缩模量参数，不需要修改其他参数。
> 所有土层的压缩模量不得为零。

➤ **标准孔点**：用于生成土层参数表——描述建筑物场地地基土的总体分层信息，作为地质资料输入生成各个勘察孔柱状图的地基土分层数据的模板。例如，执行"标准孔点"命令，屏幕弹出"土层参数表"，表中列出了已有的或初始化的土层的参数表，如图 7-6 所示。

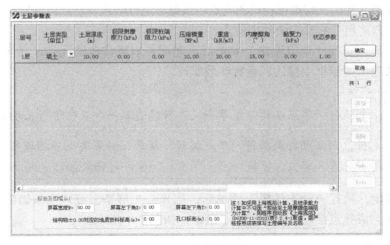

图 7-6　土层参数表

> **注意**：地质资料中的标高可以按与上部结构模型一致的坐标系输入，也可按地质报告的绝对高程输入。
>
> 当选择前一种输入方法时应该将地质报告中的绝对高程数值换算成与上部结构模型一致的建筑标高。

当选择后一种输入方法时地质资料输入中的所有标高必须按绝对高程输入，并在"±0.00 绝对标高"填入上部结构模型中±0.00 标高对应的绝对高程。"土层参数表"中参数都可修改，其中由"默认土层参数表"确定的参数值也可修改，且其值修改后不会改变"默认土层参数表"中相应值，只对当前土层参数表起作用。标高及图幅框内的"孔口标高"项的值，用于计算各层土的层底标高。第一层土的底标高为孔口标高减去第一层土的厚度；其他层土的底标高为相邻上层土的底标高减去该层土的厚度。允许同一土名称多次在土层参数表中出现。

> 输入孔点：可用光标依次输入各孔点的相对位置(相对于屏幕左下角点)。例如，执行"标准孔点"命令，按照命令行提示，逐一输入所有勘测孔点的相对位置后，程序自动将各个孔点用互不重叠的三角形网格连接起来。

注意：在平面上输入孔点时可导入参照图形。一般地质勘测报告中都包含 AutoCAD 格式的钻孔平面图（DWG 图）。可导入该图作为底图，用来参照输入孔点位置，这样做可大大方便孔点的定位。操作方法：首先应在"图形编辑修改"菜单下把 AutoCAD 格式的钻孔平面图（DWG 图）转换成为 PKPM 图形平台的同名的.T 图形。进入地质资料输入菜单后，单击上部下拉菜单中的"文件|插入图形"，将转换好的钻孔平面图插入当前显示图中，屏幕上会弹出"图块插入参数"对话框，程序要求导入图形的比例必须是 1:1，如果原图不是这个比例，需要修改缩放比例。

> 复制孔点：屏幕菜单区中"复制孔点"命令用于土层参数相同的勘察点的土层设置。也可以将对应的土层厚度相近的孔点用该菜单进行输入，然后再编辑孔点参数。
> 删除孔点：用于删除多余的勘测点。
> 单点编辑：执行"单点编辑"菜单后，光标点取要修改的孔点，在弹出的"孔点土层参数表"对话框中修改、设置参数即可。

注意：每执行"单点编辑"菜单一次，只能选取一个孔位进行土层参数修改。若要修改另一个孔位，则必须再次执行"单点编辑"菜单。如果某土层物理参数修改后的结果适用于其他所有孔点，那么，可用"用于所有点"控件打钩来操作完成。

> 动态编辑：执行"动态编辑"菜单后，用光标在屏幕上点取要编辑的孔点，单击鼠标右键完成孔点拾取，显示其下子菜单，如图 7-7 所示。

图 7-7 "动态编辑"子菜单

注意：（1）剖面类型：程序提供两种显示土层分布图的方式，孔点柱状图和孔点剖面图；可以通过"剖面类型"进行切换。

（2）孔点编辑：执行命令进入孔点编辑状态，将鼠标移动到要编辑的土层上，土层会动态加亮显示，表示当前操作是对土层操作，如土层添加、土层参数编辑、土层删除。

（3）标高拖动：执行命令，程序进入孔点土层标高拖动修改状态，这时可以拾取土层的顶标高进行拖动来修改土层的厚度。当鼠标移动到土层顶标高时，程序会动态加亮显示土层顶标高，并显示出其标高值，单击鼠标左键确认拖动当前的选中状态，移动鼠标，程序自动显示地质资料。输入当前鼠标的位置对应的标高，当再次单击鼠标左键时，就完成了土层标高的拖动操作。

➤ 点柱状图：执行"点柱状图"命令后，用光标连续点取平面位置的点，按〈Esc〉键完成选择后，屏幕上显示这些点的土层柱状图，如图7-8所示。

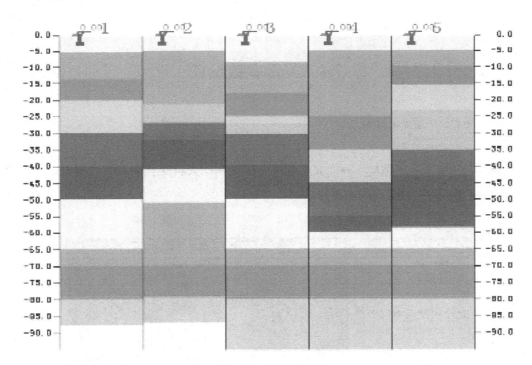

图7-8　土层柱状图

注意：点土层柱状图时，取点为非孔点时提示区中虽然会显示"特征点未选中"，但点取仍有效。该点的参数取周围节点的差值结果。

➤ 土剖面图：用于观看场地上任意剖面的地基土剖面图；执行"土剖面图"菜单后，用光标点取一个剖面后，则屏幕显示此剖面的地基土剖面图，如图7-9所示。

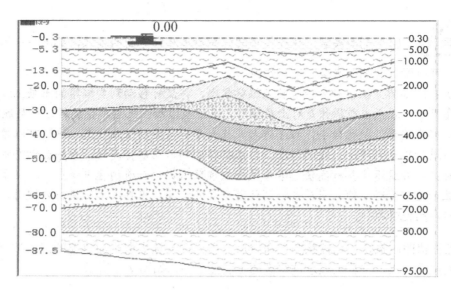

图 7-9　土剖面图

7.4　基础参数设置

视频\07\地质资料交互输入.avi
案例\07\JCCAD

选择"PKPM"→"结构"→"JCCAD"→"2.基础人机交互输入"主菜单，单击"应用"后，进入地质交互输入环境，如图 7-10 所示。

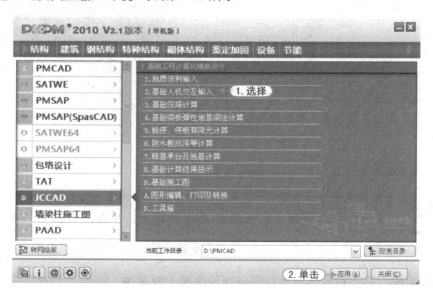

图 7-10　进入 JCCAD 人机交互输入

在屏幕菜单中执行"参数输入"命令，包括"基本参数""个别参数"和"参数输出"

三项菜单命令，可设置各类基础的设计参数，如图 7-11 所示。

> **注意**：一般来说，新输入的工程都要先执行"参数输入"菜单，并按工程的实际情况调整参数的数值。如不运行上述菜单，程序自动取其默认值。

1. 基本参数

此菜单定义了各类基础的公共参数，在设计各种类型的基础时，还将伴有相关的参数定义，放在各类基础设计菜单之下；执行"参数输入 | 基本参数"菜单，显示"基本参数"对话框，如图 7-12 所示，根据当前工程基础类型，修改相应选项卡下的参数。

执行"基本参数"命令，本例题按照程序的默认值设置参数。

图 7-11　"参数输入"子菜单　　　　　　　　　图 7-12　"基本参数"对话框

1）在"地基承载力"选项卡下，部分参数含义如下。

➤ 列表框：单击列表框，弹出可供选择的 5 种计算地基承载力的方法，如图 7-13 所示。

图 7-13　列表框选项

➤ 地基承载力特征值 f_{ak}(kPa)：应由《地质勘察报告》给出，程序初始值为 180kPa。

➤ 承载力修正用基础埋置深度 d(m)：此参数不能为负值，该参数初始值为 1.2m。一般自室外地面标高算起。在填方整平地区，可自填土地面标高算起，但填土在上部结构施工后完成时，应从天然地面标高算起；对于有地下室的情况，采用筏板基础时应自室外地面标高算起，其他情况如独基、条基、梁式基础从室内地面标高算起。

注意：对于无地下室的建筑或有地下室但是没采用筏板基础的建筑，基础埋深示意图如图 7-14 所示。

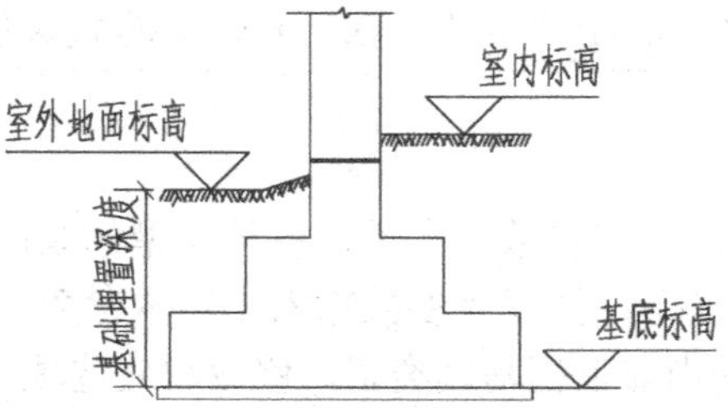

室内标高

室外地面标高

基础埋置深度

基底标高

图 7-14　基础埋置深度

- ➤ 自动计算覆土重：覆土重指和基础及其基底上回填土的平均重度，仅对独基和条基计算起作用。"√"表示程序自动按 20kN/m³ 的基础与土的平均重度计算；去掉"√"则对话框显示"单位面积覆土重"参数。

2）在如图 7-15 所示的"基础设计参数"选项卡下，部分参数含义如下。

- ➤ 基础归并系数：指独基和条基截面尺寸归并时的控制参数，程序将基础宽度相对差异在归并系数之内的基础自动归并为同一种基础。其初始值为 0.2。
- ➤ 独基、条基、桩承台底板混凝土强度等级：指浅基础的混凝土强度等级（不包括柱、墙、筏板和基础梁），其初始值为 C20。
- ➤ 拉梁承担弯矩比例：指由拉梁来承受独立基础或桩承台沿梁方向上的弯矩，以减小独基底面积。承受的大小比例由所填写的数值决定，如填 0.5 就是承受 50%，填 1 就是承受 100%。其初始值为 0，即拉梁不承担弯矩。
- ➤ 结构重要性系数：对所有部位的混凝土构件有效，应按《混规》第 3.3.2 条采用，但不应小于 1.0。其初始值为 1.0。

3）在如图 7-16 所示的"其它参数"选项卡下，部分参数含义如下。

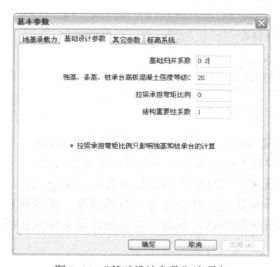

图 7-15　"基础设计参数"选项卡

图 7-16　"其它参数"选项卡

➤ 人防等级：可不计算或者选择人防等级为 4－6B 级核武器或常规武器中的某一级别。

➤ 底板等效静荷载、顶板等效静荷载：选择了"人防等级"后，对话框会自动显示在该人防等级下，无桩无地下水时的等效静荷载。用户可以根据工程的需要，调整等效静荷载的数值。

> **注意**：对于筏板基础，如采用"5.桩筏、筏板有限元计算"的计算方法，则"底板等效静荷载、顶板等效静荷载"的数值，还可在"5.桩筏、筏板有限元计算｜模型参数"菜单项中修改，但"人防等级"参数必须在此设定；如采用"4.基础梁板弹性地基梁法计算"的计算方法，则只有在此输入。

4）在如图 7-17 所示的"标高系统"选项卡下，部分参数含义如下。

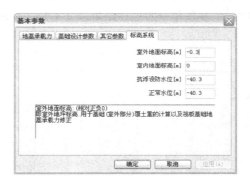

图 7-17　"标高系统"选项卡

➤ 室外地面标高：其初始值为-0.3m，此参数用于计算弹性地基梁覆土重（室外部分）以及筏板基础地基承载力修正。

➤ 抗浮设防水位（m）/正常水位：该值只对梁元法起作用。应由《勘查报告》提供；程序用该值计算水浮力，影响筏板重心和地基反力的计算结果。

> **注意**：当《勘查报告》未提供此参数时，可按照如下所列情况综合考虑：
>
> （1）当有长期水位观测资料时，场地抗浮设防水位可采用实测最高水位。
>
> （2）当无长期水位观测资料或资料缺乏时，按勘察期间实测最高水位并结合地形地貌，地下水补给、排泄条件等因素综合确定。
>
> （3）场地有承压水且与潜水有水力联系时，应实测承压水位并考虑其对抗浮设防水位的影响。
>
> （4）在填海造陆区，宜取海水最高潮水位。
>
> （5）当大面积填土高于原有地面时，应按填土完成后的地下水位变化情况考虑。
>
> （6）对一、二级阶地，可按勘察期间实测平均水位增加 1～3m；对台地可按勘察期间实测平均水位增加 2～4m；雨季勘察时取小值，旱季勘察时取大值。
>
> （7）施工期间的抗浮设防水位可按 1～2 个水文年度的最高水位确定。

2．个别参数

此菜单功能用于对除"基本参数"统一设置的基础参数外的个别参数的修改，这样不同的区域可以用不同的参数进行基础设计。

例如，执行"个别参数"菜单命令，根据命令行提示，选择节点，随后弹出"基础设计参数输入"对话框，如图 7-18 所示，根据具体情况，修改该处基础的参数。

> 注意：计算所有节点下土的 C_k、R_k：C_k 表示粘聚力标准值，R_k 表示内摩擦角标准值。单击"计算所有节点下土的 C_k，R_k 值"按钮后，则自动计算所有网格节点的粘聚力标准值和内摩擦角标准值。

3．参数输出

此菜单功能用于将上面两个参数命令的执行结果以文本形式显示出来，如图 7-19 所示。

图 7-18 "基础设计参数输入"对话框

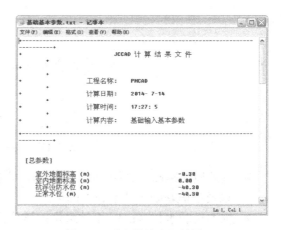

图 7-19 "参数输出"结果

> 注意：文件所列的参数为总体参数，当个别节点的参数与总体参数不一致时，以相应计算结果文件中所列参数为准。

7.5 基础荷载输入

在屏幕菜单中，执行"荷载输入"命令，显示其下子菜单，如图 7-20 所示。

在"荷载输入"的子菜单中，介绍部分菜单命令如下。

> 荷载参数：本菜单用于输入荷载分项系数、组合系数等参数。单击后，弹出"请输入荷载组合参数"对话框，如图 7-21 所示，内含其隐含值。

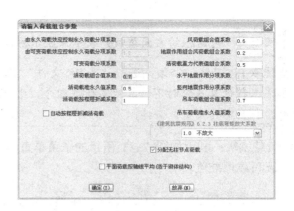

图7- 20 "荷载输入"子菜单　　　　图7- 21 "请输入荷载组合参数"对话框

> **注意**：这些参数的隐含值按规范的相应内容确定。白色输入框的值是用户必需根据工程的用途进行修改的参数。灰色的数值是规范指定值，一般不修改。若用户要修改灰色的数值可双击该值，将其变成白色的输入框，再修改。

- ➤ 无基础柱：通常情况下构造柱下面不需设置独立基础，但个别情况下可能在构造柱下有较大的荷载。因此需要指定哪些构造柱下不用设置独立基础。
- ➤ 附加荷载：本菜单用于用户输入附加荷载，允许输入点荷载和均布线荷载。附加荷载包括恒载效应标准值和活载效应标准值，可以单独进行荷载组合参与基础的计算或验算。若读取了上部结构荷载，如 PK 荷载、TAT 荷载、SATWE 荷载、平面荷载等，则附加荷载会与上部结构传下来的荷载工况进行同工况叠加，然后再进行荷载组合。

> **注意**：一般来说，框架结构首层的填充墙或设备重荷，在上部结构建模时没有输入。当这些荷载是作用在基础上时，就应按附加荷载输入。
>
> 对独立基础来说，如果在独基上设置了连梁，且连梁上有填充墙，则应将填充墙的荷载以节点荷载方式输入，而不要作为均布荷载输入。

- ➤ 选 PK 文件：若要读取 PK 荷载，需要先执行"选 PK 文件"菜单命令。可单击对话框中左边的"选 PK 文件"按钮，在选取 PK 程序生成的"柱底内力文件*.jcn"后，接着在屏幕上显示的平面布置图中，点取该榀框架所对应的轴线。
- ➤ 读取荷载：该菜单用于选择本模块采用哪一种上部结构传递给基础的荷载来源，程序可读取 PM 导荷和砖混荷载（都称平面荷载），TAT、PK、SATWE、PMSAP 等多种来源上部结构分析程序传来的与基础相连的柱、墙、支撑内力，作为基础设计的外荷载，如图 7-22 所示。

执行"读取荷载"命令，在弹出的"请选择荷载类型"对话框中，选择"SATWE荷载"。

注意：对话框的右面荷载列表中只显示运行过的上部结构设计程序的标准荷载。

要读取 PK 荷载，必须先进行"选 PK 文件"菜单的相关操作。

如果工程计算基础时不计算地震荷载组合，则可在右面的列表框中将地震荷载作用标准值前面的□中的"√"去掉。

> 荷载编辑：利用如图 7-23 所示的子菜单查询或修改附加荷载和上部结构传下的各工况荷载标准值。

图 7-22 "请选择荷载类型"对话框　　　　图 7-23 荷载编辑子菜单

> 当前组合：本菜单用于当用户选择某种荷载组合后，程序在图形区显示出该组合的荷载图，便于用户查询或打印。前面带*的荷载组合是当前组合，如图 7-24 所示。
> 目标组合：用于显示具备某些特征的荷载图。执行此命令后，弹出如图 7-25 所示的"选择目标荷载"对话框。

图 7-24 当前组合文件　　　　　　　　图 7-25 目标组合对话框

> 单工况值：用于在当前屏幕显示读取的荷载单工况值，方便手工校核。

7.6 基础构件布置

程序提供"上部构件"和"柱下独基"等菜单命令，应用于布置基础上的一些附加构件，如图 7-26 所示。

1. 上部构件

在"上部构件"菜单命令下，其下子菜单，如图 7-27 所示。

图 7-26　基础构件布置相关菜单　　　　　　图 7-27　"上部构件"子菜单

➤ 框架柱筋：用来输入框架柱在基础上的插筋。若程序完成 TAT 或 SATWE 的绘制柱的施工图工作并将结果存入钢筋库，则这里可以自动读取柱钢筋数据；此菜单包括"柱筋布置"和"柱筋删除"命令，实现框架柱筋的布置和删除，执行"柱筋布置"命令，弹出"柱插筋定义"对话框，如图 7-28 所示，设置插筋参数后布置即可。

➤ 填充墙：对于框架结构如底层填充墙下设有条基，可在此先输入填充墙，再在荷载输入中用附加荷载将填充墙的荷载布置在相应的位置上，这样程序会自动画出该部分的完整施工图；同样包括"墙布置"和"墙删除"命令，执行"墙布置"命令，弹出"填充墙定义"对话框，如图 7-29 所示。

图 7-28　"柱插筋定义"对话框　　　图 7-29　"填充墙定义"对话框

➤ 拉梁：该菜单用于在两个独立基础或独立桩基承台之间设置拉接连系梁，拉梁的详图由用户自己补充。如果拉梁上有填充墙，其荷载应该按点荷载输到拉梁梁端基础所在的节点上，本程序目前尚不能分配拉梁上的荷载；可执行布置和删除的命令；执行"××"菜单命令，弹出"××定义"对话框，对话框内容与"填充墙定义"对话框大同小异。

2. 柱下独基

柱下独立基础是一种分离式的浅基础。它承受一根或多根柱传来的荷载，基础之间可用拉梁连接在一起以增加其整体性。本菜单用于独立基础设计，根据设置的设计参数和输入的多种荷载自动计算独基尺寸、自动配筋，并可人工干预。

在"柱下独基"菜单命令下，其下部分子菜单介绍如下。

➤ 自动生成：执行"自动生成"命令，按〈Tab〉键以窗口方式选择柱，程序会自动按照柱上的荷载布置生成独立基础。

步骤1 执行"自动生成"命令，生成柱下独基，如图7-30所示。

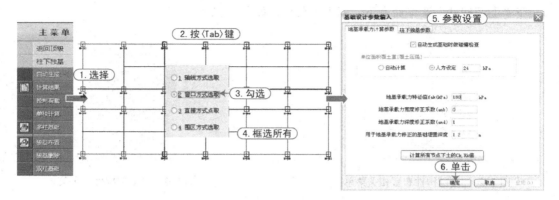

图7-30 自动生成独基操作

注意：在"基础设计参数输入"对话框中，需要修改的参数简述如下。

"地基承载力计算参数"选项卡中，勾选"自动生成基础时做碰撞检查"。

"柱下独基参数"选项卡中：

（1）选择"独基类型"为"阶形现浇"。

（2）选择"基础底板钢筋级别"为"HRB400"。

步骤2 单击 ■ 按钮保存独基布置，执行"结束退出"命令，退出"基础人机交互输入"菜单。

➤ 计算结果：执行"计算结果"命令，程序直接生成结果文件，如图7-31所示。

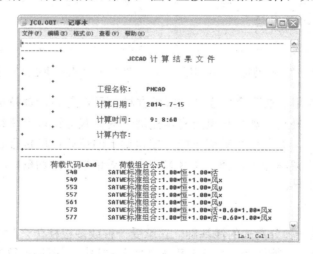

图7-31 计算结果

注意：独基计算结果文件（JC0.OUT）是固定名文件，再次计算将被覆盖，所以要保留该文件可另存为其他文件名中。

该文件必须在执行"自动生成"菜单后再打开才有效，否则有可能是其他工程或本工程的其他条件下的结果。

程序默认计算结果文件简略输出，如果想要更多的输出结果，可以在图形管理中的显示内容中进行选择。

➤ 独基布置：用于修改自动生成的独基或用户自定义的独基尺寸及布置。执行此菜单命令，程序弹出多个基础类型数据的对话框，选取某独立柱基后，选择对话框上侧的功能按钮，如"修改"，操作如图7-32所示。

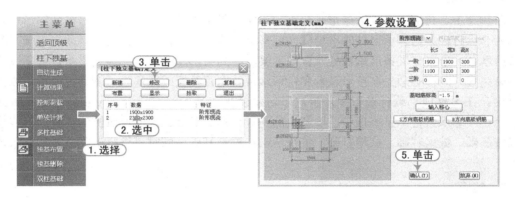

图7-32　独基布置修改

注意：柱下独基有8种类型：锥形现浇、锥形杯口、阶形现浇、阶形杯口、锥形短柱、锥形高杯口、阶形短柱、阶形高杯口。

在独基类别列表中，某类独基以其长宽尺寸显示，其排列次序与基础平面图中柱下独基类号"J-*"是一致的。

在已有的独基上也可进行独基布置，这样已有的独基被新的独基代替。

"定义类别"和"独基布置"两个菜单也可用于人工设计独基。

在对话框，若某类独基被删除后，则程序也删除其相应的柱下独基（即基础平面图上相应的柱下独基也消失）。如删除所有独基类别，则等同于删除所有柱下独基。

短柱或高杯口基础的短柱内的钢筋，程序没有计算，需用户另外补充。

若独基间设置了拉梁，则此拉梁也需用户补充计算。

➤ 独基删除：用于删除基础平面图上某些柱下独基。选择命令后，在基础平面图上用"围区布置""窗口布置""轴线布置""直接布置"等方式选取柱下独基即可删除。

3. 墙下条基

墙下条形基础是按单位长度线荷载进行计算的浅基础，因此适用于砖混结构的基础设计，执行"墙下条基"命令，显示其下二级菜单，如图7-33所示，通过这些菜单，可实现下列功能：

➤ 程序可以根据用户输入的参数和荷载信息自动生成墙下条基。条基的截面尺寸和布置可以进行人为调整。

➢ 人工交互调整完毕后，当存在平行、两端对齐且距离很近的两个墙体时，程序可以通过碰撞检查自动生成双墙基础。

➢ 墙下条形基础自动设计内容包括：地基承载力计算、底面积重叠影响计算、素混凝土基础的抗剪计算、钢筋混凝土基础的底板配筋计算及沉降计算。

图 7-33 "墙下条基"二级菜单

4．承台桩\非承台桩

在程序中，将墙下或柱下条形承台桩、十字交叉条形承台桩、筏形承台桩和箱形承台桩都视为非承台桩。这些承台桩的承台视为地基梁和筏板。所以在布桩前，必须先在墙下或柱下条形承台、十字交叉条形承台处布置地基梁，即为条形承台梁。其地基梁布置可通过地基梁菜单完成。同样必须先在筏形承台和箱形承台处布置筏板或地基梁，即为筏板承台或条形承台梁；在菜单项"承台桩"中，解决了对承台板和其下的桩作为一个整体进行布置的问题，而在"非承台桩"菜单项中，要解决的是对桩的布置问题。通过对桩的布置，形成柱下单根桩基础、桩梁基础、桩墙基础、桩筏基础和桩箱基础。同时可进行沉降试算和显示桩数量图。

5．筏板

本菜单用于布置筏板基础，并进行有关筏板计算。可以完成如下功能：

➢ 定义并布置筏板、子筏板，修改板边挑出尺寸，定义并布置相应荷载。

➢ 进行柱或者桩对筏板的冲切计算，并输出计算书。

➢ 进行筏板上墙体对筏板的冲剪计算，并输出计算书。

6．板带

通过执行"板带布置"菜单命令，无须定义参数，就可在网格线上布置板带；通过"板带删除"，可将已布置的板带删除。

7．地基梁

地基梁（也称基础梁或柱下条形基础）是整体式基础。设计过程是由用户定义基础尺寸，然后采用弹性地基梁或倒楼盖方法进行基础计算，从而判断基础截面是否合理。基础尺寸选择时，不但要满足承载力的要求，更重要的是要保证基础的内力和配筋合理。

7.7 桩基承台及独基沉降计算

除了柱下独基和柱下条基在基础人机交互输入阶段，同时完成基础布置和承载力、冲切、配筋等计算（沉降计算除外），其他类型基础的计算分析由 PKPM 主界面 JCCAD 软件的第 3、4、5、6、7 项完成，如图 7-34 所示。

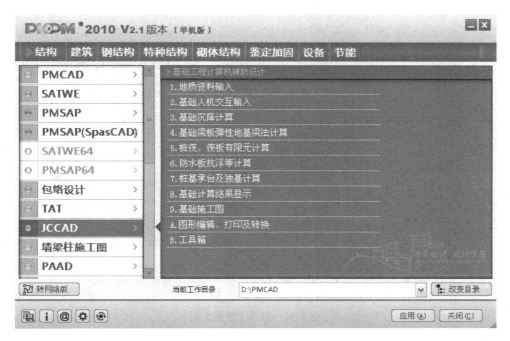

图 7-34　基础沉降计算

1．基础梁板弹性地基梁法计算

简称"梁元法"，其主要适用于弹性地基梁基础的计算分析和以梁作用为主的较薄梁筏板计算（按 T 形梁计算，板作为梁的翼缘考虑），也可以计算划分了板带的柱下平筏板基础和布置了暗梁的墙下平筏板基础，还可以进行条形基础和独立基础的沉降计算。

2．桩基承台及独基计算

主要适用于桩承台基础的计算分析和柱下独立基础的沉降计算。

3．桩筏、筏板有限元计算

简称"板元法"，其考虑梁与板的共同作用，按桩筏、筏板有限元计算，适用于平筏板、梁筏板、桩筏板、地基梁、带桩地梁、桩承台等多种基础的计算分析，是 JCCAD 软件中功能较强的计算程序。

7.8　基础平面施工图

 视频\07\基础平面施工图.avi
案例\07\JCCAD

选择"PKPM"→"结构"→"JCCAD"→"9.基础施工图"主菜单，单击"应用"后，进入基础平面施工图，如图 7-35 所示。

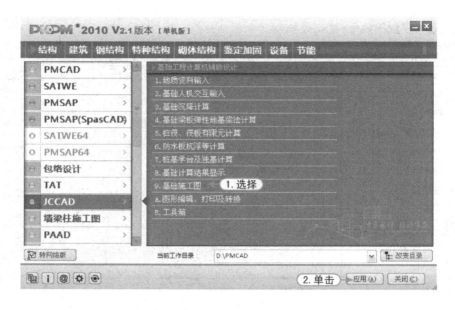

图 7-35 基础平面施工图

1. 参数设置

执行"参数设置"菜单命令，在弹出的"地基梁平法施工图参数设置"对话框中，按照程序默认项设置参数，如图 7-36 所示。

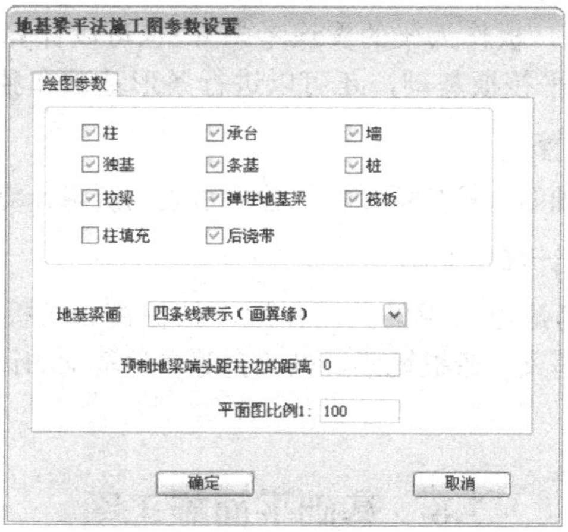

图 7-36 设置参数对话框

2. 基础标注的编辑

步骤 1 在下拉菜单区执行"标注构件 | 独基尺寸"命令，统一在独基的左上角单击，使尺寸标注在左侧和上侧，如图 7-37 所示。

步骤 2 在下拉菜单区执行"标注字符 | 独基编号"命令，在弹出的对话框中选择"自动标注"，程序即可将所有独基编号，如图 7-38 所示。

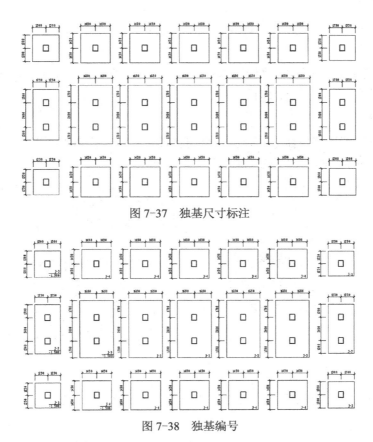

图 7-37 独基尺寸标注

图 7-38 独基编号

步骤3 在下拉菜单区执行"标注轴线丨自动标注"命令，在弹出的"自动标注轴线"对话框中勾选全部选项，程序即可自动将轴线标注完成，如图7-39所示。

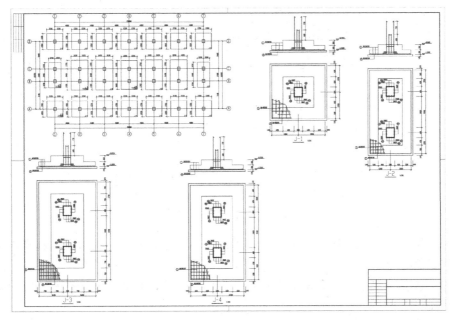

图 7-39 轴线标注

步骤 4 在下拉菜单区执行"标注构件 | 绘制图框"命令，直接插入程序给出的图框即可。

步骤 5 在下拉菜单区执行"标注构件 | 修改图签"命令，在弹出的"修改图签内容"对话框中修改图签内容，以符合图样内容。

3. 基础详图

执行"基础详图"菜单命令，弹出一个选择项对话框，选择"在当前图中绘制详图"，右侧屏幕菜单中显示出基础详图的子菜单，如图 7-40 所示。

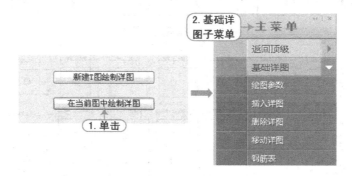

图 7-40 基础详图

步骤 1 执行"绘图参数"菜单命令，弹出"绘图参数"对话框，设置参数，如图 7-41 所示。

图 7-41 "绘图参数"对话框

步骤 2 执行"插入详图"菜单命令，弹出"选择基础详图"对话框，选择详图插入图框中即可，如图 7-42 所示。

步骤 3 执行"钢筋表"菜单命令，插入钢筋表即可，到此完成基础施工图的绘制，如图 7-43 所示。

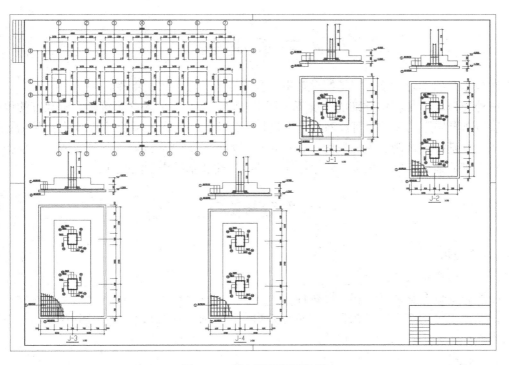

图 7-42　插入基础详图效果

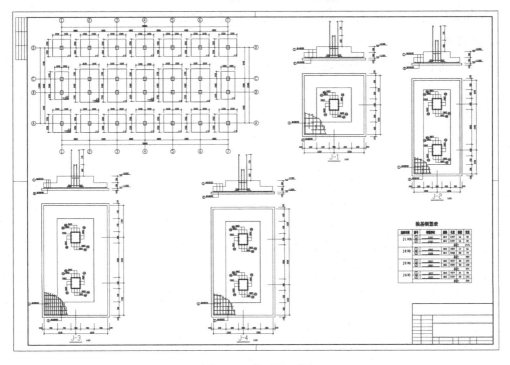

图 7-43　基础施工图

本 章 小 结

通过本章的学习，读者应了解并基本掌握基础的布置方法及步骤。

在地质资料不是特别详细的情况下，用交互输入的方式输入此建筑建立的地方的地质资料，然后布置采用的基础即可，然后，再进行基础平面施工图的标注及基础详图的生成。

在进行基础设计施工图出图时，依次进行参数设置、荷载读取、基础生成、上部构件布置，然后对基础进行尺寸编辑、编号标注、轴线标注和基础详图的生成。

思考与练习

1．填空题

（1）地质资料来源：_____。

（2）想要查看基础三维图，可执行_____命令。

（3）在"个别节点的参数"和"总体参数"冲突时，应当按照_____命令显示的参数进行操作。

2．思考题

（1）如果基础"自动生成"失败，应该怎么做？

（2）如果轴线"自动标注"无法实现，该怎么进行轴线标注操作？

3．操作题

接第6章操作题，绘制基础施工图。

第 8 章　STS 钢结构软件
设计实例简述

课 前 导 读 --

　　近年来，我国钢产量跃居世界第一位，建筑钢结构的优点也越来越突出。钢材质量的提高，类型的丰富，设计理论的完善为钢结构的发展奠定了基础。钢结构，尤其是轻型钢结构在我国迅猛地发展起来。CAD 技术的发展和成功推广表明，可以借助计算机辅助设计软件来完成钢结构的设计。

本 章 要 点 --

　　🗀 二维门式刚架设计
　　🗀 三维门式刚架设计
　　🗀 三维钢框架设计
　　🗀 二维钢桁架设计

8.1 二维门式刚架设计

视频\08\二维门式刚架设计.avi
案例\08\gjg

在此通过一个实例来介绍二维门式刚架设计的全过程，本章重点在于掌握设计流程和操作的基本技能，对操作命令和命令参数的设置不会做过多的讲解，在本例操作中尽量采用程序初始设计值。

8.1.1 建立模型

例题：双跨双坡门式刚架，总跨度 62m，檐口高度 4m，屋面坡度 1/10，刚架柱距 6m，钢材采用 Q235，恒荷载 $0.3kN/m^2$，活荷载 $0.5kN/m^2$，基本风压 $0.5kN/m^2$，地震烈度 7 度。刚架所有构件翼缘均为 250mm×12mm，腹板厚 10mm，腹板高度为 500mm，等截面梁为 500 mm，变截面梁为 500~800mm。

步骤 1　在 PKPM 主界面选择"钢结构"→"门式刚架"→"3.门式刚架二维设计"，如图 8-1 所示。

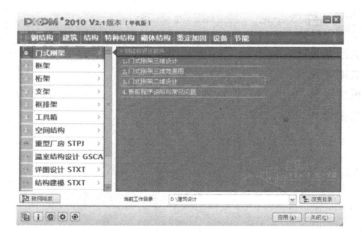

图 8-1　二维门式刚架

步骤 2　此时单击"改变目录"按钮，创建工程目录，按照图 8-2 所示操作。

步骤 3　单击"应用"按钮后，再新建工程，操作如图 8-3 所示。

步骤 4　执行"网格生成｜快速｜门式刚架"命令，在随后弹出的"门式刚架快速建模"对话框中，选择"门式刚架网格输入向导"选项卡，设置门式刚架网格参数，如图 8-4 所示。

步骤 5　在"设计信息设置"选项卡下设置快速建模参数，如图 8-5 所示。

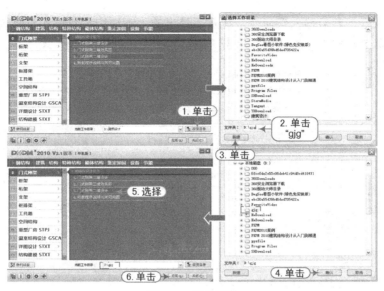

图 8-2　新建目录

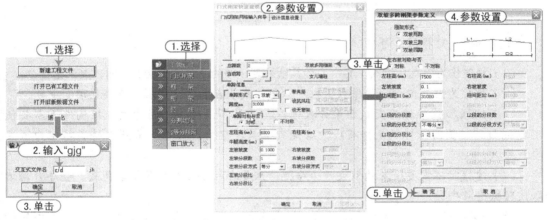

图 8-3　新建工程　　　　　　　　　　　图 8-4　网格参数设置

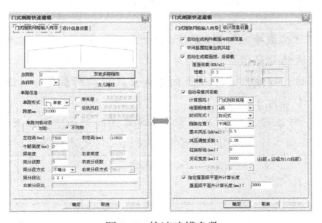

图 8-5　快速建模参数

步骤6 执行"参数输入"命令，在随后弹出的"钢结构参数输入与修改"对话框中，设置门式刚架参数，取程序默认值，单击"确定"按钮，如图8-6所示。

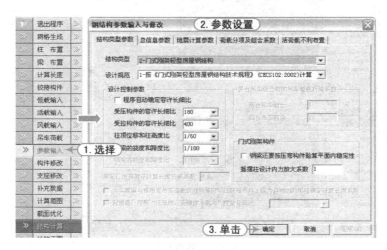

图8-6 参数输入

> **注意**：建模注意事项如下。
>
> （1）杆件作为梁或柱输入，其内力计算结果是一样的，仅应力验算不同，要注意区分。
>
> （2）梁柱为设置偏心，程序默认柱形心与轴线节点重合，梁顶面与楼层顶面重合。
>
> （3）建议加腋梁作为变截面梁分段输入，两端不应铰接，因两端铰接构件不需要使用变截面，变截面杆件不允许有跨中弯矩或偏心集中力，可增加节点，将其转化为节点恒载输入。
>
> （4）建模时不需要输入悬臂梁作为牛腿，只要在柱上面布置了吊车荷载，程序自动读取该数据生成牛腿。
>
> （5）"计算长度"命令用于设置柱、梁平面内和平面外的计算长度，通常平面内的计算长度由程序自动计算，显示值为"-1"；平面外计算长度应取平面外有效支撑的间距，程序初始值为杆件长度。
>
> （6）"铰接构件""恒载输入""活载输入""左风输入"以及"右风输入"等命令本例均可不用，取程序默认的初始值。
>
> （7）各类荷载正方向规定：水平荷载向右为正，竖向荷载向下为正，弯矩顺时针方向为正，吊车轮压荷载右偏为正。
>
> （8）"补充数据"可以设置地震力计算时需要考虑的附加重量以及进行基础设计。
>
> （9）"构件查询"和"计算简图"用于对刚架的几何尺寸和荷载进行查询。

8.1.2 截面优化

步骤1 执行"截面优化 | 优化参数"命令，在随后弹出的"钢结构优化控制参数"对话框中，设置参数如图8-7所示。

步骤 2 执行"优化范围 | 自动确定"命令，程序自动将可以优化的构件纳入优化范围；也可以人工确定优化范围，使某些构件不参加优化计算。

步骤 3 执行"截面优化 | 优化计算"命令，程序自动完成构件截面优化计算。

步骤 4 执行"截面优化 | 优化结果 | 结果文件"命令，在计算书中显示优化前后构件操作对比参数，如图 8-8 所示。

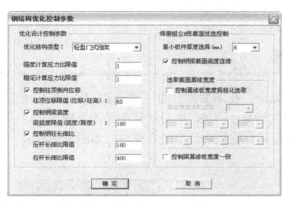

图 8-7 "钢结构优化控制参数"对话框

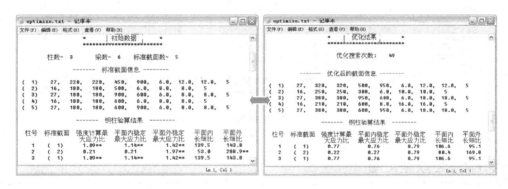

图 8-8 结果文件

注意：优化注意事项如下。

（1）优化结构类型应选择"轻型门式刚架"，程序按 CECS 102:2002《门式刚架轻型房屋钢结构技术规程》进行优化计算。

（2）对于轻型门式刚架，程序能优化的构件截面类型为焊接 H 型钢、H 型钢和槽钢，对于桁架、框排架和支架，优化的截面类型没有限制。

（3）加腋杆件不能直接优化，建议采用分段变截面杆件输入。

（4）优化参数中强度、稳定、变形及长细比等限值用于控制优化范围和优化计算结果。

（5）优化参数对话框右半部分的参数主要针对焊接组合 H 型钢，"最小板件厚度"和"翼缘宽度"用于控制板材满足供货要求，"截面高度连续"用于控制各段梁高优化后保持连续。总之，对优化的设置条件越多，优化范围越窄，优化效果越差。

（6）程序默认的优化分组是按建模时定义的标准截面划分的，一个分组由最不利杆件控制，可适当修改。建议受力状态有明显差异的不同构件应尽量放在不同的组。

（7）"优化范围"命令必须执行，用于确定杆件优化的搜索范围。程序可自动确定优化范围，建议在此基础上进一步人工指定优化范围。

（8）"优化序列"允许指定一组杆件截面（可以是不同类型），程序优化计算后选择最轻的截面形式。

 ### 8.1.3 结构计算

执行"结构计算"命令，在随后弹出的"请输入"对话框中确定结果文件名后，程序自动开始计算分析，计算完毕显示"PK 内力计算结果图形输出"对话框，以计算书和图形的形式供选择和查询，以便确定建模和计算的合理性，如图 8-9 所示。

图 8-9　结构计算

 ### 8.1.4 生成施工图

步骤 1　执行"绘施工图丨设置参数"命令，在随后弹出的"施工图比例"对话框中，设置参数即可，如图 8-10 所示。

步骤 2　执行"绘施工图丨拼接，布梁檩托丨布梁檩托"命令，弹出"钢梁檩托布置"对话框，如图 8-11 所示，设置檩托布置参数后程序自动在刚架上布置檩托，如图 8-12 所示。

步骤 3　执行"绘施工图丨节点设计丨参数设置"命令，弹出"输入或修改设计参数"对话框，在对话框中选择梁柱连接节点、梁柱节点和柱脚节点的形式，并输入节点设计相关参数，如图 8-13 所示。

图 8-10　施工图绘图参数对话框

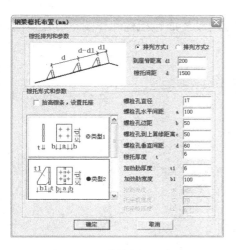

图 8-11　布梁檩托对话框

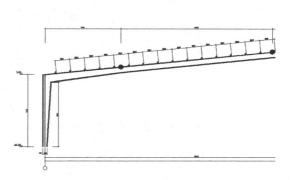

图 8-12　布梁檩托

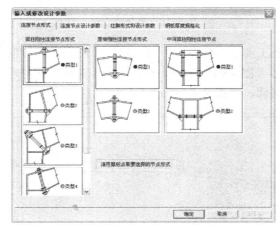

图 8-13　节点设计对话框

　　步骤 4　执行"绘施工图｜节点修改｜修改节点"命令，然后根据命令行提示输入节点号，如"3"，然后屏幕显示该节点剖面详图的"剖面图 3-3 修改"对话框，如图 8-14 所示，在对话框中修改参数达到对施工图的修改效果。

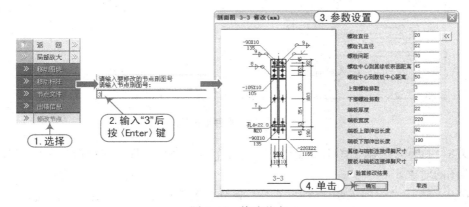

图 8-14　修改节点

步骤 5　执行"绘施工图丨整体绘图"命令，程序自动生成包括构件详图、节点详图、材料表和说明的门式刚架整体施工图，如图 8-15 所示。

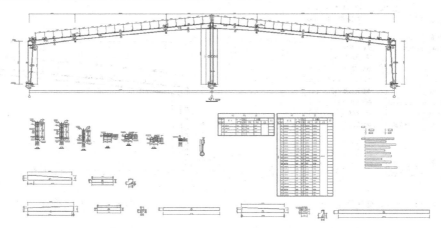

图 8-15　整体施工图

步骤 6　执行"绘施工图丨构件详图丨选择构件"命令，选择想要生成详图的构件。

步骤 7　执行"绘施工图丨构件详图丨构件详图"命令，程序自动生成先前选中的构件的构件详图、材料表和说明，如图 8-16 所示。

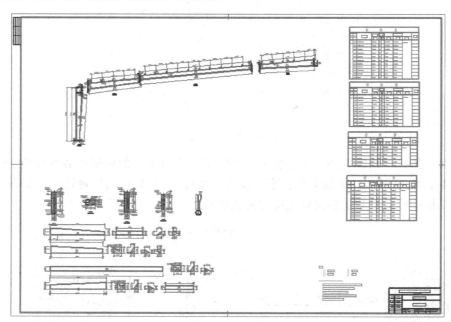

图 8-16　构件详图

步骤 8　执行"绘施工图丨节点详图丨全部节点"命令，程序自动选择全部节点作为绘制节点详图的对象。

步骤 9　执行"绘施工图丨节点详图丨画节点图"命令，程序自动生成全部节点的详图，如图 8-17 所示。

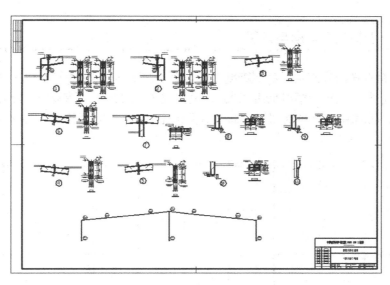

图 8-17　节点详图

步骤 10　执行"绘施工图 | 统计材料"命令，程序自动生成材料表后在屏幕空白区域插入即可，如图 8-18 所示。

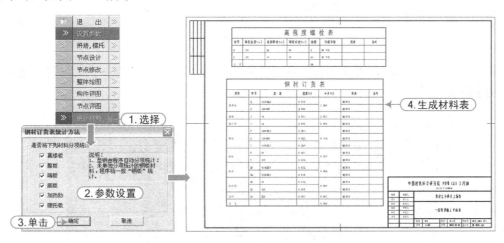

图 8-18　材料表

8.2　三维门式刚架设计

视频\08\三维门式刚架设计.avi
案例\08\swmj

本节介绍三维门式刚架设计过程，是在二维刚架设计的基础上，完成全部刚架的布置，包括拉梁、斜撑、檩条、屋顶、洞口及围护结构的布置，生成全部施工图和渲染图效果。

 8.2.1 门式刚架建模与计算

例题：单跨双坡门式刚架厂房，跨度 24m，总长度 60m，共 11 榀，刚架柱距 6m，檐口高度 6m，屋面坡度 1/10，钢材采用 Q235，恒荷载 0.3kN/m²，活荷载 0.3kN/m²，基本风压 0.5kN/m²，构件截面由程序自动布置，通过截面优化确定，厂房平面图如图 8-19 所示。

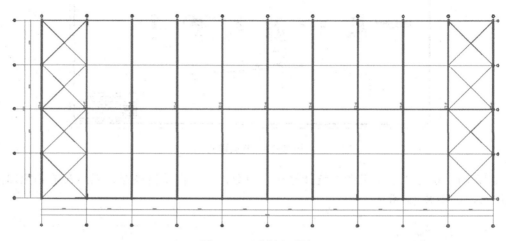

图 8-19 厂房平面图

步骤 1 在 PKPM 软件主界面选择"钢结构"→"门式刚架"→"1.门式刚架三维设计"，如图 8-20 所示。

图 8-20 三维门式刚架

步骤 2 同样的，创建新工程目录"swmj"，单击"应用"按钮进入，如图 8-21 所示。

步骤 3 在门式刚架三维设计屏幕主菜单命令如图 8-22 所示。

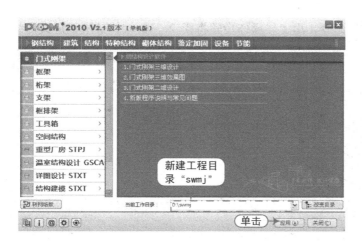

图 8-21　新工程目录及进入三维设计　　　　　　　　　图 8-22　屏幕主菜单

步骤 4　执行"网格生成"命令，在随后弹出的"厂房总信息及网格编辑"对话框中，设置网格参数，然后单击"确定"按钮，平面网格自动生成，如图 8-23 所示。

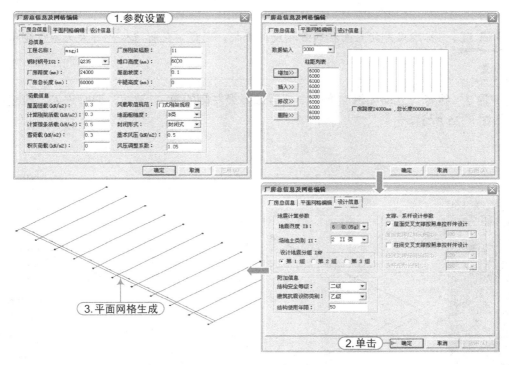

图 8-23　网格生成

步骤 5　执行"模型输入 | 设标准榀"命令，然后根据如下命令行提示进行操作。

用光标选择需定义为新的标准榀的轴线(按〈Esc〉键返回)：　　\\ 光标点取最左侧的第 1 轴线
直接选择：光标选择需加入当前标准榀的目标轴线(〈Tab〉转换方式)：\\ 光标点取最右侧的第 11 轴线，并按〈Esc〉键结束。

步骤6 重复"设标准榀"命令，用上述操作步骤将第 2～10 轴线的刚架定义为第 2 标准榀，如图 8-24 所示。

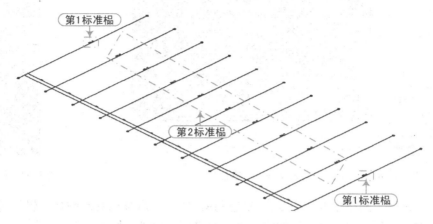

图 8-24 设标准榀

> **注意**：标准榀是指立面相同或相反的刚架，通过定义标准榀，可大大减少刚架的设计工作量。

步骤7 执行"立面编辑"命令，然后选择最左侧的第 1 轴线，即时进入二维建模状态，如图 8-25 所示。

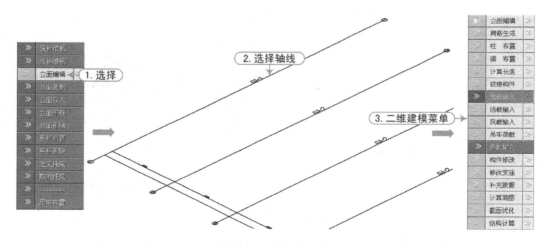

图 8-25 立面编辑命令

步骤8 执行"网格生成|快速建模|门式刚架"命令，弹出"门式刚架快速建模"对话框，在其中设置参数，如图 8-26 所示。

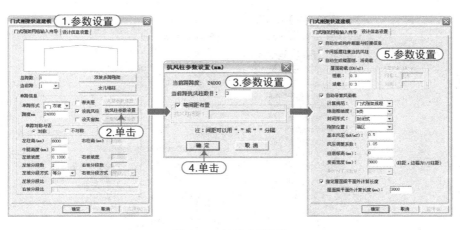

图 8-26 快速建模参数

步骤 9 参数设置完成后，单击"确定"按钮，程序自动生成带抗风柱的门式刚架，如图 8-27 所示。

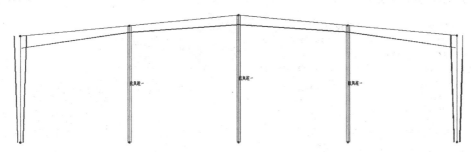

图 8-27 生成门式刚架

步骤 10 执行"恒载输入""活载输入""左风输入""右风输入"等荷载命令，对荷载布置情况进行查核。程序按照输入的基本风压自动计算抗风柱承担的风荷载，左风表示山墙的风压力，右风表示山墙的风吸力（都垂直于刚架平面）。刚架平面内的风荷载计算不考虑抗风柱的作用，左风作用在刚架各构件上的荷载，如图 8-28 所示。

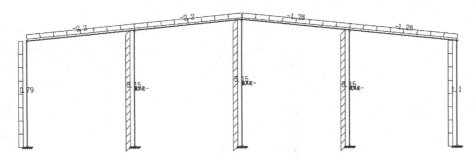

图 8-28 刚架风荷载示意图

步骤 11 执行"参数输入"命令，在弹出的"钢结构参数输入与修改"对话框中设置参数，均取程序初始值，单击"确定"按钮，如图 8-29 所示。

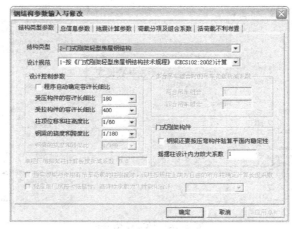

图 8-29　参数输入

步骤 12　执行"截面优化 | 优化参数""优化范围"和"优化计算"等命令，操作如图 8-30 所示，完成截面优化。

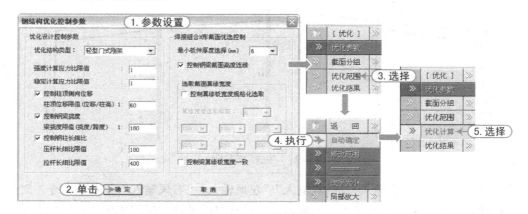

图 8-30　截面优化

步骤 13　执行"结构计算"命令，在弹出的"请输入"对话框中单击"确定"按钮后，程序生成"PK 内力计算结果图形输出"的目录列表，如图 8-31 所示。

图 8-31　结构计算

注意：在"PK 内力计算结果图形输出"的目录列表中，移动光标选择项目，程序即可立时显示该项计算结果的图形。

步骤 14   执行"立面编辑"命令，在弹出的"请选择"对话框中选择"存盘退出"，得到第 1 标准榀刚架效果图，如图 8-32 所示。

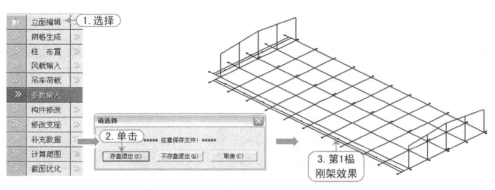

图 8-32   存盘退出

步骤 15   重复上述"步骤 7~14"，建立第 2 标准榀刚架，最后得到刚架轴测图，如图 8-33 所示。

注意：与第 1 标准榀的建立不同之处在于，第 2 标准榀在快速建模时"不设置抗风柱"。

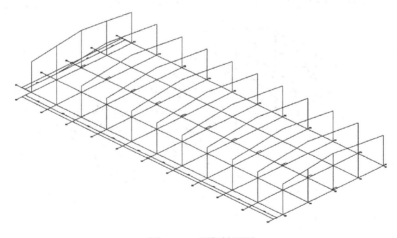

图 8-33   刚架轴测图

步骤 16   执行"系杆布置"命令，弹出"PK-STS 截面定义"对话框，如图 8-34 所示，单击"增加"按钮，选择直径 102mm、壁厚 2mm 的焊接圆钢管。

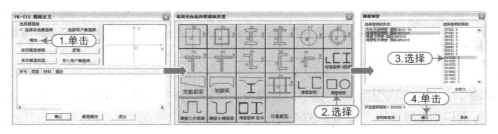

图 8-34 "PK-STS 截面定义"对话框

步骤 17　系杆截面定义完成后单击"确认"按钮，根据命令行提示顺序选择节点输入屋脊和两端檐口处的三根系杆，然后按〈Esc〉键返回三维建模状态，如图 8-35 所示。

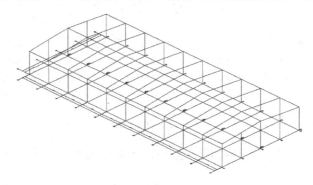

图 8-35　系杆效果

步骤 18　执行"结构计算｜自动计算"命令，程序对三维门式刚架模型以二维门式刚架计算方式完成各标准榀的计算。

步骤 19　执行"整体模型"命令，查看三维整体刚架图，如图 8-36 所示。

图 8-36　刚架布置图

8.2.2　刚架屋面、墙面围护结构设计

1. 屋面围护构件的布置

步骤 1　执行"屋面墙面｜参数设置"命令，弹出"门式刚架绘图参数设置"对话框，

对话框有两项参数，如图8-37所示，本题取程序初始值。

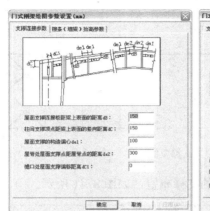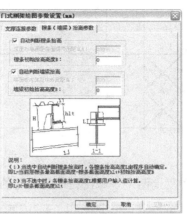

图8-37 门式刚架绘图参数设置

步骤2 执行"屋面墙面|构件标号"命令，弹出"构件代号前缀定义"对话框，如图8-38所示，确认构件命名编号。

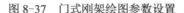

图8-38 构件标号对话框

步骤3 执行"屋面墙面|交互布置|屋面构件|布置支撑"命令，命令行提示"选择矩形房间号布置屋面支撑"时，选取需要布置支撑的房间号及房间一侧的梁，弹出"支撑截面定义"对话框定义支撑为 $\phi12mm$ 圆钢，然后单击"确定"按钮，命令行再提示"输入支撑数"，再按〈Enter〉键即可，继续按〈Enter〉键以回应命令行提示"各组长度相等吗（0-相等，1-不相等）<0>"，完成支撑布置，如图8-39所示。

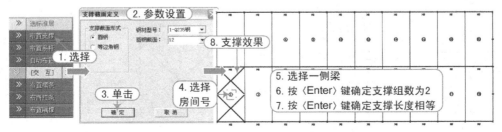

图8-39 支撑布置

步骤4 执行"屋面墙面|交互布置|屋面构件|拷贝支撑"命令，根据命令行提示，进行支撑复制布置，如图8-40所示。

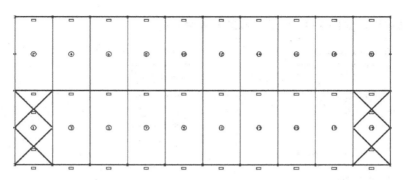

图 8-40　支撑复制

步骤 5　重复上两个步骤，完成另一跨的支撑布置，如图 8-41 所示。

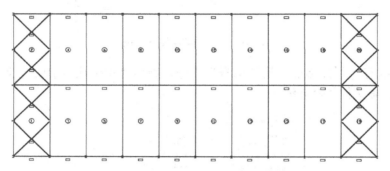

图 8-41　完全支撑布置

步骤 6　执行"屋面构件 | 自动布置"命令，在弹出的"自动布置屋面构件信息"对话框中设置参数后，程序自动完成檩条、隅撑、墙架梁、墙架柱、柱间支撑、拉条及抗风柱等构件的布置，操作如图 8-42 所示，效果如图 8-43 所示。

注意：程序提供了人机交互构件布置和修改命令，可以人工布置构件或修改替换已经布置的构件。

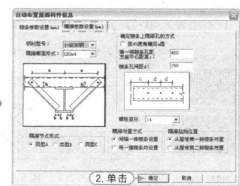

图 8-42　构件布置参数设置

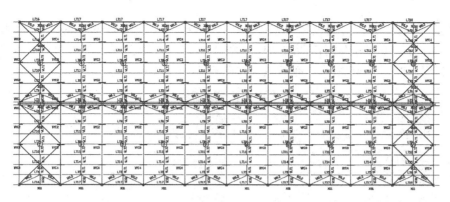

图 8-43 自动布置构件

步骤 7 执行"屋面构件 | 全楼归并"命令，程序自动将全楼的围护构件归并，并标注构件标号，如图 8-44 所示。

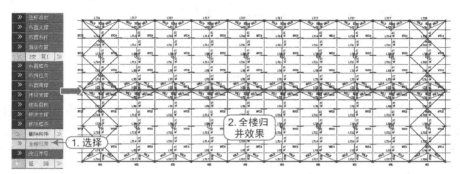

图 8-44 全楼归并效果

步骤 8 选择"返回"命令，返回屋面构件布置。

2. 墙面围护构件的布置

步骤 1 执行"墙面构件"命令，操作如图 8-45 所示。

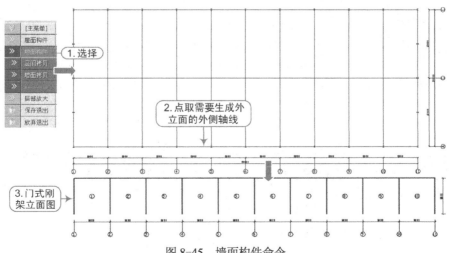

图 8-45 墙面构件命令

步骤2 执行"布置门洞"和"布置窗洞"命令，在弹出的相对应的"门窗洞口参数"对话框中，设置门窗尺寸及洞口两边立柱的截面，单击"确定"按钮后，光标点取房间编号布置门窗洞口，如图8-46所示，布置效果如图8-47所示。

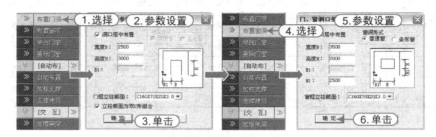

图8-46 门、窗洞口参数设置

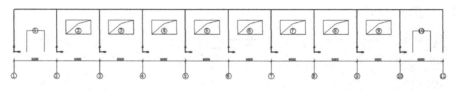

图8-47 刚架门窗布置效果

步骤3 执行"墙面构件｜自动布置"命令，在弹出的"自动布置墙面构件信息"对话框中，设置参数，如图8-48所示，程序自动完成檩条、隅撑、墙梁等构件的布置，效果如图8-49所示。

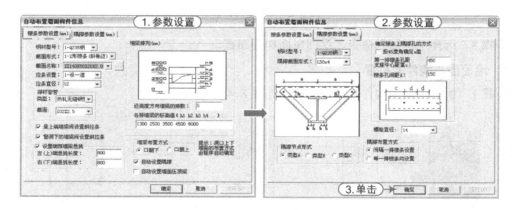

图8-48 自动布置构件参数

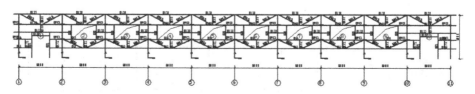

图8-49 墙面构件自动布置效果

步骤 4 执行"加柱支撑"命令，根据命令行提示，选择需要布置支撑的房间，随后弹出"柱间支撑参数设置"对话框，如图 8-50 所示，在其中输入支撑类型和相关参数，单击"确定"按钮，程序在该房间布置柱间支撑，随后执行"支撑拷贝"命令，将该房间支撑复制到其他房间，效果如图 8-51 所示。

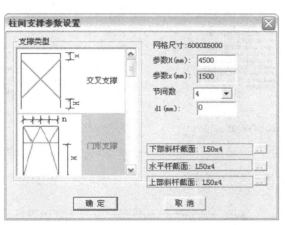

图 8-50 "柱间支撑参数设置"对话框

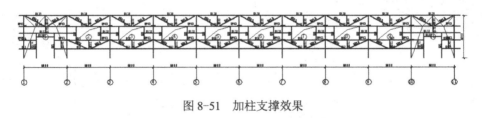

图 8-51 加柱支撑效果

步骤 5 执行"全楼归并"命令，归并效果如图 8-52 所示。

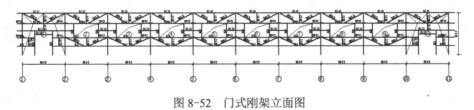

图 8-52 门式刚架立面图

步骤 6 执行"返回"菜单命令，返回到墙面布置。

步骤 7 用同样的方法布置另一个方向的墙面构件。

步骤 8 执行"墙面拷贝"命令，将布置好的墙面复制到相对应的墙面上。

步骤 9 执行"保存退出"命令。

3. 围护构件计算绘图

步骤 1 执行"屋面墙面 | 自动绘图"命令，弹出"施工图出图选择"对话框，如图 8-53 所示，之后又弹出"围护构件自动绘图参数设置"对话框，如图 8-54 所示，取程序初始值，单击"确定"按钮，在给出的图纸目录中选择需要生成的施工图，图 8-55 所示为其中一张图。

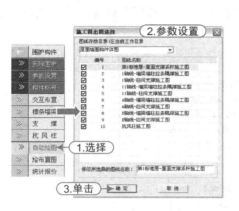

图 8-53 "施工图出图选择"对话框

图 8-54 "围护构件自动绘图参数设置"对话框

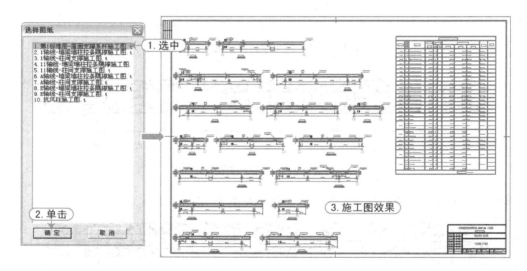

图 8-55 施工图示例

步骤2 执行"绘布置图丨屋面构件",操作如图 8-56 所示,效果如图 8-57 所示。

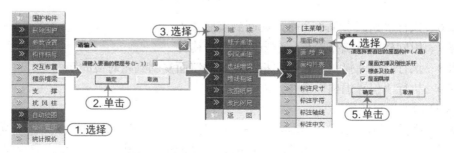

图 8-56 屋面构件操作

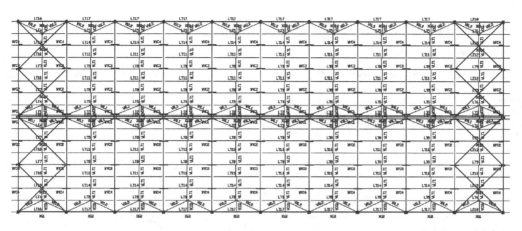

图 8-57　屋面构件效果

步骤3　执行"绘布置图｜画墙架"，效果如图 8-58 所示。

步骤4　执行"绘布置图｜画构件表"命令，效果如图 8-59 所示。

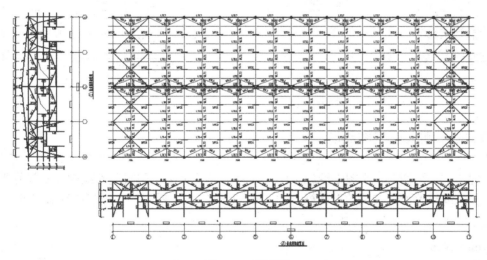

图 8-58　画墙架

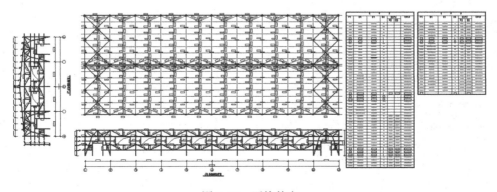

图 8-59　画构件表

建筑结构设计从入门到精通

步骤5 执行"存图退出"命令，返回主菜单。

4．钢材统计和报价

步骤1 执行"统计报价"命令，程序自动生成钢材订货表和钢材报价表，如图 8-60 所示。

步骤2 执行"退出程序"命令，返回主菜单。

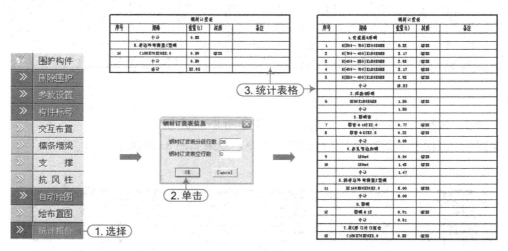

图 8-60　统计报价

8.2.3　刚架施工图绘制

步骤1 执行"刚架绘图｜绘施工图"命令，先后弹出"门式刚架绘图参数设置"对话框和"输入或修改设计参数"对话框，如图 8-61、图 8-62 所示，取程序初始值即可。

图 8-61　"门式刚架绘图参数设置"对话框

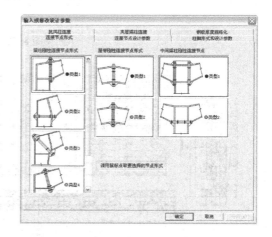

图 8-62　"输入或修改设计参数"对话框

步骤 2 在随后弹出的"施工图出图选择"对话框中，如图 8-63 所示，全部选中生成施工图。

步骤 3 程序生成施工图后给出图纸目录，如图 8-64 所示，选择任意图纸，例如第 14 项，程序即可调出该施工图显示在屏幕上，如图 8-65 所示。

步骤 4 执行"整体模型"命令，程序生成整体三维构件效果图，如图 8-66 所示。

图 8-63 "施工图出图选择"对话框

图 8-64 图纸目录

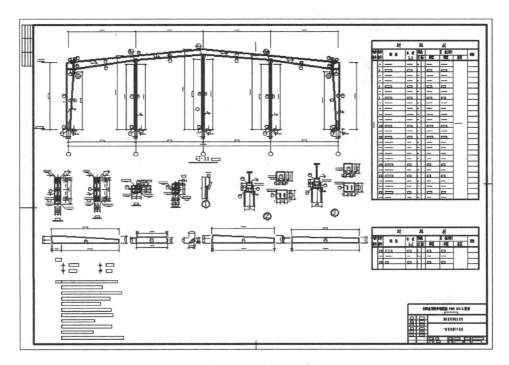

图 8-65 11 轴门式刚架施工图

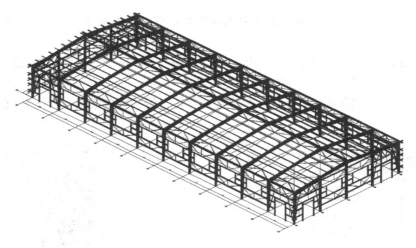

图 8-66　整体三维构件效果图

步骤 5　执行"显示设置"命令，在"显示选择"对话框中选择"构件按照三维线框显示"选项，屏幕将显示三维构件线框透视图，如图 8-67 所示。

图 8-67　显示设置操作

步骤 6　执行"退出程序"命令，选择"保存退出"，然后在 PKPM 软件主界面选择"钢结构"→"门式刚架"→"2.门式刚架三维效果图"，单击"应用"按钮，如图 8-68 所示，程序自动绘制的门式刚架三维渲染效果图，如图 8-69 所示。

图 8-68　进入门式刚架效果图绘制

图 8-69　门式刚架三维渲染效果图

步骤 7　可利用程序提供的命令，如图 8-70 所示，对渲染图进行进一步的加工修饰。

图 8-70　三维渲染效果修饰命令

8.3　三维钢框架设计

视频\08\三维钢框架设计.avi
案例\08\kj

本章节同样以例题形式介绍三维钢框架结构的设计方法和布置。

 8.3.1　建立模型

例题：四层钢框架结构，开间 8×4000mm，进深 4×6000mm，各楼层层高为 3.3m，坡屋顶屋脊高 2.4m，梁、柱均采用 H 型钢，翼缘为 250mm×16mm，腹板为 500mm×10mm，柱间支撑和屋顶水平支撑为 ϕ150mm×10mm 钢管，给出部分三维平面图，如图 8-71、图 8-72 所示。

图 8-71　一层平面

图 8-72　三层平面

步骤 1　在 PKPM 主界面选择"钢结构"→"框架"→"1.三维模型与荷载输入"，如图 8-73 所示。

图 8-73　框架界面

步骤 2　单击"改变目录"按钮，创建工程目录"kj"，单击"应用"按钮进入，再新建工程"swkj"后，单击"确定"按钮，如图 8-74 所示。

图 8-74　输入图层名称

步骤 3　执行"轴线输入 | 正交轴网"命令，按照给出的例题数据输入轴网数据，然后在屏幕绘图区指定任意一点插入轴网即可，如图 8-75 所示。

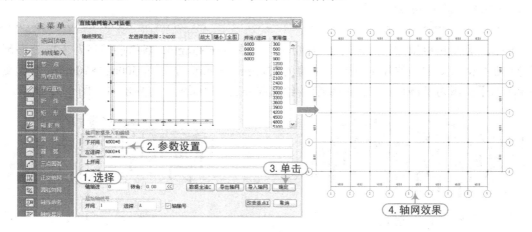

图 8-75　直线轴网输入

步骤 4　执行"轴线命名"命令，按照如下命令行提示进行操作即可。

轴线名输入:请用光标选择轴线（〈Tab〉成批输入）: // 按〈Tab〉键

移光标点取起始轴线: // 点取下开间最左侧轴线

移光标点取终止轴线: //点取下开间最右侧轴线

移光标去掉不标的轴线（〈Esc〉没有）: // 按〈Esc〉键

输入起始轴线名：// 输入"1"后按〈Enter〉键

移光标点取起始轴线: // 点取左进深最下侧轴线

移光标点取终止轴线: //点取左进深最上侧轴线

移光标去掉不标的轴线（〈Esc〉没有）: // 按〈Esc〉键

输入起始轴线名：// 输入"A"后按〈Enter〉键

注意：轴线命名后，执行"轴线显示"命令，可将轴线显示或隐藏。

步骤5 执行"楼层定义｜柱布置"命令，进行柱布置前的准备工作，即新建柱截面形式，操作如图 8-76 所示。

步骤6 在布置对话框中选择方式为"窗口布置"方式，将柱布置在轴网所有节点上，如图 8-77 所示。

步骤7 执行"楼层定义｜主梁布置"命令，按照新建柱截面的方法新建主梁，主梁参数设置如图 8-78 所示，主梁布置效果，如图 8-79 所示。

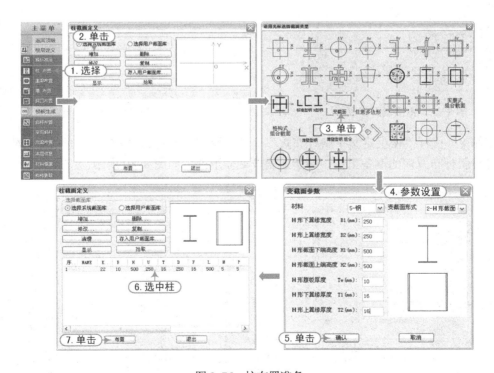

图 8-76 柱布置准备

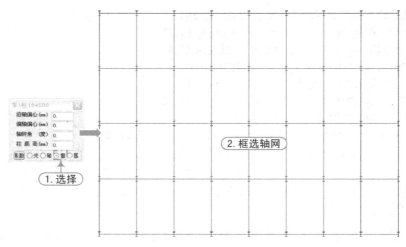

图 8-77　柱布置

图 8-78　主梁截面参数

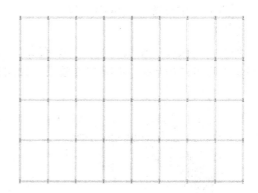

图 8-79　主梁布置

步骤 8　执行"楼层定义 | 斜杆布置"命令，弹出"斜杆截面定义"对话框，按照如下步骤进行斜杆布置前的准备工作，即新建斜杆截面形式，如图 8-80 所示。

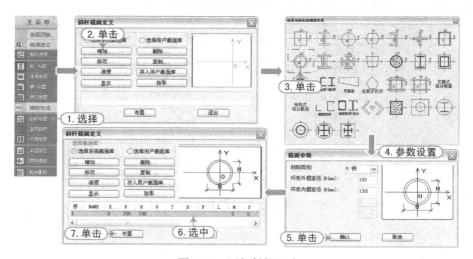

图 8-80　添加斜杆尺寸

步骤9　单击"布置"按钮后，在弹出的"斜杆布置参数"对话框中，勾选"与层高相同"选项后，按照命令行提示进行操作，如图 8-81 所示。

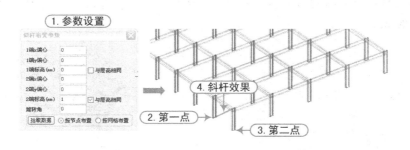

图 8-81　布置斜杆

步骤10　再次执行"斜杆布置"命令，布置斜杆效果，如图 8-82 所示。

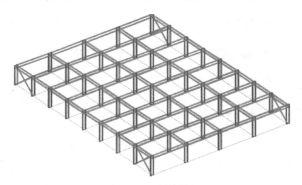

图 8-82　布置斜杆

步骤11　执行"楼层定义｜本层信息"命令，在"用光标点明要修改的项目"对话框中设置参数，如图 8-83 所示。

步骤12　执行"楼层定义｜换标准层"命令，按照如下所述操作，新建第 2 标准层效果，如图 8-84 所示。

➤ 在"选择/添加新标准层"对话框中，选择"添加新标准层"和"局部复制"。

➤ 用"轴线"方式和"光标"方式结合选择需要复制的区域。

➤ 按〈Esc〉键结束选择，单击"确定"按钮即可。

图 8-83　本层信息

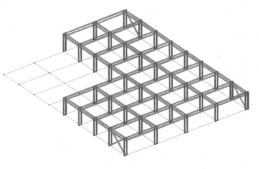

图 8-84　第 2 标准层

步骤13　执行"楼层定义｜斜杆布置"命令，参照第 1 标准层斜杆的布置，补充布置第2标准层斜杆，如图 8-85 所示。

步骤14　执行"删除节点"命令和"删除网格"命令，删除不需要的节点和网格，效果如图 8-86 所示。

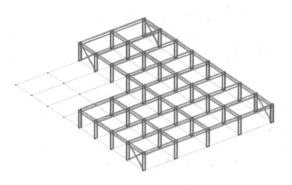

图 8-85　第 2 标准层斜杆布置

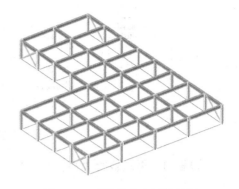

图 8-86　删除节点和网格效果

步骤15　再次执行"换标准层"命令，新建第 3 标准层，选择"全部复制"选项，全部复制第2标准层，如图 8-87 所示。

步骤16　执行"网格生成｜上节点高"命令，在"设置上节点高"对话框中，设置上节点高参数为"2400"，如图 8-88 所示，选择轴线方式，点取屋脊线生成坡屋顶。

图 8-87　添加第 3 标准层

图 8- 88　上节点高

步骤17　执行"楼层定义｜斜杆布置"命令，首先弹出"斜杆截面定义"对话框，单击"增加"按钮，在弹出的"截面参数"对话框中，单击"确认"按钮，随后返回"斜杆截面定义"对话框，选中此斜杆，进行布置，如图 8-89 所示，第 3 标准层斜杆布置效果，如图 8-90 所示。

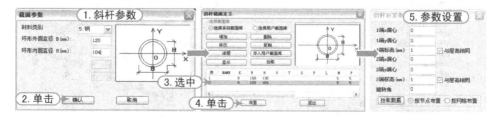

图 8-89　布置斜杆操作

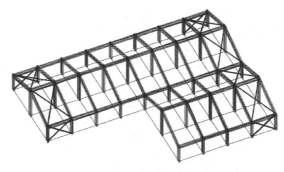

图 8-90　第 3 标准层斜杆效果

步骤 18　在各标准层布置楼板后依次执行"荷载输入｜恒活设置"命令，输入恒载为 4.0 kN/m²，活载为 2.0kN/m²，如图 8-91 所示。

步骤 19　执行"设计参数"命令，在对话框中设置参数，如图 8-92 所示。

图 8-91　恒活设置

图 8- 92　设计参数

注意：在本例题中，楼板均采用现浇混凝土楼板。

步骤 20　执行"楼层组装"命令，输入各楼层信息，组装楼层，如图 8-93 所示。

图 8-93　楼层组装

步骤 21　执行"整楼模型"命令，程序组合形成全楼三维模型，如图 8-94 所示。

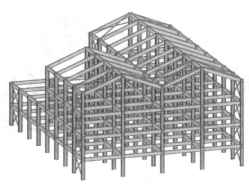

图 8-94　整楼模型

步骤 22　执行"保存"命令后执行"退出"命令，操作如图 8-95 所示，程序自动完成数据检查、竖向导荷以及形成数据文件等操作，返回到 PKPM 主界面，完成建模。

图 8-95　保存退出

8.3.2　分析计算

在 PKPM 主界面菜单中，选择"结构"→"SAT-8"或"SATWE"，如图 8-96 所示，至少执行其中的第 1 项和第 2 项，再执行第 4 项对钢结构建筑进行分析，其操作与混凝土结构类似，不再详述。

图 8-96　分析计算

8.3.3　绘制施工图

钢结构施工图的绘制，包括节点设计和出图，构件的设计和出图，按照下列步骤进行操作。

步骤1　在 PKPM 主界面选择"钢结构"→"框架"→"5.全楼节点连接设计",单击"应用"按钮进入节点设计。

步骤2　在程序给出的"STS 连接设计主菜单"里选择第 2 项"2.设计参数定义",弹出"设置节点连接设计参数"对话框,在其中设置参数,本例取初始值,如图 8-97 所示。

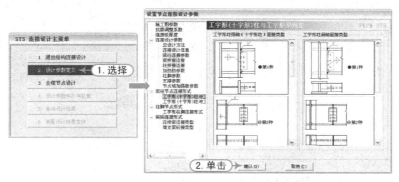

图 8-97　设计参数定义

步骤3　在"STS 连接设计主菜单"里选择第 3 项"3.全楼节点设计"命令,程序自动进行计算设计。

步骤4　在"STS 连接设计主菜单"里选择第 4 项"4.设计参数修改与验算",屏幕以平面图形式显示构件和节点编号,并提供了多种节点修改方式,如图 8-98 所示,本例不做修改。

步骤5　在"STS 连接设计主菜单"里选择第 1 项"1.退出结构连接设计",再选择"钢结构"→"框架"→"7.画三维框架节点施工图",单击"应用"按钮进入节点施工图绘制,如图 8-99 所示。

步骤6　在"绘制三维钢框架节点施工图"中选择"2.参数输入与修改",在弹出的"定义绘图参数"对话框中设置参数,此处取初始值,如图 8-100 所示。

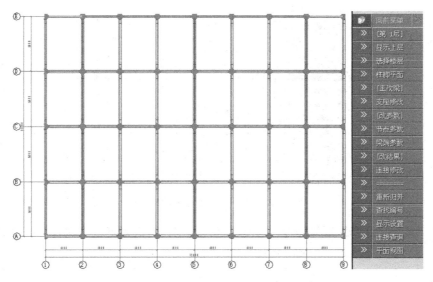

图 8-98　设计参数修改与验算

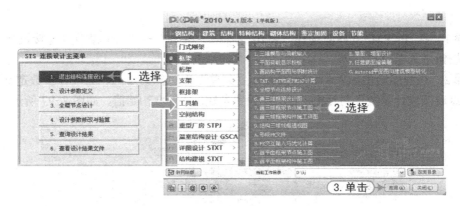

图 8-99　进入三维节点施工图绘制

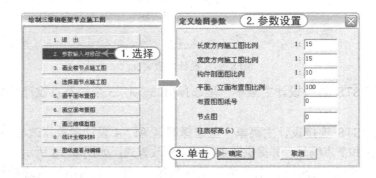

图 8-100　参数输入与修改

步骤 7　在"绘制三维钢框架节点施工图"中选择"3.画全楼节点施工图"，在弹出的"施工图出图选择"对话框中，单击"确定"按钮，然后程序自动进行节点施工图的绘制，如图 8-101 所示。

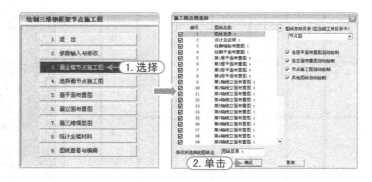

图 8-101　施工图出图选择

步骤 8　执行"选择图纸"命令，在弹出的"选择图纸"对话框中选择图纸，如图 8-102 所示，例如，选择第 25 项的图纸，如图 8-103 所示。

图 8-102　选择图纸

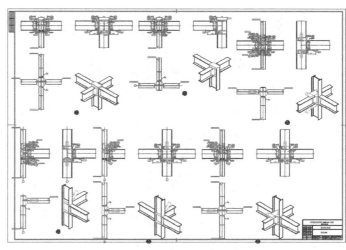

图 8-103　节点施工图

步骤 9　在 PKPM 主界面选择"钢结构"→"框架"→"6.画三维框架设计图",单击"应用"按钮进入构件设计。

步骤 10　和"全楼节点连接设计"的操作步骤差不多,不再详述,图 8-104 为框架立面布置图。

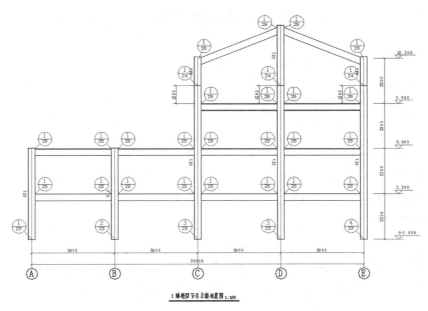

图 8-104　框架立面布置图

步骤 11　在 PKPM 主界面选择"钢结构"→"框架"→"8.画三维框架构件施工详图",单击"应用"按钮进入构件施工出图。

步骤 12　执行过"参数输入与修改"后执行"自动绘制全楼构件详图",程序将全楼所有构件施工图汇集整理,以图纸目录的形式供选用,图 8-105 为部分钢框架构件施工图。

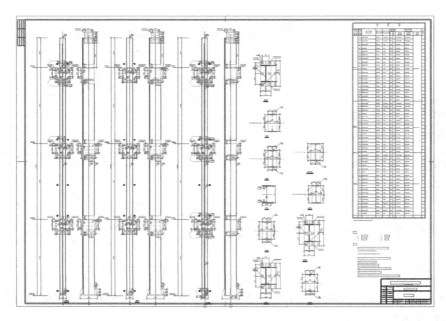

图 8-105　部分钢框架构件施工图

8.4　三维钢桁架设计

视频\08\三维钢桁架设计.avi
案例\08\hj ⋯⋯⋯⋯⋯⋯⋯⋯⋯⋯⋯⋯⋯⋯⋯⋯⋯⋯⋯⋯⋯⋯⋯⋯HⅠO

本章节同样以例题形式介绍三维钢桁架结构的一般设计方法。

8.4.1　建立模型

例题：梯形钢桁架，跨度 30m，端部高度为 2m，坡度 1/10 上弦 20 等分，下弦 10 等分，设计简图如图 8-106 所示。

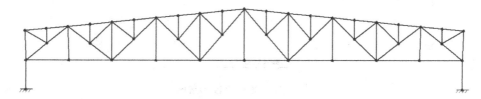

图 8-106　钢桁架示意图

步骤 1　在 PKPM 主界面选择"钢结构"→"桁架"→"1.PK 交互输入与优化计算"，如图 8-107 所示。

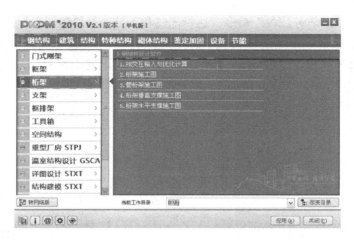

图 8-107　桁架界面

步骤 2　按照前面介绍的方法，创建工程目录"hj"，单击"应用"按钮进入，再新建工程"swhj"后，单击"确定"按钮，如图 8-108 所示。

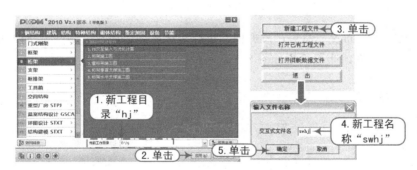

图 8-108　新建工程

步骤 3　执行"网格生成｜快速｜桁架"命令，在弹出的"桁架网线输入向导"对话框中，按照本例给出的条件输入参数，随后单击"确定"按钮即可，如图 8-109 所示。

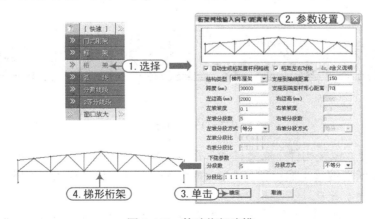

图 8-109　快速桁架建模

步骤4 执行"2 等分线段"命令，选择上弦和下弦以及斜腹杆进行 2 等分操作，效果如图 8-110 所示。

步骤5 执行"网格｜两点直线"命令，连接节点效果如图 8-111 所示。

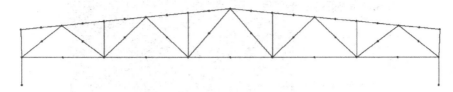

图 8-110 2 等分线段效果

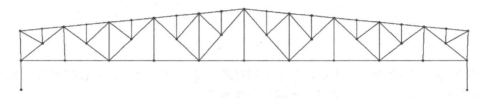

图 8-111 两点直线

步骤6 执行"柱布置"命令，添加柱，进行桁架柱参数设置，如图 8-112 所示，用轴线方式布置桁架的杆件，布置效果如图 8-113 所示。

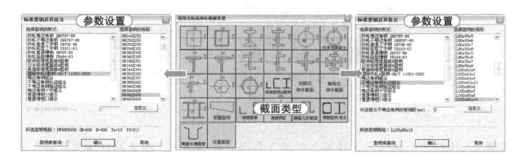

图 8-112 柱参数设置

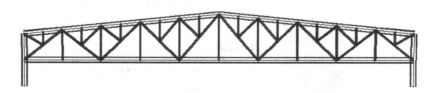

图 8-113 柱布置

步骤7 执行"铰接构件｜布置柱铰"命令，输入"3"后，按〈Enter〉键回应命令行的提示，即选择两端铰接，然后按〈Tab〉键切换至窗口方式，框选桁架所有杆件设置为铰接，效果如图 8-114 所示。

步骤8 执行"风载输入｜自动布置"命令，在弹出的"风荷载输入与修改"对话框中设置参数，自动布置风载，如图 8-115 所示。

步骤9　执行"参数输入"命令，在弹出的"钢结构参数输入与修改"对话框中设置参数即可，如图8-116所示。

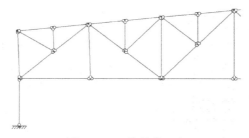

图8-114　柱铰接示意

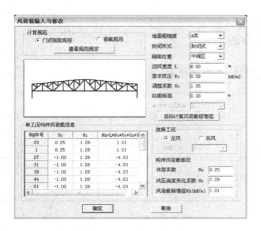

图8-115　风载输入

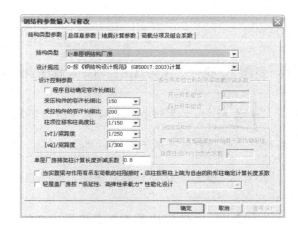

图8-116　参数输入

> **注意**："钢结构参数输入与修改"下"总信息参数"选项卡中，"钢柱计算长度系数计算方法"参数，对于桁架应按照无侧移结构计算。

步骤10　执行"计算简图"命令，显示桁架结构简图，如图8-117所示。

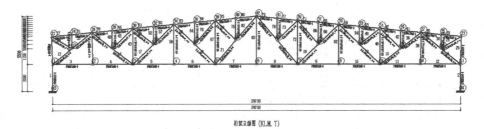

图8-117　桁架结构简图

8.4.2　截面优化

执行"截面优化"命令，进入桁架截面优化状态。

步骤 1　执行"优化参数"命令，在弹出的"钢结构优化控制参数"对话框中，设置桁架优化设计参数，如图 8-118 所示。

图 8-118　优化参数

步骤 2　执行"优化范围"命令，程序自动完成优化范围的确定。

注意：如果对程序自动优化范围不满意，可以修改桁架优化范围和优选序列。支座杆件是辅助杆，一般不必进行优化计算。

步骤 3　执行"优化计算"命令，程序自动完成优化计算。

注意：优化计算不改变建模的杆件截面形式，仅改变截面大小，按照强度、稳定、长细比、位移等限制条件，经多次迭代计算使用钢量最小。

步骤 4　执行"优化结果|结果文件"命令，生成优化计算书，如图 8-119 所示。

图 8-119　优化计算书

注意：通过执行"超限文件"命令和"截面查询"命令可知，程序的优化计算并不总是减小截面，对于截面计算不满足规范要求的，程序会加大杆件截面。总之，优化计算是选取最合理的杆件截面。

步骤5　执行"导出截面"命令，在"请选择"对话框中单击"导出截面"按钮，将优化后的截面保存，以便后续的计算和出图，然后弹出"提示"对话框，单击"确定"按钮完成此命令，如图 8-120 所示。

图 8-120　导出截面

 ### 8.4.3　结构计算

执行"结构计算"命令，程序自动对二维桁架进行结构计算，并将计算结果以文件名为"pk11.out"保存，如图 8-121 所示。

图 8-121　结构计算

 ### 8.4.4　绘制施工图

在 PKPM 结构设计软件主菜单选择"钢结构"→"桁架"→"2.桁架施工图"后，单击"应用"按钮进入施工图绘图环境"钢桁架设计主菜单"，如图 8-122 所示。

步骤1　在"钢桁架设计主菜单"中，执行"2.设置设计参数"项，在弹出的"编辑桁架结构设计参数"对话框中设置参数,如图 8-123 所示,取程序初始值即可。

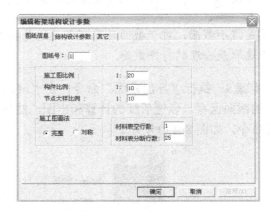

图 8-122　施工图绘图选项　　　　　　　图 8-123　设置设计参数对话框

步骤 2　在"钢桁架设计主菜单"中,执行"8.选择节点详图"项,选择桁架结构图中具有代表性的节点,如图 8-124 所示,以生成节点详图。

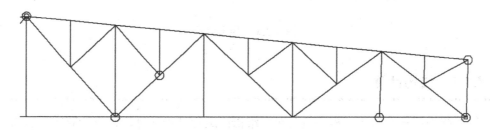

图 8-124　选择节点

步骤 3　在"钢桁架设计主菜单"中,执行"9.生成施工图"项,效果如图 8-125 所示。

步骤 4　在"钢桁架设计主菜单"中,执行"10.钢材订货表"项,生成订货表,如图 8-126 所示。

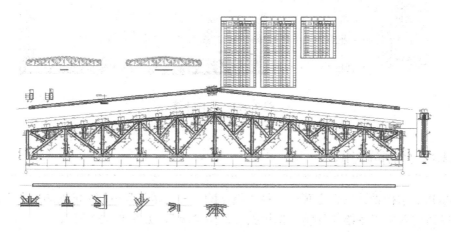

图 8-125　钢桁架施工图

钢 材 订 货 表

类别	序号	规　格	重量(t)	小计(t)	材质	备注
型钢	1	HT96X99	0.808	2.176	Q235B	
	2	L100x63x6	1.368		Q235B	
钢板	3	—6	0.203	0.237	Q235B	
	4	—8	0.034		Q235B	
合　计				2.413x1.05=2.533		

注：1.05为钢材重量放大系数！

图8-126　钢材订货表

8.4.5　钢桁架设计注意事项

1）桁架杆件数≤500，节点数≤350，每一节点最多与5根杆件相连。

2）可用于桁架计算的杆件很多，但能自动出图的杆件截面类型为：单角钢、双角钢、单槽钢、双槽钢，等边十字角钢用于腹杆。

3）桁架模型参数中应选择"无侧移"。

4）桁架建模时，所有杆件应当作两端铰接的柱输入。

5）桁架结构建模时，必须设置支座杆件，两端铰接，绘图时支座杆件自动取消。

6）程序可以自动判别桁架的上弦杆（以绿色显示）、下弦杆（以蓝色显示）和腹杆（以黄色显示），以便正确绘制施工图；程序如果对复杂杆件判别不准，可进行人工干预。

8.4.6　钢支架设计

钢支架设计与钢桁架设计的方法和步骤大同小异，不再重复讲解。

本 章 小 结

本章旨在掌握设计流程和操作基本技能，提高感性认识，找到设计的感觉。

本章主要通过简单实例，流水讲述设计二维门式刚架、三维门式刚架、三维钢框架、三维钢桁架的基本操作步骤，对于细节处未做处理的，也有相关介绍，使钢结构知识尽量全面，但因篇幅原因，仅简单叙述。

通过本章的学习，应了解并掌握基本钢结构建筑的操作布置，了解钢结构设计的一般过程和操作技巧，并能够独自完成一些简单图形的绘制。

思考与练习

1．填空题

（1）门式刚架二维设计的主要操作顺序为：_____→_____→_____→_____。

（2）对于常规的门式刚架设计中，按照有无设置_____，将标准榀的设置可分为两种。

（3）门式刚架三维设计中，想要对某一已经设定的标准榀进行二维设计，可以执行_____命令进行操作。

2. 思考题

（1）三维钢框架的设计和框架混凝土结构的设计步骤大致相同，在施工图出图上又有所不同，请简述此相同与不同。

（2）钢框架结构设计中，应控制的设计参数有哪些？若超限应怎样进行相应的修改？

（3）请概括：钢桁架结构设计中，截面优化设计的基本操作过程。

3. 操作题

请自行将本书中之前所举的各类建筑的其他结构的设计，转换为钢结构的相应适合的结构体系，再进行设计，练习钢结构设计操作步骤和优化调试结构布置，绘制相应施工图。

第9章 小区住宅楼结构施工图的绘制

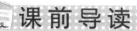

课前导读 ┈┈┈┈┈┈┈┈┈┈┈┈┈┈┈┈┈┈┈┈┈┈┈┈┈┈┈┈┈┈┈┈┈

本章以小区住宅楼为例，从结构建模到生成施工图，完整演示 PKPM 结构设计的步骤。

本章要点 ┈┈┈┈┈┈┈┈┈┈┈┈┈┈┈┈┈┈┈┈┈┈┈┈┈┈┈┈┈┈┈┈┈

- 建筑模型创建
- 配筋计算及结果分析
- 施工图绘制

9.1 工 程 概 况

例题：以一个小区住宅楼的某单元为例，标准层平面图和屋顶层平面图如图 9-1、图 9-2 所示，用 PKPM "结构" 板块功能绘制其结构施工图。

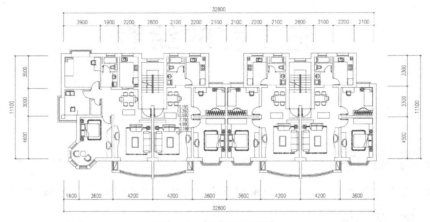

图 9-1　标准层平面图

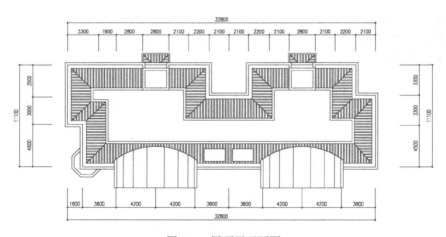

图 9-2　屋顶层平面图

注意：此住宅的 CAD 图见 "案例\09\住宅楼.dwg"。

9.2　工程文件的建立

在 PKPM 2010 中，一个工程应对应一个工程目录，首先按照如下步骤创建新工程目录。

步骤 1　在 Windows 操作系统下，双击桌面 图标启动 PKPM 程序，选择 "结构" 选项，在所显示的软件界面中，单击 "改变目录" 按钮 改变目录 ，弹出 "选择工作目录" 对话框，并 "新建" 一个工作目录——"住宅" 文件。

步骤 2　执行 "PMCAD|建筑模型与荷载输入" 命令，单击 "应用" 按钮，在随后弹出图 9-3 所示的 "请输入" 对话框，输入名称 "zhuzhai" 后，单击 "确定" 按钮，即可进入结构模型输入界面。

图 9-3　设置工程名

9.3　PMCAD 模型的创建

视频\09\PMCAD模型的创建.avi
案例\09\住宅

1．绘制轴网

步骤 1　在右侧屏幕菜单中执行 "轴线输入" 菜单下的 "正交轴网" 命令，按照表 9-1 所列数据绘制的轴网，如图 9-4 所示。

表 9-1　轴网数据

上开间	3900，1900，2200，2800，2100，2200，2100*2， 2200，2100，2800，2100，2200，2100
下开间	1600，3600，4200*2，3600*2，4200*2，3600
左/右进深	4500，3300*2

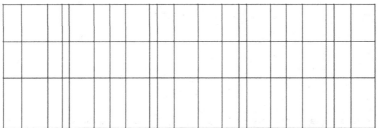

图 9-4　轴线插入效果

步骤2　执行"轴线命名"命令，按照命令行提示对轴网进行标注，如图9-5所示。

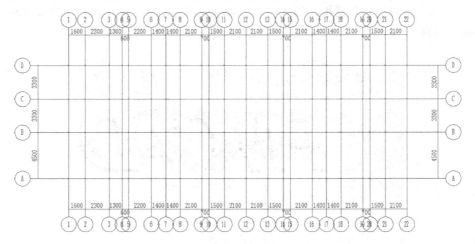

图9-5　轴线命名效果

步骤3　执行"模型编辑"下的菜单命令，如"删除节点"和"删除网格"等命令，按照建筑图进行轴网编辑，效果如图9-6所示。

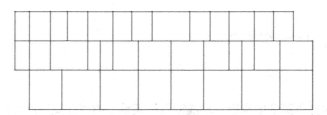

图9-6　删除节点和网格效果

步骤4　执行"轴线输入｜平行直线"命令，按照建筑效果图将楼梯处网格向上平行复制900，如图9-7所示。

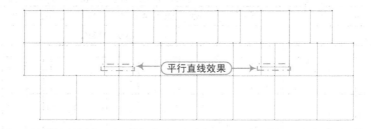

图9-7　平行直线效果

步骤5　执行"轴线输入｜节点"命令，按照表9-2绘制出点1～点7，然后执行"两点直线"命令，以"1→2→3→7→6→5"顺序连接节点，效果如图9-8所示。

表 9-2 节点数据

参 考 点	相 对 坐 标	生 成 点
点 4	(1820,0)	点 1
点 1	(−850,−850)	点 2
点 2	(−1100,0)	点 3
点 4	(0,1930)	点 5
点 5	(−890,−900)	点 6
点 6	(0,−1100)	点 7

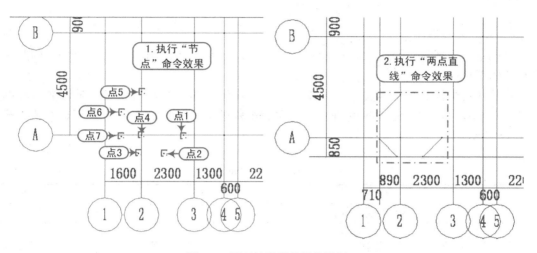

图 9-8 圆弧效果折线轴线绘制

步骤 6 执行"两点直线"和"三点圆弧"命令，按照建筑图绘制客厅阳台处轴线，阳台两边出挑 1120mm，圆弧中间节点距 A 轴 1800mm，如图 9-9 所示。

步骤 7 在下拉菜单中，再次执行"删除节点"和"删除网格"等命令，按照建筑图进行轴网删除编辑。

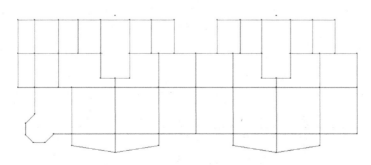

图 9-9 客厅阳台轴网绘制

步骤 8 执行"平行直线"命令，绘制卫生间隔墙处轴线，效果如图 9-10 所示。

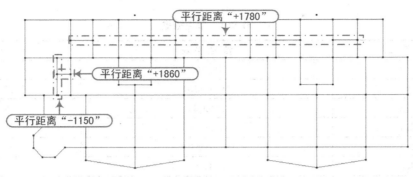

图 9-10 卫生间轴网绘制

2. 柱、梁布置

轴网绘制完成后，开始梁、柱等结构承重构件的布置。由于本例中无承重墙，因此无须进行墙体布置。

步骤 1 执行"楼层定义│柱布置"命令，在弹出的"柱截面列表"对话框中，单击"新建"按钮，按照表 9-3 创建框架柱，布置框架柱准备工作，如图 9-11 所示，布置效果如图 9-12 所示。

表 9-3 框架柱数据

截面类型	1
矩形截面宽度/mm	450
矩形截面高度/mm	450
材料类别	6：混凝土

图 9-11 柱布置准备

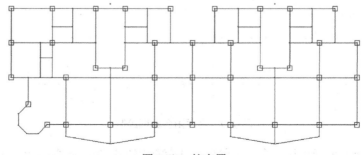

图 9-12 柱布置

步骤 2 执行"主梁布置"命令，同布置柱一样，先按照表 9-4 新建梁截面，如图 9-13

所示，布置效果如图9-14所示。

表9-4 框架梁数据

截面类型	1
矩形截面宽度/mm	350
矩形截面高度/mm	450
材料类别	6：混凝土

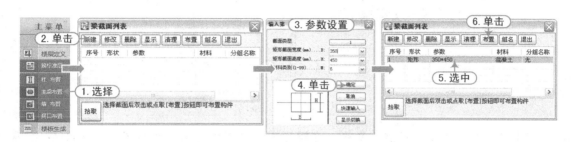

图9-13 新建梁操作

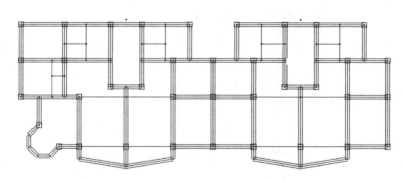

图9-14 主梁布置

步骤3 重复执行"主梁布置"命令，再新建截面尺寸为300mm×350mm的次梁，将次梁当主梁布置，如图9-15所示。

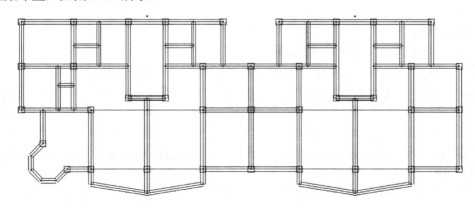

图9-15 次梁布置

步骤4 布置楼梯处层间梁，如图9-16所示。

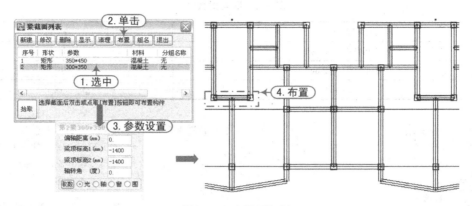

图9-16 布置层间梁

步骤5 执行"本层信息"命令，在随后弹出的"用光标点明要修改的项目[确定]返回"对话框中，设置本层信息，如图9-17所示。

图9-17 本层信息

3. 楼板布置

接下来，开始楼板的生成与局部的修整。

步骤1 执行"楼层定义 | 楼板生成 | 生成楼板"命令，生成楼板。

步骤2 执行"楼层定义 | 楼板生成 | 修改板厚"命令，修改楼梯板厚为0，如图9-18所示。

注意：本节中楼梯荷载的处理方式是，将楼梯间板厚取为0，将楼梯荷载折算成楼面荷载，在输入楼面恒荷载时将楼梯的面荷载适当加大。

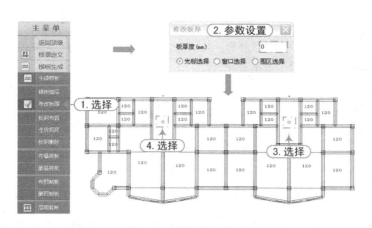

图9-18　楼梯板厚修改

步骤3　执行"楼层定义｜楼板生成｜楼板错层"命令，卫生间板向下错层 20mm，如图9-19所示。

4．荷载输入

建筑构件绘制完成，开始进行荷载的输入。

步骤1　设置楼面的恒活荷载，执行"荷载输入｜恒活设置"命令，弹出"荷载定义"对话框，如图9-20所示，在其中设置荷载（5.0,2.0）后，单击"确定"按钮即可。

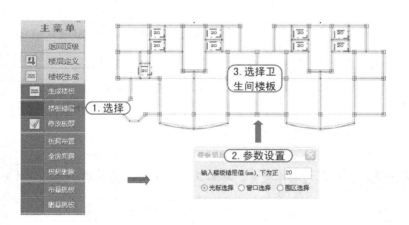

图9-19　楼板布置

图9-20　恒活荷载设置

> **注意**：楼面恒荷载一般取值在（5.0，7.0）范围内，具体可根据建筑图纸总说明提供的楼面做法计算。其活荷载值可查 GB 50009—2012《建筑结构荷载规范》得到。

步骤2　执行"荷载输入｜楼面荷载｜楼面恒载"命令，修改楼梯板面荷载为 7.000，如图9-21所示。

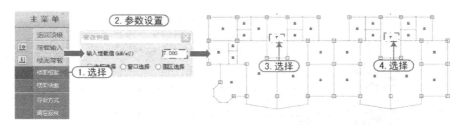

图 9-21　楼梯恒荷载修改

> **注意**：楼梯恒荷载比一般楼面恒荷载大一些是因为楼梯的受荷面积是按照投影面积计算，那么相应的楼梯荷载需要计算斜板的自重，即楼梯的折算面荷载与实际面荷载有夹角换算的关系。

步骤3　执行"梁间荷载|梁荷定义"命令，定义值为 10 和 8.5 的均布线荷载，如图 9-22 所示。

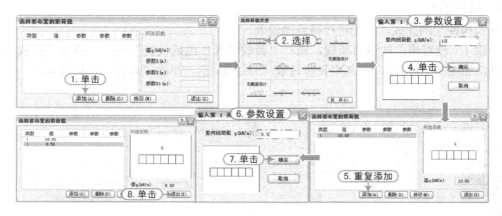

图 9-22　梁间荷载定义

> **注意**：梁间荷载主要是其上承担的墙体重量，墙体又可分为有门窗的墙和无门窗的墙，可近似取折减系数（0.8，0.9）；梁自重是程序自动计算的，不需要人工输入。

步骤4　执行"梁间荷载|数据开关"命令，在弹出的"数据显示状态"对话框中，勾选"数据显示"复选框，如图 9-23 所示。

图 9-23　打开数据开关

步骤 5　执行"梁间荷载|恒载输入"命令，在建筑二层平面图上有窗户的地方布置值为 8.50 的梁间荷载，操作如图 9-24 所示。

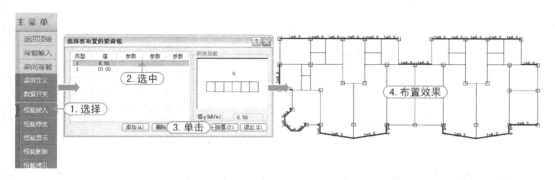

图 9-24　8.50 荷载布置

步骤 6　执行"梁间荷载|恒载输入"命令，布置 10.00 的梁间荷载，如图 9-25 所示。

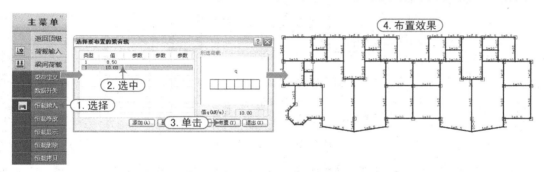

图 9-25　10.00 荷载布置

5．换标准层

步骤 1　首层结构平面图绘制完成，开始不上人屋面的屋顶层结构图的绘制，执行"楼层定义|换标准层"命令，选择"添加新标准层"和"全部复制"，如图 9-26 所示。

步骤 2　执行"模型编辑|删除节点"和"模型编辑|删除网格"命令，删除屋顶部分节点和网格，效果如图 9-27 所示。

图 9-26　换标准层

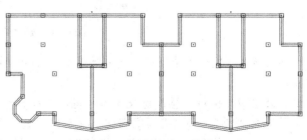

图 9-27　删除节点和网格效果

步骤 3　执行"轴线输入|平行直线"命令，将屋顶外轮廓向内侧平行复制 2500mm 的

距离，效果如图 9-28 所示。

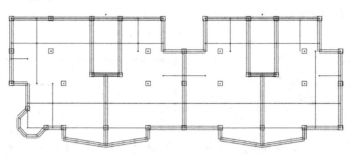

图 9-28　平行 2500 距离效果

步骤 4　执行"轴线输入｜两点直线"命令，将平行复制得到的直线连接起来，效果如图 9-29 所示。

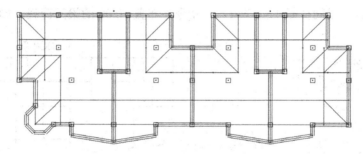

图 9-29　两点直线效果

步骤 5　在下拉菜单区，执行"模型编辑｜删除节点"命令，删除多余节点，效果如图 9-30 所示。

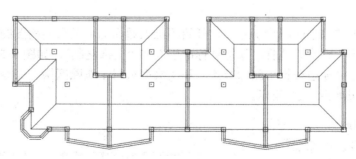

图 9-30　删除节点效果

步骤 6　执行"楼层定义｜主梁布置"命令，布置屋脊梁尺寸为（350,450），如图 9-31 所示。

步骤 7　执行"楼层定义｜本层修改｜构件删除"命令，在弹出的"构件删除"对话框中，选择"梁"，删除楼梯层间梁，并布置 A 轴上阳台处的 350mm×450mm 梁。

步骤 8　执行"楼层定义｜楼板生成｜布悬挑板"命令，布置楼梯入口处悬挑挡板，效果如图 9-32 所示。

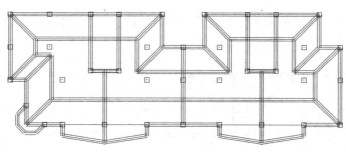

图 9-31　布置屋脊梁效果

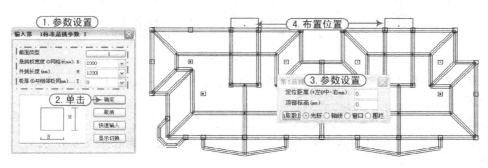

图 9-32　布置悬挑板

步骤 9　执行"轴线输入 | 两点直线"和"楼层定义 | 主梁布置"命令，补充楼梯处屋脊梁，效果如图 9-33 所示。

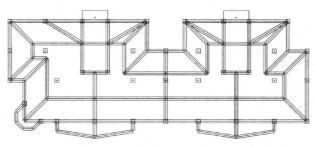

图 9-33　楼梯屋脊梁布置

步骤 10　执行"网格生成 | 上节点高"命令，设置上节点高值为 2200，选择节点生成坡屋脊，效果如图 9-34 所示。

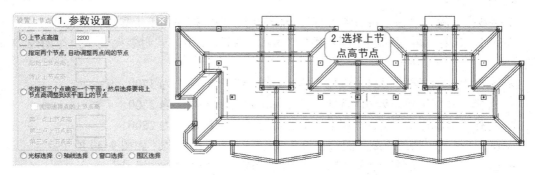

图 9-34　上节点高操作

步骤 11 执行"楼层定义丨楼板生成丨修改板厚"命令，修改楼梯板板厚为 120，如图 9-35 所示。

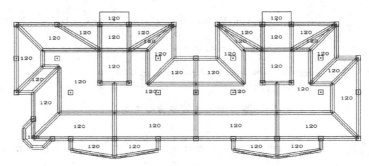

图 9-35 修改板厚

步骤 12 执行"荷载输入丨恒活设置"命令，设置屋面恒活荷载值为（5.0,0.5），如图 9-36 所示。

步骤 13 注意楼梯处的屋面恒载，将其修改为 5.0。

步骤 14 执行"荷载输入丨梁间荷载丨恒载删除"命令，删除第 2 标准层梁上的所有恒荷载。

步骤 15 执行"设计参数"命令，在"楼层组装—设计参数……"对话框中设置参数，如图 9-37 所示。

图 9-36 恒活荷载设置

图 9-37 设置参数

6. 楼层组装

全楼数据设置完之后，可查看整栋建筑的三维模型，按照如下步骤进行操作。

步骤 1 执行"楼层组装丨楼层组装"命令，按照如下方式组装楼层，操作如图 9-38 所示。

➤ 选择"复制层数"为 1，选取"第 1 标准层"，"层高"为 3700。

➤ 选择"复制层数"为 5，选取"第 1 标准层"，"层高"为 2800。

➤ 选择"复制层数"为 1，选取"第 2 标准层"，"层高"为 2800。

步骤 2 执行"楼层组装丨整楼模型"命令，查看整楼模型，如图 9-39 所示。

步骤 3 执行"保存"命令后执行"退出"命令，选择"存盘退出"。

图 9-38 楼层组装

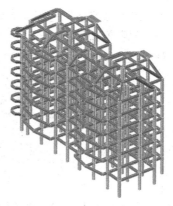

图 9-39 全楼效果

9.4 生成 SATWE 数据

视频\09\生成SATWE数据.avi
案例\09\住宅

选择 SATWE 主菜单的项目，即可对所绘结构图进行计算和分析。

选择 SATWE 主菜单的第 1 项"1.接 PM 生成 SATWE 数据"，单击"应用"按钮，弹出"SATWE 前处理"对话框，如图 9-40 所示。

图 9-40 "SATWE 前处理"对话框

步骤 1 依次单击"补充输入及 SATWE 数据生成|1.分析与设计参数补充定义（必须执行）"选项，单击"应用"按钮进入"分析和设计参数补充定义"对话框，程序提供了 11 项参数的设置，如图 9-41 所示，按照如下叙述设置参数。

图 9-41 11 项参数的设置

1）在"总信息"选项卡下设置参数，如图9-42所示：

➢ 设置"混凝土容重"为"26"。

➢ 设置"恒活荷载计算信息"为"模拟施工加载3"。

图9-42　"总信息"选项卡参数的设置

2）在"风荷载信息"选项卡下设置参数，如图9-43所示：

➢ 设置"地面粗糙度类别"为"B"类。

➢ 设置"修正后的基本风压"为"0.35"。

图9-43　"风荷载信息"选项卡参数的设置

3）在"地震信息"选项卡下设置参数，如图9-44所示：

➢ 设置"结构规则性信息"为"规则"。

➢ 设置"设防地震分组"为"第二组"。

➢ 设置"场地类别"为"Ⅱ类"。

➢ 设置"砼框架抗震等级"为"3 三级"。

➢ 设置"计算振型个数"为"15"。

图9-44　"地震信息"选项卡参数的设置

4）在"活荷信息"选项卡下，在"柱墙设计时活荷载"选项组中选择"折减"单选按钮，如图9-45所示。

5）在"配筋信息"选项卡下，设置"边缘构件箍筋强度"为"270"，如图9-46所示。

6）其他参数均按程序初始值，无须修改。

步骤2　依次单击"补充输入及 SATWE 数据生成｜2.特殊构件补充定义"选项，单击"应用"按钮进入特殊构件补充定义绘图环境。

图 9-45 "活荷信息"选项卡参数的设置

图 9-46 "配筋信息"选项卡参数的设置

步骤 3 执行"特殊柱 | 角柱"命令,在当前的第 1 标准层选择柱定义为角柱,如图 9-47 所示。

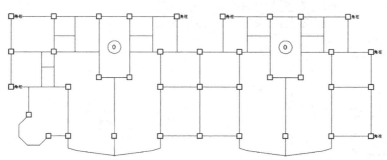

图 9-47 第 1 标准层角柱定义

步骤 4 执行"保存"命令后执行"退出"命令,返回"SATWE 前处理"对话框。

步骤 5 依次单击"补充输入及 SATWE 数据生成 | 8.生成 SATWE 数据文件及数据检查(必须执行)"选项,单击"应用"按钮,开始数据的生成和检查,如图 9-48 所示。

图 9-48 数据生成及检查操作

步骤 6 在"SATWE 前处理"对话框中单击"退出"按钮 退 出 ,返回 SATWE 的主菜单。

9.5　SATWE 结构内力和配筋计算

 视频\09\SATWE结构内力和配筋计算.avi
案例\09\住宅

选择 SATWE 主菜单的第 2 项 "2.结构内力，配筋计算"，单击 "应用" 按钮，程序开始计算内力及配筋，如图 9-49 所示。

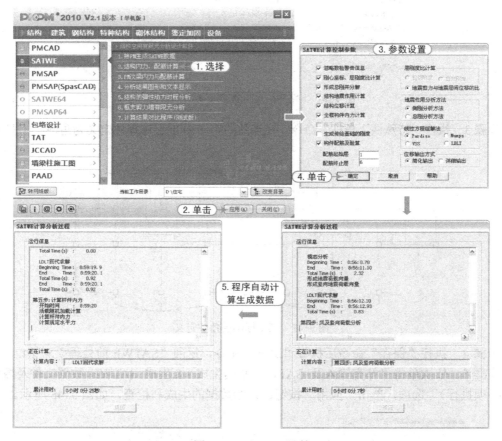

图 9-49　SATWE 计算

9.6　SATWE 计算结果分析与调整

 视频\09\SATWE计算结果分析与调整.avi
案例\09\住宅

选择 SATWE 主菜单的第 4 项 "4.分析结果图形和文本显示"，单击 "应用" 按钮，程序弹出 "SATWE 后处理" 对话框，如图 9-50 所示。

图 9-50　"SATWE 后处理"对话框

1. 图形文件输出

步骤 1　依次单击"图形文件输出 | 1.各层配筋配件编号简图"选项，单击"应用"按钮显示构件编号简图，如图 9-51 所示。

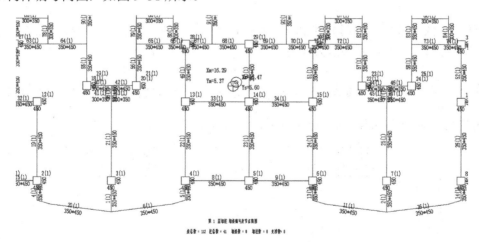

图 9-51　构件编号简图

注意：此图可直观表现出建筑各层质心和刚心的距离。

图形分析：建筑质心和刚心相距不远，说明此建筑结构的布置基本合理，结构大部分是规则的。

步骤 2　依次单击"图形文件输出 | 2.混凝土构件配筋及钢构件验算简图"选项，单击"应用"按钮，程序自动显示"第 1 层混凝土构件配筋及钢构件应力比简图"，如图 9-52 所示。

注意：此图显示了梁和柱的配筋示意简图，如果某项配筋超限，程序将以红色突出显示；如果没有显示红色的数据，表示梁柱截面取值基本合适，没有超筋现象，符合配筋计算和构造要求，可以进入后续的构件优化设计阶段。

配筋超限处理方法，请参看本书"第5章 SATWE多高层建筑结构有限元分析"。

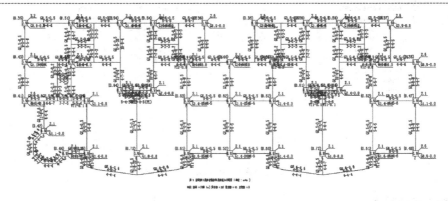

图 9-52　第1层混凝土构件配筋及钢构件应力比简图

图形分析：程序没有显示红色的数据，说明梁柱的截面取值基本合理，没有超筋现象出现。

步骤3　依次单击"图形文件输出｜9.水平力作用下结构各层平均侧移简图"选项，单击"应用"按钮，屏幕显示地震力作用下楼层反应曲线，如图9-53所示。

注意：通过这一步操作，可以查看在地震作用和风荷载作用下结构的变形和内力，内容包括每一层的地震力，地震引起的楼层剪力、弯矩、位移、位移角等。

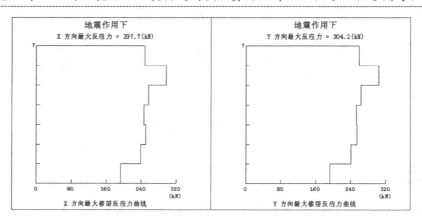

图 9-53　地震力作用下楼层反应曲线

图形分析：从图9-53中可以看出，在地震力作用下，受影响最大的是第6层。

步骤4　执行"地震｜层剪力"命令，显示层剪力图形，如图9-54所示。

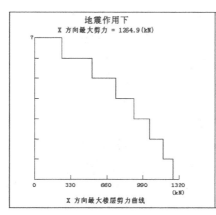
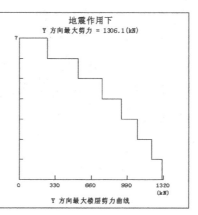

图 9-54　层剪力图形

步骤 5　执行"地震｜倾覆弯矩"命令，显示倾覆弯矩图形，如图 9-55 所示。

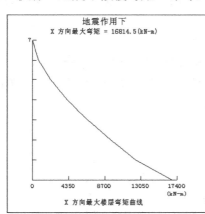
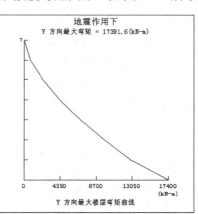

图 9-55　倾覆弯矩图形

步骤 6　执行"地震｜层位移"命令，显示层位移图形，如图 9-56 所示。

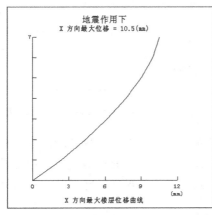
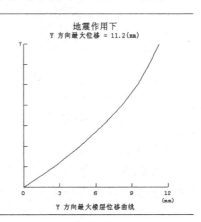

图 9-56　层位移图形

步骤 7　执行"地震｜层位移角"命令，显示层位移角图形，如图 9-57 所示。

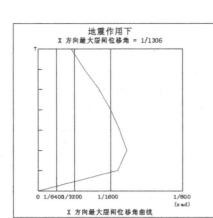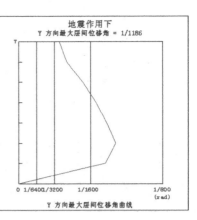

图 9-57 层位移角图形

图形分析：X、Y 方向上的层间位移角 1/1306 和 1/1186 均未大于 1/550，层间位移角也符合规范规定。

步骤 8 同样的，依次查看在风力作用下的各选项图形。

步骤 9 执行"回前菜单"命令，返回到"SATWE 后处理"对话框。

步骤 10 依次单击"图形文件输出 | 13.结构整体空间振动简图"选项，单击"应用"按钮，然后选择振型查看图形，如图 9-58 所示。

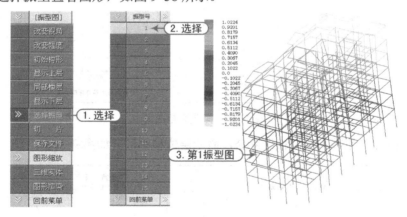

图 9-58 第 1 振型图

注意：此项显示的图形（即各振型图）可以显示详细的结构三维振型图及其动画，也可以显示结构某一跨或任一平面部分的振型动画。在调整模型时，建议从查看三维振型动画入手，由此可以对每个振型的形态一目了然地，据此可以判断结构的薄弱方向，从而看出结构计算模型是否存在明显的错误，尤其在验算周期比时，对于平动第一周期和扭转第一周期的确定更直观。

2. 文本文件输出

步骤 1 依次单击"文本文件输出 | 1.结构设计信息"选项，查看其中重要信息，如图 9-59 所示。

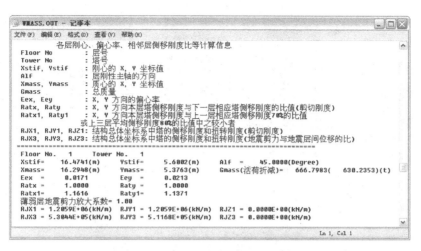

图 9-59　剪重比等参数

文本分析："Ratx1=1.1616，Raty1=1.1371"均大于 1.0，即表示"X，Y 方向本层塔侧移刚度与上一层相应塔侧移刚度的比值"大于等于 70%或"X，Y 方向本层塔侧移刚度与上三层平均侧移刚度的比值"大于等于 80%，符合要求。同样针对其余层查看此值。

步骤 2　依次单击"文本文件输出｜2.周期、振型、地震力"选项，单击"应用"按钮，查看其中的重要信息，如图 9-60、图 9-61、图 9-62 所示。

图 9-60　周期、振型、地震力文本信息 1

文本分析：首先验算周期比，找到平动第 1 周期值为 0.3189，转动第 1 周期值为 0.1661，那么 0.1661/0.3189=0.5208＜0.9，周期比符合要求；地震作用最大的方向值为 86.797°＞15°，需要进行处理。

> **注意**：处理方法是执行"SATWE｜1.接 PK 生成 SATWE 数据文件"命令，在 "SATWE 前处理"对话框单击"1.分析与设计参数补充定义（必须执行）"选项，在弹出的对话框中，选择"地震信息"选项卡，将此值填入最后一项参数的"相应角度"中。

图 9-61 周期、振型、地震力文本信息 2

图 9-62 周期、振型、地震力文本信息 3

文本分析：X、Y 方向的楼层最小剪重比均大于 1.6%，符合《抗规》的要求；X、Y 方向的有效质量系数均大于 90%，说明结构的振型个数足够。

步骤 3　依次单击"文本文件输出｜3.结构位移"选项，单击"应用"按钮，查看其中的重要信息，如图 9-63、图 9-64、图 9-65、图 9-66 所示。

图 9-63 结构位移文本信息 1

图 9-64 结构位移文本信息 2

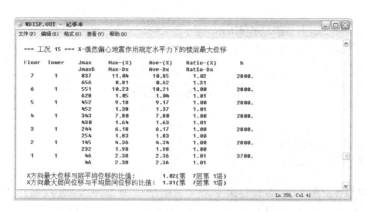

图 9-65　结构位移文本信息 3

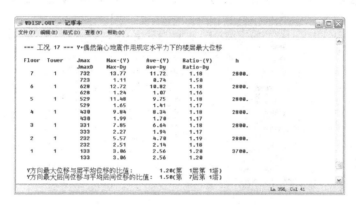

图 9-66　结构位移文本信息 4

文本分析：在地震作用下，X、Y 方向的最大层间位移角 1/1307 和 1/1187 均小于 1/550，则位移角满足要求。

文本分析：在考虑偶然偏心影响的规定水平地震力作用下，查看 X、Y 方向最大区域与层平均位移的比值，X 方向比值为 1.02，Y 方向的比值为 1.20，未超过 1.20，符合要求。

步骤 4　依次单击"文本文件输出│6.超配筋信息"选项，单击"应用"按钮，查看信息如图 9-67 所示。

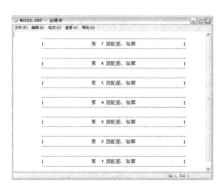

图 9-67　超配筋信息

文本分析：本模型没有超配筋的情况。

步骤5　在"SATWE 后处理"对话框中单击"退出"按钮，返回 SATWE 主菜单。

9.7　梁施工图设计

视频\09\梁施工图设计.avi
案例\09\住宅

选择"墙梁柱施工图"主菜单的第1项"1.梁平法施工图"，进入梁施工图绘图环境。

步骤1　单击"应用"按钮后，程序自动弹出"定义钢筋标准层"对话框，如图 9-68 所示。设置钢筋层后，单击"确定"按钮，程序自动生成初步梁配筋施工图。

图 9-68　设钢筋层

步骤2　执行"配筋参数"命令，修改"主筋选筋库"选项，操作如图 9-69 所示。

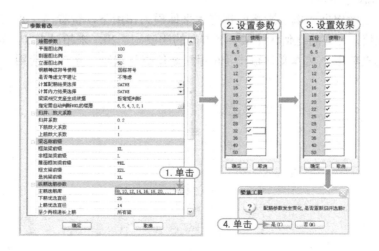

图 9-69　配筋参数修改

步骤3　执行"挠度图"命令，查看此层梁挠度有没有超限，如图 9-70 所示。

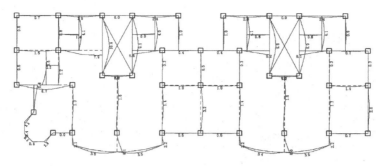

第1层梁挠度图

图 9-70　梁挠度图

步骤 4　执行"裂缝图"命令，查看此层梁裂缝值有没有超限，如图 9-71 所示。

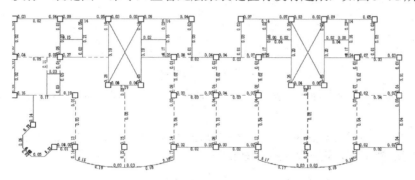

第1层梁裂缝图

图 9-71　梁裂缝图

步骤 5　执行"移动标注"命令，编辑调整梁施工图，结果如图 9-72 所示。

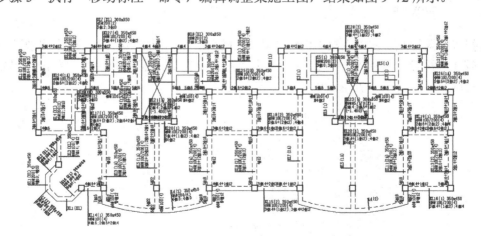

图 9-72　调整梁施工图

步骤 6　执行"标注轴线｜自动标注"命令，在弹出的对话框中勾选所有选项，单击"确定"，轴线标注效果如图 9-73 所示。

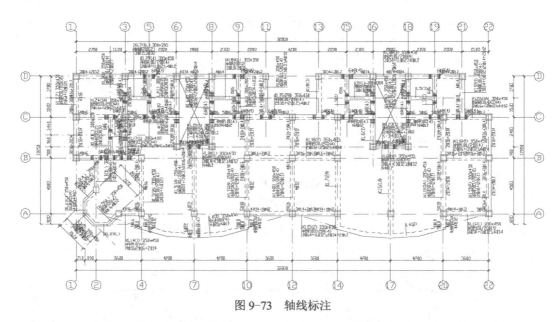

图 9-73　轴线标注

步骤 7　执行"次梁加筋 | 箍筋开关"命令，程序自动在需要布置箍筋的梁处显示箍筋。

步骤 8　在工具栏处单击右上角的下拉按钮 ，切换标准层，程序自动绘制出该层梁配筋施工图，再对该层进行轴线标注即可。

9.8　柱施工图设计

　视频\09\柱施工图设计.avi
　案例\09\住宅

选择"墙梁柱施工图"主菜单的第 3 项"3.柱平法施工图"，进入柱施工图绘图环境。

步骤 1　执行"设钢筋层"命令，弹出"定义钢筋标准层"对话框，单击"确定"按钮，设置钢筋层，如图 9-74 所示。

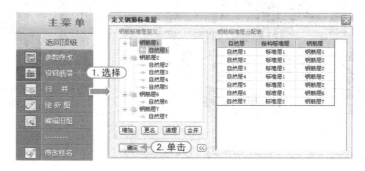

图 9-74　设置钢筋层

步骤 2　执行"归并"命令，程序自动按照设置的钢筋层和归并参数归并钢筋，生成配筋施工图，如图 9-75 所示。

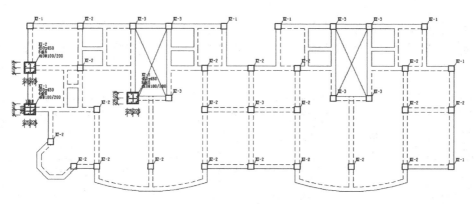

图 9-75　柱施工图生成

步骤 3　执行"标注轴线｜自动标注"命令，在弹出的对话框中勾选所有选项，单击"确定"按钮，轴线绘制效果如图 9-76 所示。

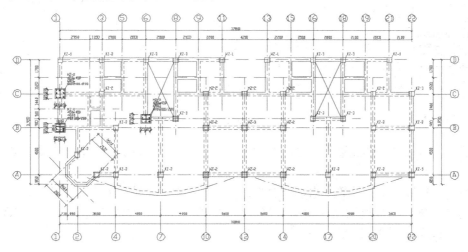

图 9-76　轴线标注

注意：在工具栏处单击右上角的下拉按钮 `1-平法截面注写1(原位)▼`，可切换柱的平法表示方式，如"2-平法截面注写 2（集中）"。

步骤 4　在工具栏处单击右上角的下拉按钮 `1层　　3700　　1▼`，切换标准层，程序自动绘制出该层柱配筋施工图，再标注轴线即可。

9.9　板施工图设计

视频\09\板施工图设计.avi
案例\09\住宅

选择 PMCAD 主菜单的第 3 项"3.画结构平面图"，单击"应用"按钮，进入板施工图绘制界面，按照如下步骤进行设计。

步骤1 执行"计算参数"命令，在弹出的"楼板配筋参数"对话框中设置参数，如图 9-77 所示。

图 9-77 楼板配筋参数设置

步骤2 执行"绘图参数"命令，在弹出的"绘图参数"对话框中设置参数，如图 9-78 所示。

步骤3 执行"楼板计算丨自动计算"命令，程序自动形成边界并计算楼板。

步骤4 执行"楼板钢筋丨逐间布筋"命令，按〈Tab〉键切换选择方式为窗选，框选所有楼板，效果如图 9-79 所示。

图 9-78 绘图参数设置

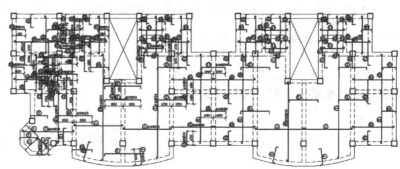

图 9-79 楼板布筋

步骤5 执行"标注轴线丨自动标注"命令，在弹出的对话框中勾选所有选项，单击"确定"，轴线绘制效果如图 9-80 所示。

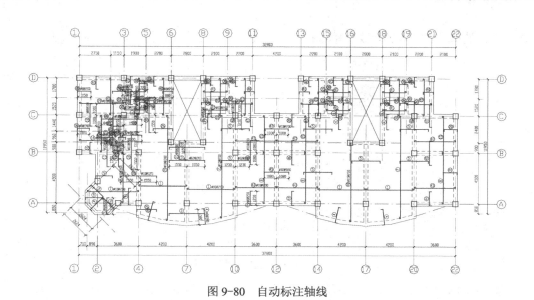

图 9-80　自动标注轴线

步骤 6　换标准层，用同样的方法将其余层楼板施工图绘制完成。

9.10　基础施工图设计

视频\09\基础施工图设计.avi
案例\09\住宅

现在开始基础施工图绘制。

1．地质资料输入

选择"JCCAD"主菜单的第 2 项"2.基础人机交互输入"，进入基础资料输入环境。

步骤 1　执行"参数输入 | 基本参数"命令，弹出"基本参数"对话框，设置参数后，单击"确定"按钮即可，如图 9-81 所示。

图 9-81　基本参数设置

步骤 2　执行"荷载输入 | 读取荷载"命令，弹出"请选择荷载类型"对话框，在左侧

选择组中，选择"SATWE 荷载"单选按钮后，单击"确认"按钮即可，如图 9-82 所示。

图 9-82　读取荷载

步骤 3　执行"柱下独基 | 自动生成"命令，操作及步骤如图 9-83 所示，生成的独立基础效果，如图 9-84 所示。

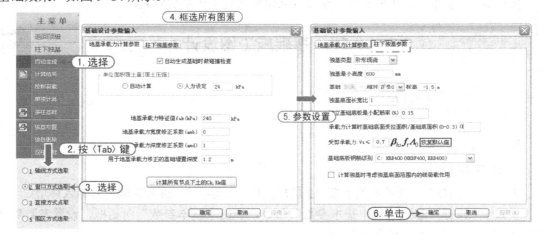

图 9-83　自动生成独基

步骤 4　观察到生成的基础之间有碰撞，执行"双柱基础"命令，进行基础调整，效果如图 9-85 所示。

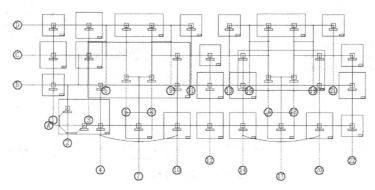

图 9-84　独基生成

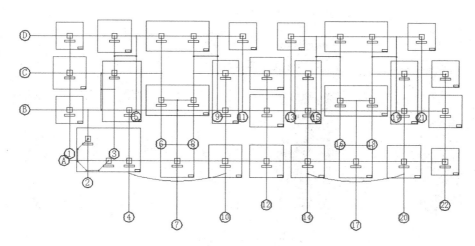

图 9-85　独基调整效果

步骤 5　执行"结束退出"命令，操作如图 9-86 所示。

图 9-86　结束退出

2．基础施工图绘制

选择 JCCAD 主菜单的第 9 项"9.基础施工图"，单击"应用"按钮，进入基础施工图，按照如下操作步骤进行基础施工图的绘制。

步骤 1　执行"标注构件｜独基尺寸"命令，自动标注指定的独基底面积尺寸。

步骤 2　执行"标注字符｜独基编号"命令，自动标注独基的编号。

步骤 3　执行"标注轴线｜自动标注"命令，自动标注轴线。

步骤 4　执行"基础详图｜绘图参数"命令，在"绘图参数"对话框中设置参数，最后单击"确定"按钮即可，如图 9-87 所示。

步骤 5　执行"基础详图｜插入详图"命令，选择详图编号在屏幕空白位置插入即可。

步骤 6　执行"基础详图｜钢筋表"命令，在屏幕空白位置插入即可。

步骤 7　执行"标注构件｜插入图框"命令，插入程序指定的图框。

步骤 8　执行"标注构件｜修改图签"命令，编辑插入的图框中的图签。

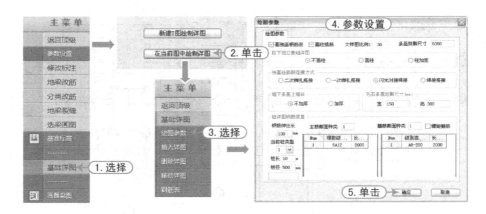

图 9-87　执行绘图参数命令

步骤9　单击"保存"按钮后,执行"退出"命令,完成基础施工图,如图 9-88 所示。

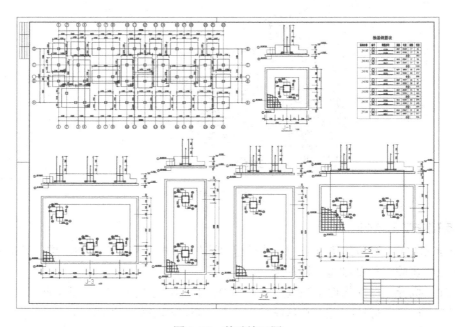

图 9-88　基础施工图

本 章 小 结

非高层小区住宅楼的某一个单元,因住宅房间的功能分割,楼板跨度一般不大,可采用框架混凝土结构体系,按照建筑墙体的布置,布置梁、柱钢筋混凝土结构。其中,在梁布置时,因工程规模不大且节点也不多,将次梁按照主梁进行布置;而在楼梯的设计时,有两种方法,此处选择的是将楼梯板厚设为 0;在楼板生成时,对卫生间、楼梯间以及阳台等功能位置处进行正确的调整;最后,也因框架结构体系以及规模不大,基础选用柱下独基即可。

思考与练习

1. 填空题

（1）门式钢架二维设计的主要操作顺序为：_____→_____→_____→_____。

（2）对于常规的门式钢架设计中，按照有无设置_____，将标准榀的设置可分为两种。

（3）门式钢架三维设计中，想要对某一已经设定的标准榀进行二维设计，可以执行_____命令进行操作。

2. 思考题

（1）三维钢框架的设计和框架混凝土结构的设计步骤大致相同，在施工图出图上又有所不同，请简述此相同与不同。

（2）钢框架结构设计中，应控制的设计参数有哪些？若超限应怎样进行相应的修改？

（3）请概括：钢桁架结构设计中，截面优化设计的基本操作过程。

3. 操作题

请自行将本书中之前所举的各类建筑的其他结构的设计，转换为钢结构的相应适合的结构体系，再进行设计，练习钢结构设计操作步骤和优化调试结构布置，绘制相应施工图。

第 10 章　教学楼结构施工图的绘制

课前导读

本章以教学楼为例，从结构建模到生成施工图，完整演示 PKPM 结构设计的步骤。

本章要点

- 建筑模型创建
- 配筋计算及结果分析
- 施工图绘制

10.1 工程概况

例题：以一个小学教学楼为例，给出各层平面图和屋顶平面图，如图 10-1、图 10-2、图 10-3、图 10-4、图 10-5 所示，用 PKPM "结构" 板块功能绘制其结构施工图。

：教学楼的 CAD 图见 "案例\10\小学教学楼.dwg"。

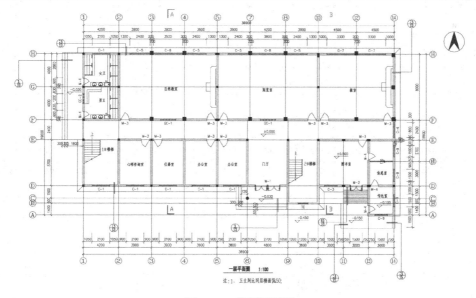

图 10-1 首层平面图

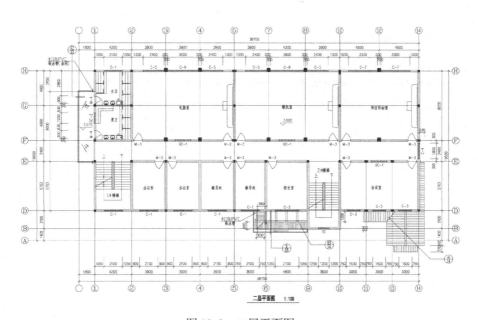

图 10-2 二层平面图

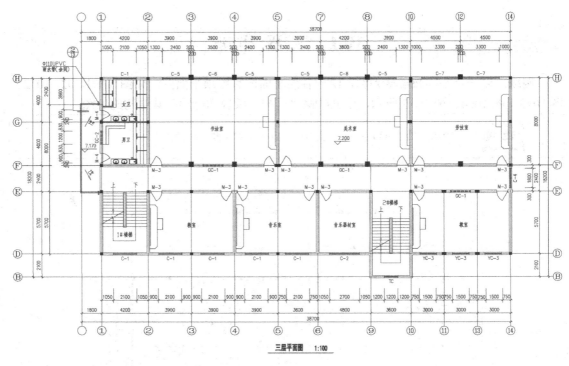

图 10-3 三层平面图

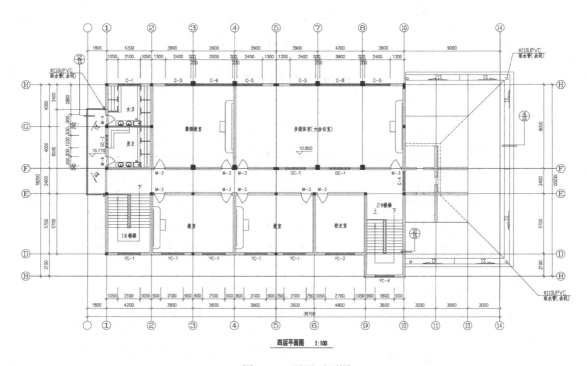

图 10-4 四层平面图

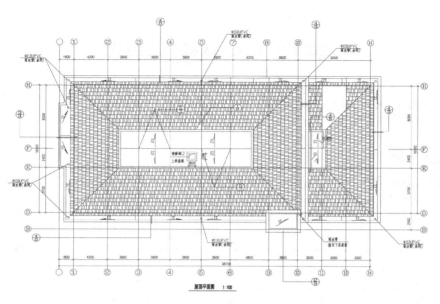

图 10-5　屋顶平面图

10.2　工程文件的建立

在 PKPM 2010 中，一个工程应对应一个工程目录，首先按照如下步骤创建新工程目录。

步骤 1　在 Windows 操作系统下，双击桌面 图标启动 PKPM 程序，选择"结构"选项，在所显示的软件界面中，单击"改变目录"按钮 ，弹出"选择工作目录"对话框，并"新建"一个工作目录——"教学楼"文件。

步骤 2　选择"PMCAD | 建筑模型与荷载输入"菜单，单击"应用"按钮，在随后弹出的图 10-6 所示的"请输入"对话框中输入名称"jxl"后，单击"确定"按钮，即可进入结构模型输入界面。

图 10-6　设置工程名

10.3 PMCAD 模型的创建

 视频\10\PMCAD模型的创建.avi
案例\10\教学楼 ------------------------------ HIO

1．绘制轴网

步骤 1　在右侧屏幕菜单中执行"轴线输入"菜单下的"正交轴网"命令，在"直线轴网输入"对话框中，按照表 10-1 所列的轴网数据生成轴网，如图 10-7 所示。

表 10-1　轴网数据

上开间	4200，3900*4，4200，3900，4500*2
下开间	4200，3900*3，3600，4800，3600，3000*3
右进深	1400，600，1500，3000，2700，2400
左进深	1400，600，1500，5700，2400，4000*2

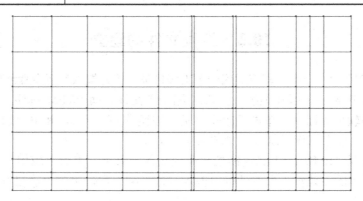

图 10-7　轴线插入效果

步骤 2　执行"模型编辑"下的菜单命令，如"删除节点"和"删除网格"等命令，按照建筑图进行轴网编辑，效果如图 10-8 所示。

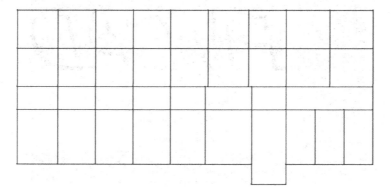

图 10-8　删除节点和网格效果

步骤 3　执行"轴线命名"命令，按照命令行提示对轴网进行标注，效果如图 10-9 所示。

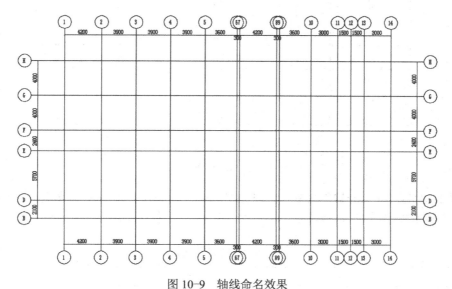

图 10-9　轴线命名效果

注意：完成轴线命名后，执行"轴线显示"命令，可将轴线显示或隐藏。

2．柱、梁布置

轴网绘制完成后，开始梁、墙、柱等结构承重构件的布置。由于本例中无承重墙，因此无须进行墙体布置。

步骤 1　执行"楼层定义|柱布置"命令，在弹出的"柱截面列表"对话框中，单击"新建"按钮，按照表 10-2 创建框架柱，布置框架柱准备工作，如图 10-10 所示，布置效果如图 10-11 所示。

表 10-2　框架柱数据

截面类型	1
矩形截面宽度/mm	400
矩形截面高度/mm	400
材料类别	6：混凝土

图 10-10　柱布置准备

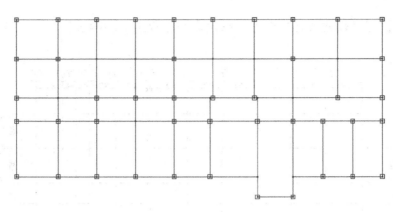

图 10-11 柱布置

步骤2 执行"主梁布置"命令，同布置柱一样，先按照表 10-3 新建梁截面，如图 10-12 所示，再布置主梁如图 10-13 所示。

表 10-3 框架梁数据

截 面 类 型	1
矩形截面宽度/mm	240
矩形截面高度/mm	450
材料类别	6：混凝土

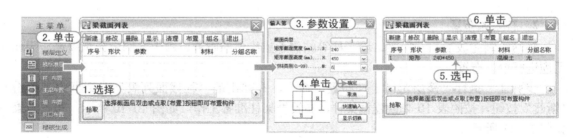

图 10-12 新建梁操作

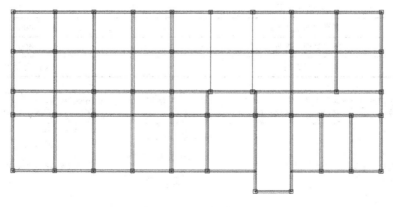

图 10-13 主梁布置

步骤 3　执行"轴线输入 | 两点直线"命令,绘制次梁轴线,再执行"主梁布置"命令,新建梁截面尺寸为 240×350 的次梁,将次梁当主梁布置,如图 10-14 所示。

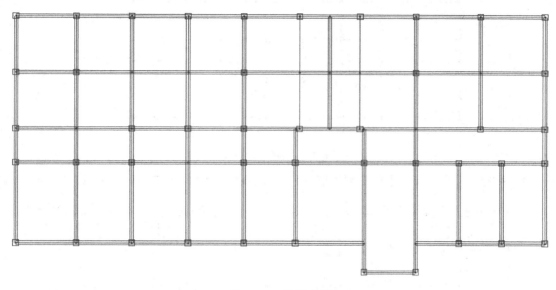

图 10-14　次梁布置

步骤 4　按照如下操作进行楼梯处的处理。

1)执行"楼层定义 | 本层修改 | 主梁查改"命令,将楼梯处梁处理为层间梁,如图 10-15 所示。

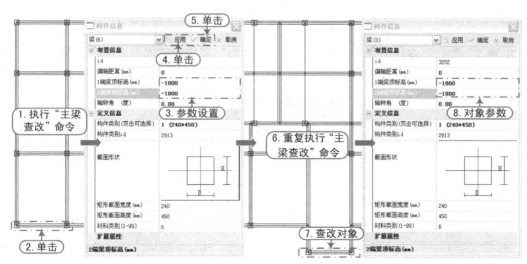

图 10-15　楼梯层间梁

2)执行"轴线输入 | 平行直线"命令,平行偏移 3200,将其作为平台梁的轴线,如图 10-16 所示。

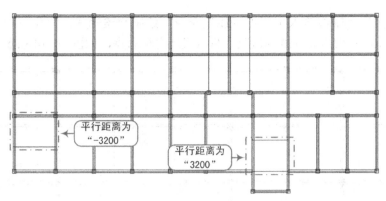

图 10-16　楼梯平台梁轴线

3）执行"楼层定义｜主梁布置"命令，布置楼梯平台梁，如图 10-17 所示。

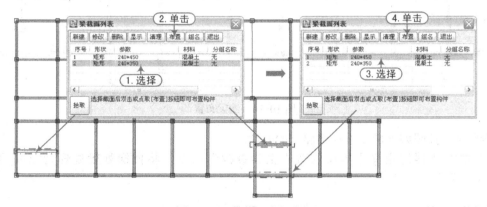

图 10-17　楼梯平台梁布置

步骤 5　执行"本层信息"命令，在"用光标点明要修改的项目 [确定] 返回"对话框中设置本层信息，如图 10-18 所示。

<table>
<tr><td>板厚 (mm)</td><td>：</td><td>120</td></tr>
<tr><td>板混凝土强度等级</td><td>：</td><td>30</td></tr>
<tr><td>板钢筋保护层厚度 (mm)</td><td>：</td><td>15</td></tr>
<tr><td>柱混凝土强度等级</td><td>：</td><td>30</td></tr>
<tr><td>梁混凝土强度等级</td><td>：</td><td>30</td></tr>
<tr><td>剪力墙混凝土强度等级</td><td>：</td><td>30</td></tr>
<tr><td>梁钢筋类别</td><td>：</td><td>HRB400</td></tr>
<tr><td>柱钢筋类别</td><td>：</td><td>HRB400</td></tr>
<tr><td>墙钢筋类别</td><td>：</td><td>HRB400</td></tr>
<tr><td>本标准层层高 (mm)</td><td>：</td><td>3600</td></tr>
</table>

图 10-18　本层信息

3．楼板布置

接下来，开始楼板的生成与局部的修整。

步骤 1　执行"楼层定义｜楼板生成｜生成楼板"命令，生成楼板。

步骤 2　执行"楼层定义｜楼板生成｜楼板错层"命令，卫生间板向下错层 50mm，如

图 10-19 所示。

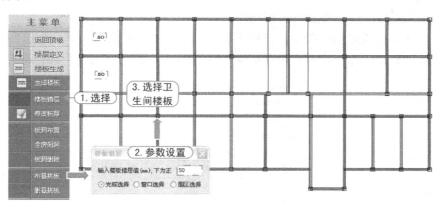

图 10-19　卫生间楼板错层

步骤 3　执行"楼层定义 | 楼板生成 | 全房间洞"命令，布置楼梯梯段房间为洞口，如图 10-20 所示。

> **注意**：本节中楼梯荷载的处理方式是，将楼梯板开洞并将板上的面荷载折算为线荷载，作用在梯段梁上（根据传力途径及板的导荷方式决定的）。

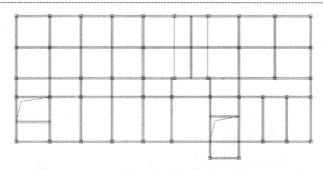

图 10-20　楼板洞口

步骤 4　执行"楼层定义 | 楼板生成 | 布悬挑板"命令，布置卫生间走道，尺寸为 8240×1800，板厚为 100，如图 10-21 所示。

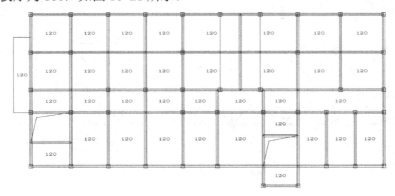

图 10-21　布悬挑板

4．荷载输入

建筑构件绘制完成，开始进行荷载的输入。

步骤1 设置楼面的恒活荷载，执行"荷载输入 | 恒活设置"命令，弹出"荷载定义"对话框，如图 10-22 所示，在其中设置荷载（6.0,2.0）后，单击"确定"按钮即可。

图 10-22 恒活荷载设置

> **注意**：楼面恒荷载一般取值在（5.0,7.0）范围内，具体可根据楼面做法计算。其活荷载值可查 GB 50009—2012《建筑结构荷载规范》得到。

步骤2 执行"荷载输入 | 楼面荷载 | 导荷方式"命令，改变楼梯梯段板的荷载传导情况，操作如图 10-23 所示。

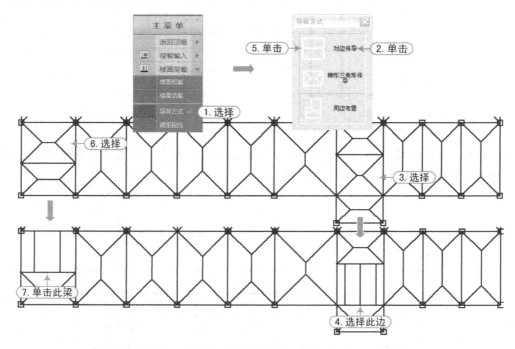

图 10-23 导荷方式设置

步骤3 执行"荷载输入 | 楼面荷载 | 楼面活载"命令，改变卫生间走道楼面活载为

2.5，操作如图 10-24 所示。

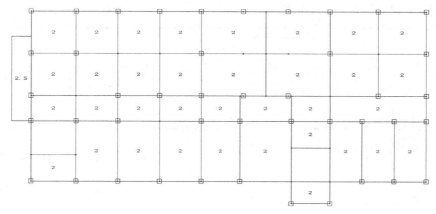

图 10-24　部分楼面活载修改

步骤 4　执行"梁间荷载｜梁荷定义"命令，定义值为 12.00 和 10.50 的均布线荷载，如图 10-25 所示。

图 10-25　梁间荷载定义

> **注意**：梁间荷载主要是其上承担的墙体重量，墙体又可分为有门窗的墙和无门窗的墙，可近似取折减系数（0.8，0.9），而梁自重是程序自动计算的，不需要人工输入。

步骤 5　执行"梁间荷载｜数据开关"命令，在弹出的"数据显示状态"对话框中，勾选"数据显示"复选框，如图 10-26 所示。

图 10-26　数据开关打开

步骤 6 执行"梁间荷载 | 恒载输入"命令，对应建筑二层平面图上有窗户的地方，布置值为 10.50 的梁间荷载，操作如图 10-27 所示。

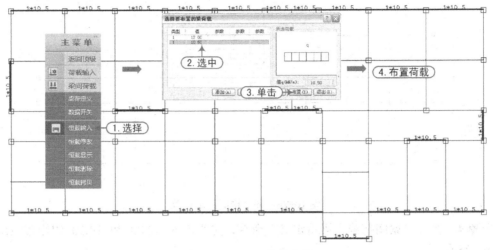

图 10-27 10.50 荷载布置

步骤 7 执行"梁间荷载 | 恒载输入"命令，布置值为 12 的梁间荷载，操作如图 10-28 所示。

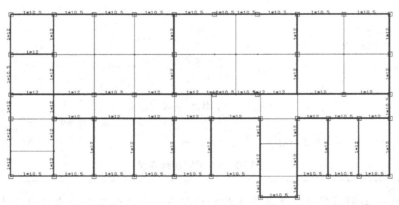

图 10-28 12 荷载布置

步骤 8 执行"梁间荷载 | 恒载输入"命令，添加值为 17.1 的均布荷载，并布置在楼梯梯梁处，如图 10-29 所示。

图 10-29 17.1 荷载布置

步骤 9 执行"梁间荷载 | 活载输入"命令，添加值为 3.2 的均布荷载，并布置在楼梯梯梁处，如图 10-30 所示。

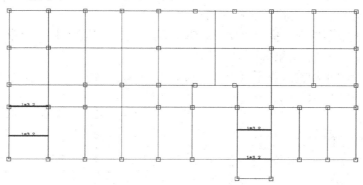

图 10-30 3.2 活载布置

5.换标准层

（1）第 2 标准层的绘制

首层结构平面图绘制完成，下面开始二层结构图的绘制。

步骤 1 执行"楼层定义 | 换标准层"命令，选择"添加新标准层"和"全部复制"，形成第 2 标准层，如图 10-31 所示。

图 10-31 添加第 2 标准层

步骤 2 执行"荷载输入 | 梁间荷载 | 恒载删除"命令，对应建筑图第三层平面图，删除梁上没有墙的地方的荷载，效果如图 10-32 所示。

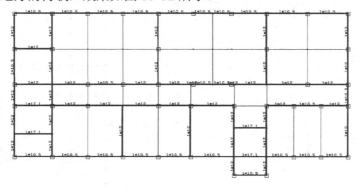

图 10-32 删除部分梁间恒载效果

（2）第 3 标准层的绘制

步骤 1　再次执行"楼层定义 | 换标准层"命令，以第 2 标准层为样板，选择"添加新标准层"和"全部复制"，形成第 3 标准层。

步骤 2　在下拉菜单中，执行"模型编辑 | 删除节点、删除网格"命令，删除第 3 标准层中 10 轴右侧部分轴网，效果如图 10-33 所示。

步骤 3　执行"轴线输入 | 平行直线"命令和"两点直线"命令，按照如下叙述进行操作，效果如图 10-34 所示。

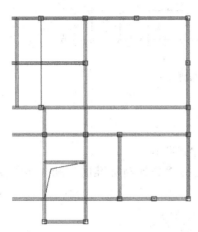

图 10-33　删除部分轴网效果

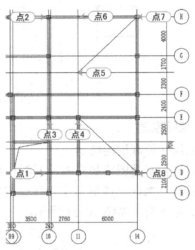

图 10-34　平行直线和两点直线效果

> 以 D 轴与 10 轴的交点（点 1）为起点，H 轴与 10 轴的交点（点 2）为终点，输入平行距离"240"。
> 以 E 轴与上一步绘制的直线的交点（点 3）为起点，E 轴与 11 轴的交点（点 4）为终点，输入平行距离为"4700"。
> 执行"两点直线"命令连接点 4 与点 5，点 5 与点 7，点 4 与点 8。
> 执行"两点直线"命令，以点 5 为直线第一点，正交向上与 H 轴相交取点 6 为第二点。

步骤 4　执行"楼层定义 | 主梁布置"命令，布置 240×450 的梁，效果如图 10-35 所示。

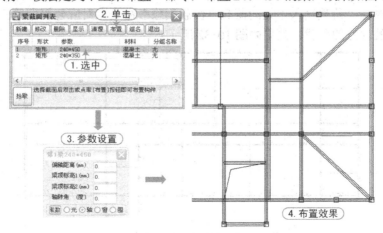

图 10-35　布置梁效果

步骤 5 执行"楼层定义｜构件删除"命令，删除 10 轴与其向右平行偏移的直线之间部分的连接梁，如图 10-36 所示。

步骤 6 执行"网格生成｜上节点高"命令，设置上节点高值为 3000，按照建筑屋顶平面图所示，布置上节点，如图 10-37 所示。

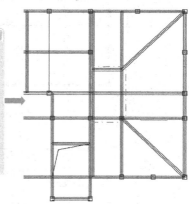

图 10-36 删除部分梁   图 10-37 上节点高

步骤 7 在工具栏单击"透视视图"按钮 后单击"实时漫游开关"按钮 ，三维渲染显示此标准层结构，效果如图 10-38 所示。

步骤 8 执行"楼层定义｜楼板生成｜生成楼板"命令，程序自动生成 120mm 厚楼板。

步骤 9 执行"荷载定义｜楼面恒活｜楼面活载"命令，修改坡屋顶处屋面活载为 0.5，如图 10-39 所示。

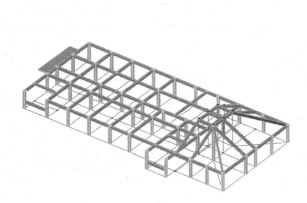

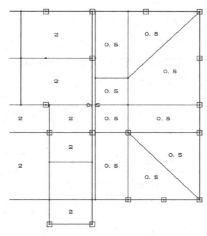

图 10-38 三维渲染效果图   图 10-39 楼面活载部分修改

步骤 10 执行"荷载定义｜梁间荷载｜恒载删除"命令，删除 5 轴上和坡屋顶上部分的荷载，如图 10-40 所示。

步骤 11 执行"荷载定义｜梁间荷载｜恒载输入"命令，布置值为 12 的均布荷载。

步骤 12 执行"荷载定义｜梁间荷载｜恒载输入"命令，在 10 轴与 E、F 轴之间，布置值为 10.5 的均布荷载，梁间恒载修改效果图，如图 10-41 所示。

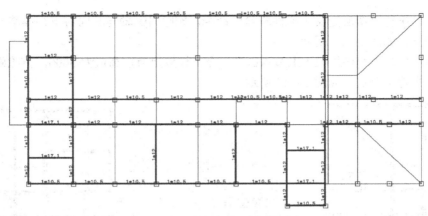

图 10-40　梁间恒载删除效果图

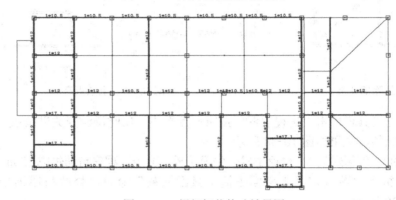

图 10-41　梁间恒载修改效果图

（3）第 4 标准层的绘制

步骤 1　执行"楼层定义 | 换标准层"命令，选择"添加新标准层"和"局部复制"，以"窗口"选择方式选择 1～10 轴的图元，然后按〈Esc〉键结束选择，程序自动生成标准层 4，如图 10-42 所示。

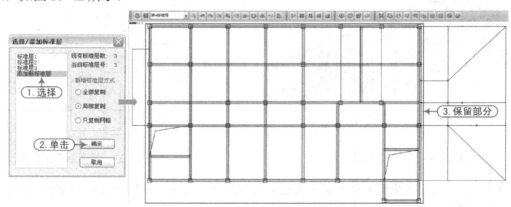

图 10-42　换标准层

步骤 2　执行"楼层定义 | 楼板生成 | 板洞删除"命令，删除楼梯洞口。

步骤 3　在下拉菜单中，执行"模型编辑 | 删除节点"和"模型编辑 | 删除网格"命令，

删除屋顶部分网格和节点，效果如图10-43所示。

步骤4　执行"轴线输入｜平行直线"命令，按照如下叙述进行操作：

➢ 以1轴与E轴的交点为起点，10轴与E轴的交点为终点，输入平行距离"4700"。

➢ 将3轴平行，输入距离"-2700"。

➢ 将6轴平行，输入距离"2700"。

步骤5　执行"轴线输入｜两点直线"命令，效果如图10-44所示。

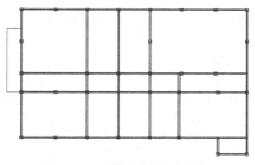

图10-43　删除部分网格和节点

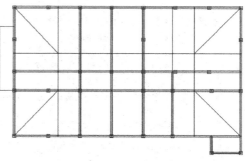

图10-44　两点直线效果

步骤6　执行"楼层定义｜主梁布置"命令，布置240mm×450mm的梁，效果如图10-45所示。

步骤7　执行"楼层定义｜本层修改｜主梁查改"命令，将楼梯层间梁改为梁顶标高均为0的齐楼板梁。

步骤8　执行"网格生成｜上节点高"命令，设置上节点高值为3000，选择节点生成坡屋脊，三维效果如图10-46所示。

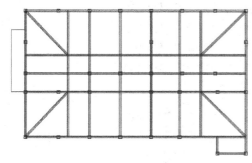

图10-45　梁布置效果

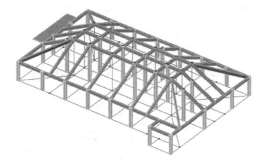

图10-46　上节点高效果

步骤9　执行"楼层定义｜楼板生成｜生成楼板"命令，重新生成楼板。

步骤10　执行"荷载输入｜恒活设置"命令，在"荷载定义"对话框中，设置屋面恒活荷载为（6.0,0.5），如图10-47所示。

图10-47　"荷载定义"对话框

步骤 11　执行"荷载输入|楼面荷载|楼面活载"命令，将卫生间走道悬挑板的活载修改为 0.5。

步骤 12　执行"荷载输入|梁间荷载|恒载删除"命令，删除所有梁间恒荷载。

步骤 13　执行"荷载输入|梁间荷载|活载删除"命令，删除所有梁间活荷载。

步骤 14　执行"设计参数"命令，在"楼层组装—设计参数：（单击选取要修改的页、项，[确定]返回）"对话框中设置参数，如图 10-48 所示。

图 10-48　设置参数

6. 楼层组装

全楼数据设置完之后，可查看整栋建筑的三维模型，按照如下步骤进行操作。

步骤 1　执行"楼层组装|楼层组装"命令，按照如下方式组装楼层，如图 10-49 所示：

➤ 选择"复制层数"为 1，选取"第 1 标准层"，"层高"为 5250。
➤ 选择"复制层数"为 1，选取"第 2 标准层"，"层高"为 3600。
➤ 选择"复制层数"为 1，选取"第 3 标准层"，"层高"为 3600。
➤ 选择"复制层数"为 1，选取"第 4 标准层"，"层高"为 3600。

图 10-49　楼层组装

> **注意**：结构首层层高不是建筑给出的首层层高 3600，而是应从基础顶面算起的柱的高度，本实例中的建筑的首层层高为：建筑层高+室内外高差+基础埋置深度。

步骤 2　执行"楼层组装 | 整楼模型"命令，查看整楼模型，如图 10-50 所示。

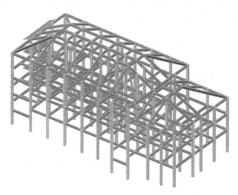

图 10-50　全楼效果

步骤 3　执行"保存"命令后执行"退出"命令，选择"存盘退出"。

10.4　生成 SATWE 数据

视频\10\生成SATWE数据.avi
案例\10\教学楼

选择 SATWE 主菜单的项目，即可对所绘结构图进行计算和分析。

选择 SATWE 主菜单的第 1 项"1.接 PM 生成 SATWE 数据"，单击"应用"按钮，弹出"SATWE 前处理"对话框，如图 10-51 所示。

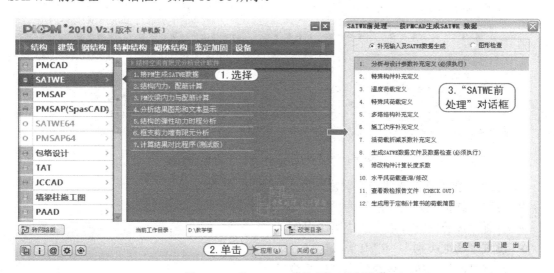

图 10-51　"SATWE 前处理"对话框

步骤 1　依次单击"补充输入及 SATWE 数据生成 | 1.分析与设计参数补充定义"选项，单击"应用"按钮进入参数设计对话框，程序提供了 11 项参数的设置，如图 10-52 所示，按照如下叙述设置参数。

图 10-52　11 项参数的设置

1）在"总信息"选项卡下设置参数，如图 10-53 所示：
➢ 设置"混凝土容重"为"26"。
➢ 设置"恒活荷载计算信息"为"模拟施工加载 3"。

图 10-53　"总信息"选项卡参数的设置

2）在"风荷载信息"选项卡下设置参数，如图 10-54 所示：
➢ 设置"地面粗糙度类别"为"B"类。
➢ 设置"修正后的基本风压"为"0.35"。

图 10-54　"风荷载信息"选项卡参数的设置

3）在"地震信息"选项卡下设置参数，如图 10-55 所示：
➢ 设置"结构规则性信息"为"规则"。
➢ 设置"设防地震分组"为"第二组"。
➢ 设置"场地类别"为"Ⅱ类"。
➢ 设置"砼框架抗震等级"为"3　三级"。
➢ 设置"计算振型个数"为"12"。
➢ 勾选"考虑偶然偏心"和"考虑双向地震作用"复选框。

图 10-55　"地震信息"选项卡参数的设置

4）在"活荷信息"选项卡下"柱墙设计时活荷载"选项组中选择"折减"选项，如图 10-56 所示。

图 10-56　"活荷信息"选项卡参数的设置

5）在"配筋信息"选项卡下，设置"边缘构件箍筋强度"为"270"，如图 10-57 所示。

图 10-57　"配筋信息"选项卡参数的设置

6）其他参数均按程序初始值确定，无须修改。

步骤 2　依次单击"补充输入及 SATWE 数据生成 | 2.特殊构件补充定义"选项，单击"应用"按钮进入特殊构件补充定义绘图环境。

步骤 3　执行"特殊柱 | 角柱"命令，在当前的第 1 标准层选择柱定义为角柱，如图 10-58 所示。

步骤 4　执行"换标准层"命令，重复执行"特殊柱 | 角柱"命令，在其余标准层选择柱定义为角柱。

步骤 5　执行"保存"命令后执行"退出"命令，返回"SATWE 前处理"对话框。

步骤 6　依次单击"补充输入及 SATWE 数据生成 | 8.生成 SATWE 数据文件及数据检查"选项，单击"应用"按钮，开始数据的生成和检查，如图 10-59 所示。

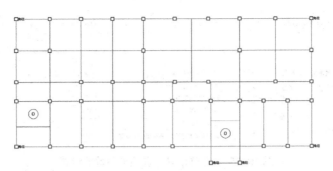

图 10-58　第 1 标准层角柱定义

图 10-59　数据生成及检查操作

步骤 7　在"SATWE 前处理"对话框中单击"退出"按钮 退　出 ，返回 SATWE 主菜单。

10.5　SATWE 结构内力和配筋计算

 视频\10\SATWE结构内力和配筋计算.avi
案例\10\教学楼

　　选择 SATWE 主菜单的第 2 项"2.结构内力，配筋计算"，单击"应用"按钮，程序开始计算内力及配筋，如图 10-60 所示。

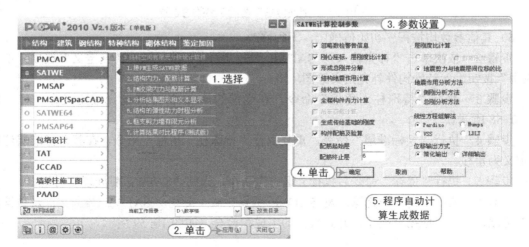

图 10-60　SATWE 计算

10.6 SATWE计算结果分析与调整

 视频\10\SATWE计算结果分析与调整.avi
案例\10\教学楼 — НЮ

选择 SATWE 主菜单的第 4 项"4.分析结果图形和文本显示",单击"应用"按钮,程序弹出"SATWE 后处理"对话框,如图 10-61 所示。

图 10-61 "SATWE 后处理"对话框

1．图形文件输出

步骤 1 依次单击"图形文件输出│1.各层配筋构件编号简图"选项,单击"应用"按钮,显示构件编号简图,如图 10-62 所示。

：此图可直观表现出建筑各层质心和刚心的距离。

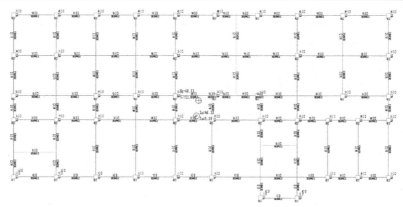

图 10-62 构件编号简图

图形分析:建筑质心和刚心相距不远,说明此建筑结构的布置基本合理,结构大部分是规则的。

步骤2 依次单击"图形文件输出|2.混凝土构件配筋及钢构件验算简图"选项，单击"应用"按钮，程序自动显示"第1层混凝土构件配筋及钢构件应力比简图"，如图10-63所示。

> **注意**：此图显示了梁和柱的配筋示意简图，如果某项配筋超限，程序将以红色突出显示；如果没有显示红色的数据，表示梁柱截面取值基本合适，没有超筋现象，符合配筋计算和构造要求，可以进入后续的构件优化设计阶段。
>
> 配筋超限处理方法，请参看本书"第5章 SATWE多高层建筑结构有限元分析"。

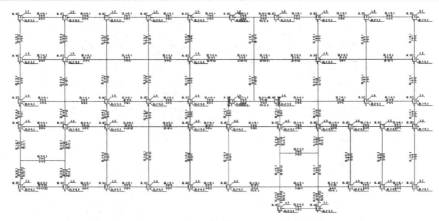

图10-63 第1层混凝土构件配筋及钢构件应力比简图

图形分析：在第2、3、4层上均有不同位置上的超筋信息，本题中采取的是加宽梁的处理办法以及调整结构构件布置的办法（查看"案例\10\（已修改）教学楼"）。

> **注意**：为了与前面的建模相对应，下面的分析讲解仍旧用原模型，而不采用修改后的模型。

步骤3 依次单击"图形文件输出|9.水平力作用下结构各层平均侧移简图"选项，单击"应用"按钮，显示地震力作用下楼层反应曲线，如图10-64所示。

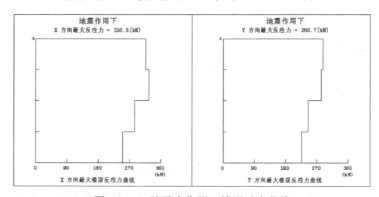

图10-64 地震力作用下楼层反应曲线

图形分析：从图 10-64 中可以看出，在地震作用下，X 方向受影响最大的是第 3 层。

> **注意**：通过这步操作，可以查看在地震作用和风荷载作用下结构的变形和内力，内容包括每一层的地震力、地震引起的楼层剪力、弯矩、位移、位移角等。

步骤 4　执行"地震 | 层剪力"命令，显示层剪力图形，如图 10-65 所示。

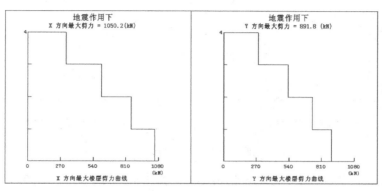

图 10-65　层剪力图形

步骤 5　执行"地震 | 倾覆弯矩"命令，显示倾覆弯矩图形，如图 10-66 所示。

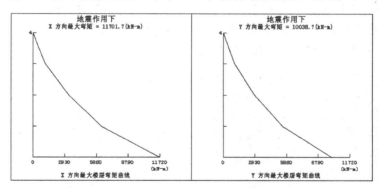

图 10-66　倾覆弯矩图形

步骤 6　执行"地震 | 层位移"命令，显示层位移图形，如图 10-67 所示。

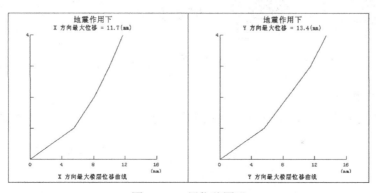

图 10-67　层位移图形

步骤 7   执行"地震 | 层位移角"命令，显示层位移角图形，如图 10-68 所示。

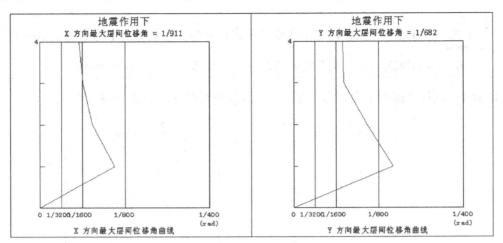

图 10-68   层位移角图形

图形分析：X、Y 方向上的层间位移角 1/911 和 1/682 均不大于 1/550，层间位移角符合规范规定。

步骤 8   同样的，依次查看在风力作用下的各选项图形。

步骤 9   执行"回前菜单"命令，返回"SATWE 后处理"对话框。

步骤 10   依次单击"图形文件输出 | 13.结构整体空间振动简图"选项，单击"应用"按钮，然后选择振型查看图形，如图 10-69 所示。

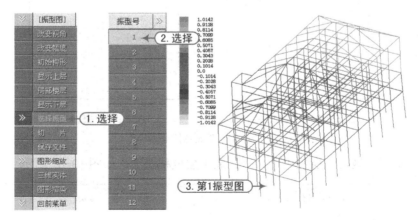

图 10-69   第 1 振型图

2．文本文件输出

步骤 1   依次单击"文本文件输出 | 1.结构设计信息"选项，查看其中的重要信息，如图 10-70 所示。

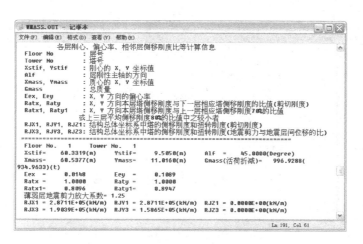

图 10-70　剪重比等参数

文本分析：在第 1 层第 1 塔中，"Ratx1=0.8096，Raty1=0.8947"均小于 1.0，即表示"X，Y 方向本层塔侧移刚度与上一层相应塔侧移刚度的比值"小于 70%或"X，Y 方向本层塔侧移刚度与上三层平均侧移刚度的比值"小于 80%，不符合要求，需要进行调整（查看"案例\10\（已修改）教学楼"）。

步骤 2　依次单击"文本文件输出｜2.周期、振型、地震力"选项，单击"应用"按钮，查看其中的重要信息，如图 10-71、图 10-72、图 10-73 所示。

图 10-71　周期、振型、地震力文本信息 1

文本分析：首先验算周期比，找到平动第 1 周期值为 1.0314，转动第 1 周期值为 0.9366，那么 0.9366/1.0314=0.9081＞0.9，周期比不符合要求。

地震作用最大的方向值为-89.27°＞15°，需要进行处理。

> **注意**：处理方法是执行"SATWE｜1.接 PK 生成 SATWE 数据文件"命令，在"SATWE 前处理"对话框中单击 1.分析与设计参数补充定义"选项，在弹出的对话框中，选择"地震信息"选项卡，将此值填入最后一项参数的"相应角度"中（查看"案例\10\（已修改）教学楼"）。

图 10-72　周期、振型、地震力文本信息 2

图 10-73　周期、振型、地震力文本信息 3

文本分析：*X*、*Y* 方向的楼层最小剪重比，均大于 1.6%，符合《抗规》的要求；*X*、*Y* 方向的有效质量系数均大于 90%，说明结构的振型个数足够了。

步骤 3　依次单击"文本文件输出 | 3.结构位移"选项，单击"应用"按钮，查看其中的重要信息，如图 10-74、图 10-75、图 10-76、图 10-77 所示。

图 10-74　结构位移文本信息 1

图 10-75　结构位移文本信息 2

文本分析：在地震作用下，*X*、*Y* 方向的最大层间位移角 1/912 和 1/682 均小于 1/550，则位移角满足要求。

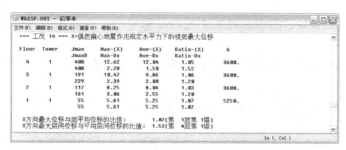

图 10-76　结构位移文本信息 3

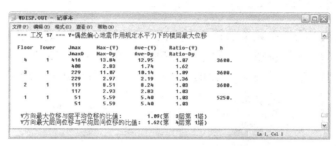

图 10-77　结构位移文本信息 4

文本分析：在考虑偶然偏心影响的规定水平地震力作用下，查看 X、Y 方向最大区域与层平均位移的比值，X 方向为 1.07，Y 方向为 1.09，均未超过 1.20，符合要求。

步骤 4　依次单击"文本文件输出 | 6.超配筋信息"选项，单击"应用"按钮，显示信息如图 10-78 所示。

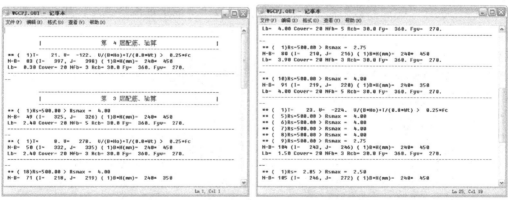

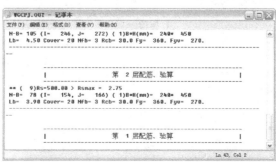

图 10-78　超配筋信息

文本分析：此文本显示的信息对应于图形显示中的"2. 混凝土构件配筋及钢构件验算简图"。

步骤 5　在"SATWE 后处理"对话框中单击"退出"按钮，返回 SATWE 主菜单。

10.7　梁施工图设计

视频\10\梁施工图设计.avi
案例\10\（已修改）教学楼

选择"墙梁柱施工图"主菜单的第 1 项"1.梁平法施工图"，进入梁施工图绘图环境。

步骤 1　单击"应用"按钮后，程序自动弹出"定义钢筋标准层"对话框，如图 10-79 所示设置钢筋层，然后单击"确定"按钮，程序自动生成初步梁配筋施工图。

图 10-79　设钢筋层

步骤 2　执行"配筋参数"命令，注意重点修改"主筋选筋库"选项，操作如图 10-80 所示。

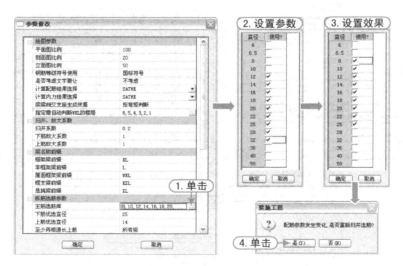

图 10-80　配筋参数修改

步骤 3　执行"挠度图"命令，查看此层梁挠度有没有超限，如图 10-81 所示。

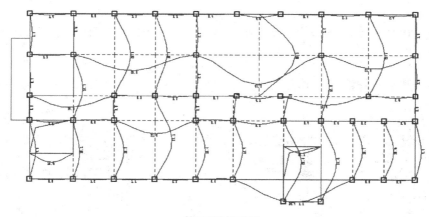

第1层梁挠度图

图 10-81　梁挠度图

> **注意**：在 1～3 层梁挠度图中，有梁挠度超限，本案例中的处理方法是在梁中间增加一根柱子，以减小梁的跨度（案例\10\(已修改)教学楼）。

步骤 4　执行"裂缝图"命令，查看此层梁裂缝值有没有超限，如图 10-82 所示。

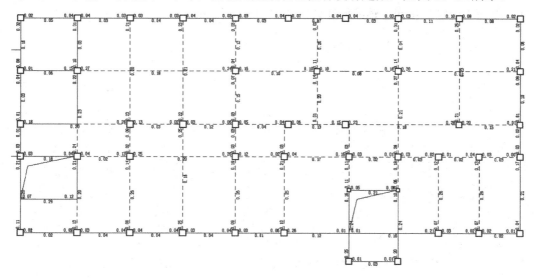

图 10-82　梁裂缝图

> **注意**：在第 4 层梁裂缝图中，有裂缝超限，本案例中的处理方法是加高裂缝超限梁。
>
> 　最后梁裂缝控制在 0.33 以内就可以了（案例\10\(已修改)教学楼）。

步骤 5　执行"次梁加筋｜箍筋开关"命令，程序在需要布置箍筋的梁处显示箍筋。
步骤 6　执行"移动标注"命令，编辑调整梁施工图，结果如图 10-83 所示。

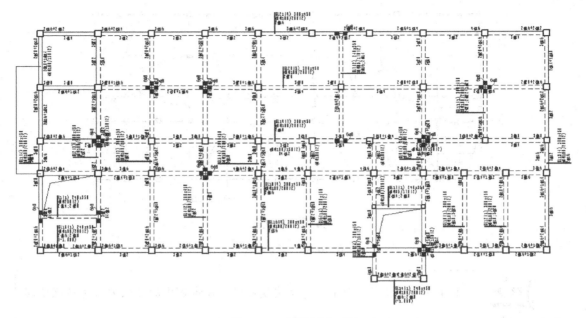

图 10-83　调整梁施工图

　　步骤 7　在下拉菜单区执行"标注轴线｜自动标注"命令，在弹出的对话框中勾选所有选项，单击"确定"按钮，轴线标注效果如图 10-84 所示。

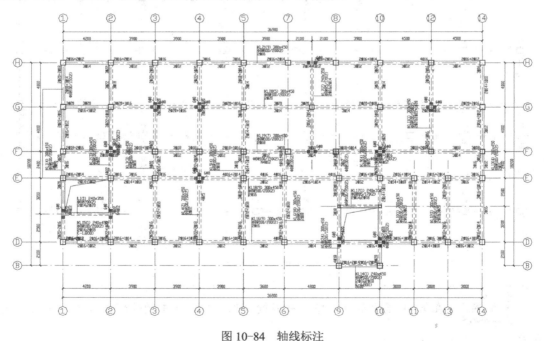

图 10-84　轴线标注

　　步骤 8　在工具栏处单击右上角的下拉按钮[1层　　5250　　1　▼]，切换标准层，程序自动绘制出该层梁配筋施工图，再对该层进行轴线标注即可。

10.8　柱施工图设计

视频\10\柱施工图设计.avi
案例\10\（已修改）教学楼

选择"墙梁柱施工图"主菜单的第 3 项"3.柱平法施工图"，进入柱施工图绘图环境。

步骤 1　执行"设钢筋层"命令，弹出"定义钢筋标准层"对话框，单击"确定"按钮，设置钢筋层，如图 10-85 所示。

图 10-85　设置钢筋层

步骤 2　执行"归并"命令，程序自动按照设置的钢筋层归并钢筋，生成配筋施工图，如图 10-86 所示。

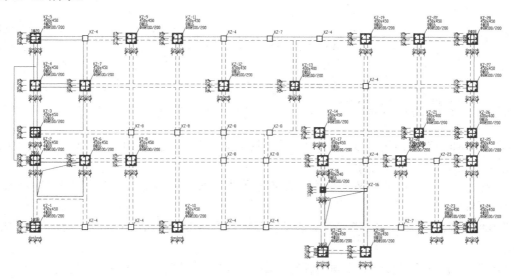

图 10-86　柱施工图生成

步骤 3　在下拉菜单区执行"标注轴线|自动标注"命令，在弹出的对话框中勾选所有选项，单击"确定"按钮，轴线绘制效果如图 10-87 所示。

注意：在工具栏处单击右上角的倒三角符号 1-平法截面注写1(原位) ▼ ，可切换柱的平法表示方式，如"2-平法截面注写2（集中）"。

步骤4　在工具栏处单击右上角的倒三角符号 1层 5250 1 ▼ ，切换标准层，程序自动绘制出该层柱配筋施工图，再标注轴线即可。

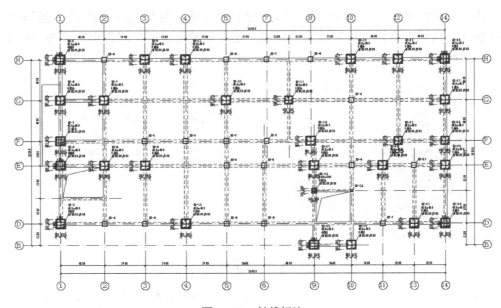

图 10-87　轴线标注

10.9　板施工图设计

 视频\10\板施工图设计.avi
案例\10\（已修改）教学楼

选择 PMCAD 主菜单的第 3 项"3.画结构平面图"，单击"应用"按钮，进入板施工图绘制界面，按照如下步骤进行设计。

步骤1　执行"计算参数"命令，在弹出的"楼板配筋参数"对话框中设置参数，如图 10-88 所示。

步骤2　执行"绘图参数"命令，在弹出的"绘图参数"对话框中设置参数，如图 10-89 所示。

步骤3　执行"楼板计算｜自动计算"命令，程序自动形成边界并计算楼板。

步骤4　执行"楼板钢筋｜逐间布筋"命令，按〈Tab〉键切换选择方式为窗选，框选所有楼板，效果如图 10-90 所示。

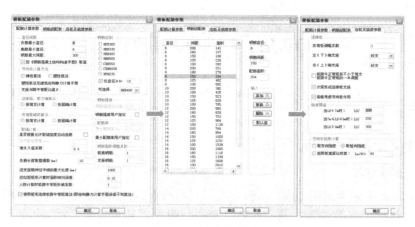

图 10-88   计算参数设置

图 10-89   绘图参数设置

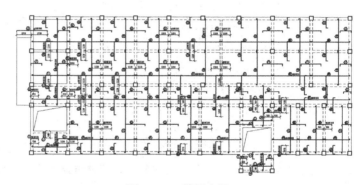

图 10-90   楼板布筋

步骤 5   在下拉菜单区执行"标注轴线｜自动标注"命令，在弹出的对话框中勾选所有选项，单击"确定"按钮，轴线绘制效果如图 10-91 所示。

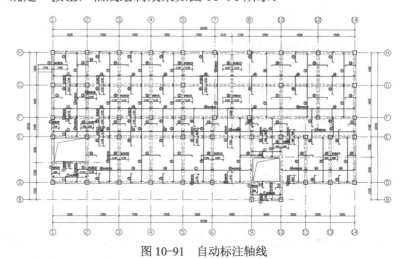

图 10-91   自动标注轴线

步骤 6   换标准层，用同样的方法将其余层楼板施工图绘制完成。

10.10　基础施工图设计

　视频\10\基础施工图设计.avi
案例\10\(已修改)教学楼 ···H)O

现在开始基础施工图绘制。

1．地质资料输入

选择 JCCAD 主菜单的第 2 项"2.基础人机交互输入"，进入基础资料输入环境。

步骤 1　执行"参数输入 | 基本参数"命令，弹出"基本参数"对话框，设置参数，如图 10-92 所示。

图 10-92　基本参数设置

步骤 2　执行"荷载输入 | 读取荷载"命令，弹出"请选择荷载类型"对话框，选择"SATWE 荷载"单选按钮后单击"确定"按钮，如图 10-93 所示。

图 10-93　读取荷载

步骤 3　执行"柱下独基 | 自动生成"命令，操作如图 10-94 所示，生成的独立基础效果，如图 10-95 所示。

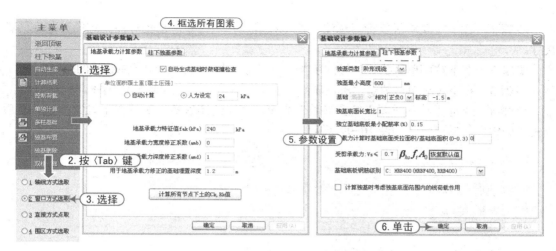

图 10-94　自动生成独基

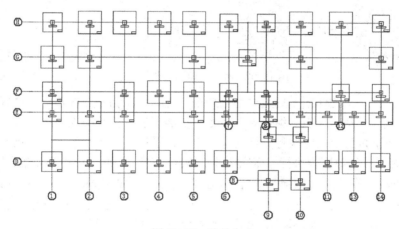

图 10-95　独基生成

步骤 4　执行"结束退出"命令，操作如图 10-96 所示。

图 10-96　结束退出

2．基础施工图绘制

选择 JCCAD 主菜单的第 9 项"9.基础施工图"，单击"应用"按钮，进入基础施工图绘制界面，按照如下操作步骤进行基础施工图的绘制。

步骤 1 在下拉菜单区执行"标注构件｜独基尺寸"命令，自动标注指定的独基底面积尺寸。

步骤 2 在下拉菜单区执行"标注字符｜独基编号"命令，自动标注独基的编号。

步骤 3 在下拉菜单区执行"标注轴线｜自动标注"命令，自动标注轴线。

步骤 4 执行"基础详图｜绘图参数"命令，在"绘图参数"对话框中设置参数，最后单击"确定"按钮即可，如图 10-97 所示。

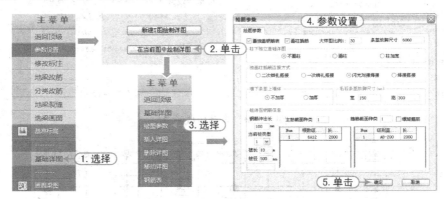

图 10-97 执行"绘图参数"命令

步骤 5 执行"基础详图｜插入详图"命令，选择详图编号在屏幕空白位置插入即可。

步骤 6 执行"基础详图｜钢筋表"命令，在屏幕空白位置插入即可。

步骤 7 在下拉菜单区中执行"标注构件｜插入图框"命令，插入程序指定的图框。

步骤 8 在下拉菜单区中执行"标注构件｜修改图签"命令，编辑插入的图框中的图签。

步骤 9 单击"保存"按钮 后执行"退出"命令，完成的基础施工图如图 10-98 所示。

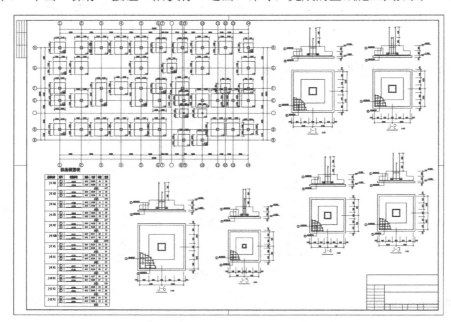

图 10-98 基础施工图

本 章 小 结

教学楼虽比住宅楼的跨度大一些，但同样可采用框架混凝土结构体系，按照建筑墙体的布置，布置梁、柱钢筋混凝土结构；而在楼梯的设计时，有两种方法，此处选择将"楼梯板开洞，并将板上的面荷载折算为线荷载，作用在梯段梁上"；用 SATWE 进行计算分析，按照计算结果进行分析，并对原结构模型进行修改调整；最后，因框架结构体系以及规模不大，基础选用柱下独基即可。

思考与练习

1．填空题

（1）门式钢架二维设计的主要操作顺序为：_____→_____→_____→_____。

（2）对于常规的门式钢架设计中，按照有无设置_____，将标准榀的设置可分为两种。

（3）门式钢架三维设计中，想要对某一已经设定的标准榀进行二维设计，可以执行_____命令进行操作。

2．思考题

（1）三维钢框架的设计和框架混凝土结构的设计步骤大致相同，在施工图出图上又有所不同，请简述此相同与不同。

（2）钢框架结构设计中，应控制的设计参数有哪些？若超限应怎样进行相应的修改？

（3）请概括：钢桁架结构设计中，截面优化设计的基本操作过程。

3．操作题

请自行将本书中之前所举的各类建筑的其他结构的设计，转换为钢结构的相应适合的结构体系，再进行设计，练习钢结构设计操作步骤和优化调试结构布置，绘制相应施工图。

第11章　多层厂房结构施工图的绘制

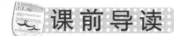

课前导读 ------------------------------------

　　本章以多层钢筋混凝土厂房为例，从结构建模到生成施工图，完整演示 PKPM 结构设计的步骤。

本章要点 ------------------------------------

　　▱　建筑模型创建
　　▱　配筋计算及结果分析
　　▱　施工图绘制

11.1　工　程　概　况

例题：以一个多层厂房为例，给出各层平面图、屋顶平面图和剖面图，如图 11-1、图 11-2、图 11-3、图 11-4、图 11-5、图 11-6 所示，用 PKPM "结构" 板块功能绘制其结构施工图。

注意：此厂房的 CAD 图见 "案例\11\厂房.dwg"。

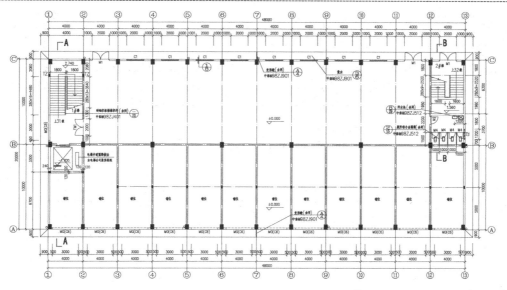

图 11-1　首层平面图

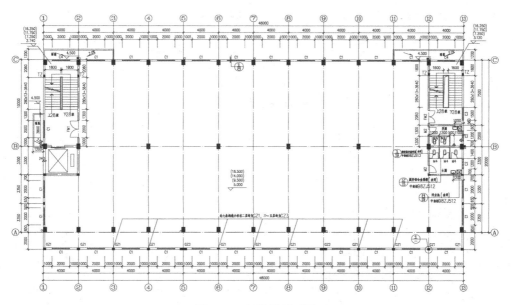

图 11-2　标准层平面图

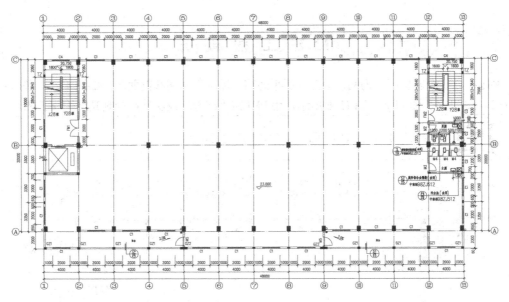

图 11-3　六层平面图

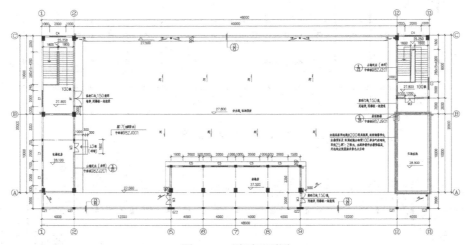

图 11-4　屋顶平面图

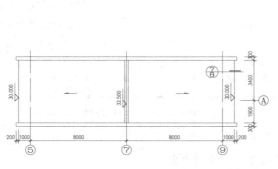

图 11-5　局部屋顶图

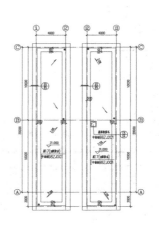

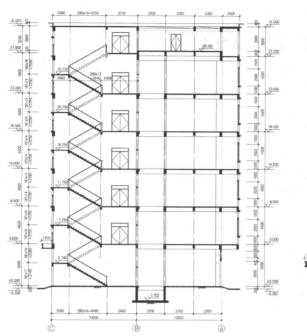
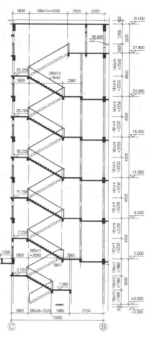

图 11-6　1#、2#楼梯剖面图

11.2　工程文件的建立

在 PKPM 2010 中，一个工程应对应一个工程文件目录，按照如下步骤创建新工程目录。

步骤 1　在 Windows 操作系统下，双击桌面![]，图标启动 PKPM 程序，选择"结构"选项，在所显示的软件界面中，单击"改变目录"按钮![改变目录]，弹出"选择工作目录"对话框，并"新建"一个工作目录——"厂房"文件。

步骤 2　执行"PMCAD | 建筑模型与荷载输入"命令，单击"应用"按钮，在随后弹出的图 11-7 所示的"请输入"对话框中输入名称"cf"后，单击"确定"按钮，即可进入结构模型输入界面。

图 11-7　"请输入"对话框

11.3 PMCAD 模型的创建

视频\11\PMCAD模型的创建.avi
案例\11\厂房

1. 绘制轴网

步骤 1   在右侧屏幕菜单中执行"轴线输入"菜单下的"正交轴网"命令，在"直线轴网输入"对话框中，按照表 11-1 所列的轴网数据生成轴网，如图 11-8 所示。

表 11-1   轴网数据

上/下开间	4000*12
右/左进深	10 000*2

图 11-8   轴线插入效果

步骤 2   执行"轴线命名"命令，按照命令行提示对轴网进行标注，效果如图 11-9 所示。

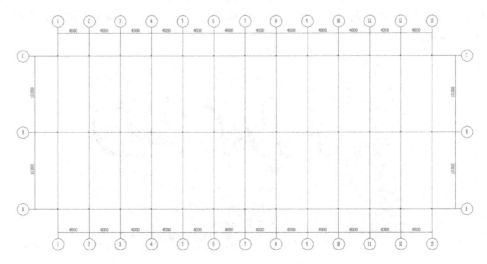

图 11-9   轴线命名效果

步骤3 轴线命名后，执行"轴线显示"命令，可将轴线显示或隐藏。

步骤4 执行"平行直线"命令，按照如下叙述进行操作，效果如图 11-10 所示。

➤ 以 B 轴与 1 轴的交点（点 1）为起点，B 轴与 2 轴的交点（点 2）为终点，输入平行距离"-3300"。

➤ 以 C 轴与 1 轴的交点（点 3）为起点，C 轴与 2 轴的交点（点 4）为终点，输入平行距离"-2100"。

➤ 以 A 轴与 3 轴的交点（点 5）为起点，A 轴与 13 轴的交点（点 6）为终点，输入平行距离"5000"。

➤ 以 A 轴与 1 轴的交点（点 7）为起点，A 轴与 13 轴的交点（点 6）为终点，输入平行距离"-2000"。

➤ 以 B 轴与 12 轴的交点（点 8）为起点，B 轴与 13 轴的交点（点 9）为终点，依次输入平行距离：-3300，3300，2500，1200，2000。

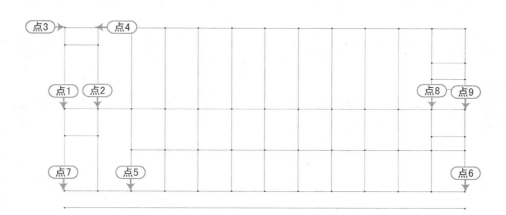

图 11-10 平行直线效果

步骤5 执行"两点直线"命令，连接节点，效果如图 11-11 所示。

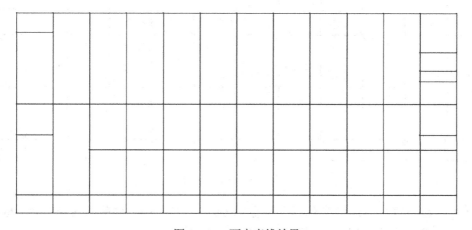

图 11-11 两点直线效果

2. 柱、梁布置

轴网绘制完成后，开始梁、柱等结构承重构件的布置，本例中无承重墙，无须进行墙体布置，下面仅对梁、柱的布置进行操作。

步骤1　执行"楼层定义 | 柱布置"命令，在弹出的"柱截面列表"对话框中，单击"新建"按钮，按照表 11-2 创建框架柱，布置框架柱准备工作，如图 11-12 所示，布置效果如图 11-13 所示。

表 11-2　框架柱数据

截面类型	1
矩形截面宽度/mm	400
矩形截面高度/mm	600
材料类别	6：混凝土

图 11-12　柱布置准备

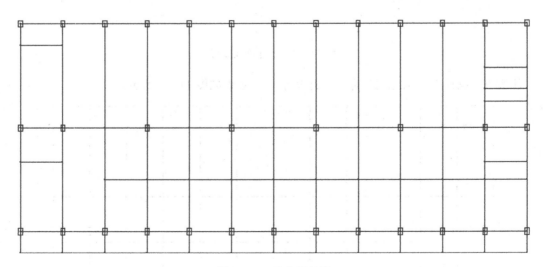

图 11-13　柱布置效果

步骤2　重复执行"楼层定义 | 柱布置"命令，在弹出的"柱截面列表"对话框中，新建 180*300 和 300*180 的柱，布置效果如图 11-14 所示。

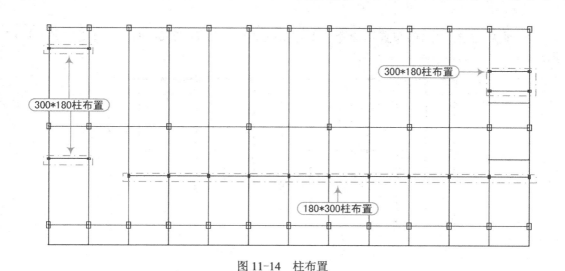

图 11-14 柱布置

步骤 3 执行"主梁布置"命令，同布置柱一样，先按照表 11-3 所列参数新建梁截面，如图 11-15 所示，布置效果如图 11-16 所示。

表 11-3 框架梁数据

截面类型	1
矩形截面宽度/mm	300
矩形截面高度/mm	600
材料类别	6：混凝土

图 11-15 新建梁操作

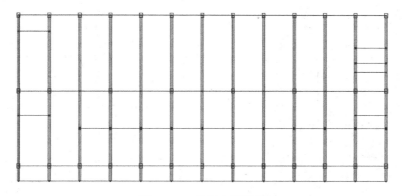

图 11-16 主梁布置效果

步骤 4 执行"主梁布置"命令，新建梁截面尺寸为 240*500 的梁，布置如图 11-17 所示。

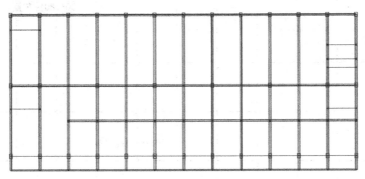

图 11-17 240*500 梁布置

步骤 5 执行"主梁布置"命令，新建截面尺寸为 200*400 的梁，如图 11-18 所示。

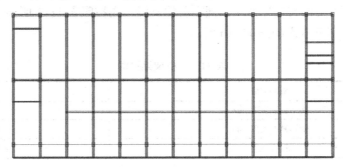

图 11-18 200*400 梁布置

步骤 6 按照建筑剖面图中剖面楼梯图，对 1#和 2#楼梯进行层间梁的处理：

1）执行"楼层定义|本层修改|主梁查改"命令，按图 11-19 所示处理 1#楼梯梁为层间梁。

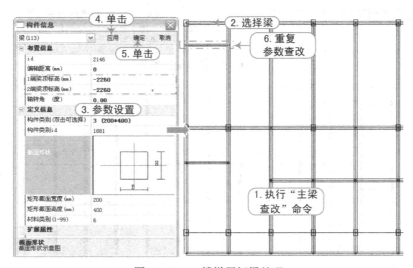

图 11-19 1#楼梯层间梁处理

2）按照同样的操作步骤，对2#楼梯层间梁进行处理，如图11-20所示。

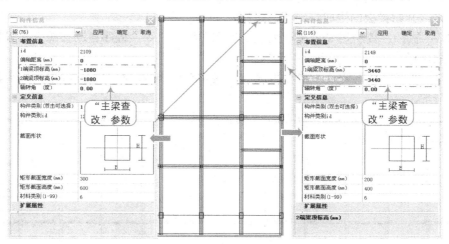

图11-20 2#楼梯层间梁

步骤7 执行"楼层定义｜偏心对齐｜柱与梁齐"和"楼层定义｜偏心对齐｜柱与柱齐"命令，根据命令行提示进行操作，效果如图11-21所示。

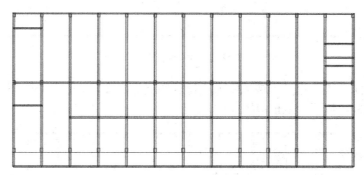

图11-21 偏心对齐

步骤8 执行"本层信息"命令，在"用光标点明要修改的项目 [确定]返回"对话框中设置本层信息，如图11-22所示。

步骤9 查看此层三维渲染效果图，如图11-23所示。

图11-22 本层信息

图11-23 本层三维渲染效果

3．楼板布置

接下来，开始楼板的生成与局部的修整。

步骤 1　执行"楼层定义｜楼板生成｜生成楼板"命令，程序自动按照之前设置的楼板厚度，生成楼板。

步骤 2　执行"楼层定义｜楼板生成｜全房间洞"命令，布置楼梯梯段房间为洞口，如图 11-24 所示。

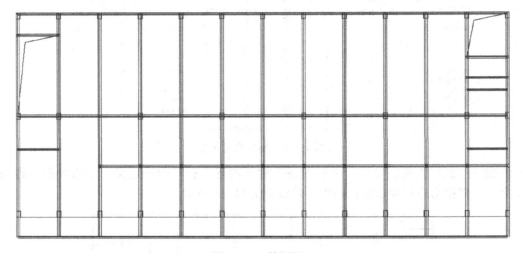

图 11-24　楼板洞口

步骤 3　执行"楼层定义｜楼板生成｜楼板错层"命令，在弹出的"楼板错层"对话框中，将卫生间板向下错层 30mm，如图 11-25 所示。

图 11-25　卫生间楼板错层

4．荷载输入

建筑构件绘制完成，开始进行荷载的输入。

步骤 1　设置楼面的恒活荷载，执行"荷载输入｜恒活设置"命令，弹出"荷载定义"对话框，如图 11-26 所示，在其中设置荷载（5.0，2.0）后，单击"确定"按钮即可。

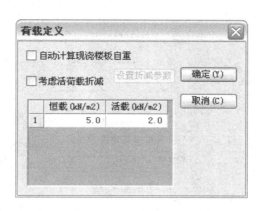

图 11-26　恒活荷载设置

> **注意**：楼面恒荷载一般取值在（5.0,7.0）范围内，具体可根据楼面做法计算。其活荷载值可查 GB 50009—2012《建筑结构荷载规范》得到。

步骤 2　执行"荷载输入|楼面荷载|导荷方式"命令，改变楼梯梯段板的荷载传导情况，操作如图 11-27 所示。

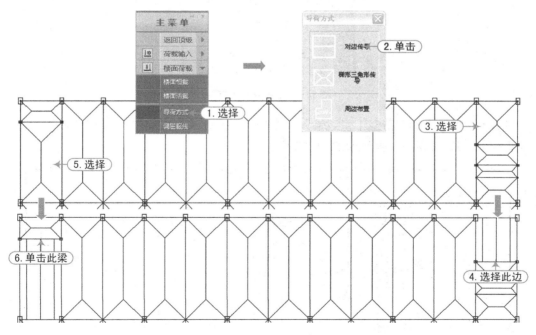

图 11-27　导荷方式设置

步骤 3　执行"梁间荷载|梁荷定义"命令，定义值为 17 和 14 的均布线荷载，如图 11-28 所示。

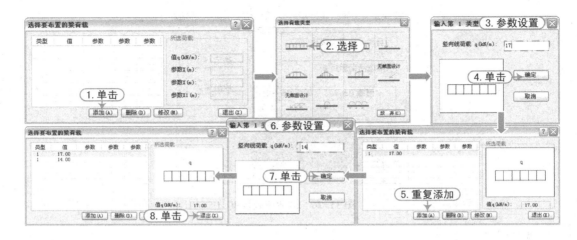

图 11-28　梁间荷载定义

步骤 4　执行"梁间荷载 | 数据开关"命令，在弹出的"数据显示状态"对话框中，如图 11-29 所示，勾选"数据显示"，然后单击"确定"按钮，打开数据开关。

图 11-29　数据开关打开

步骤 5　执行"梁间荷载 | 恒载输入"命令，对应建筑标准层平面图上有窗户的地方，布置值为 14 的梁间荷载，操作如图 11-30 所示。

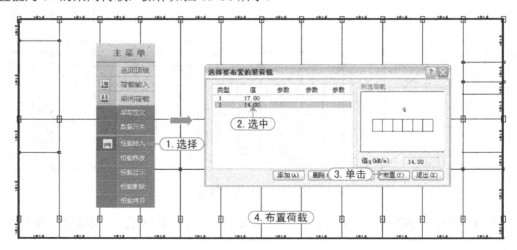

图 11-30　14 荷载布置

步骤 6　执行"梁间荷载 | 恒载输入"命令，布置值为 17 的梁间荷载，操作如图 11-31 所示。

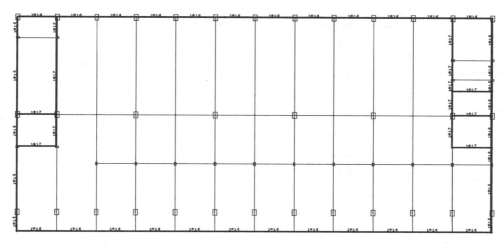

图 11-31　17 荷载布置

步骤 7　执行"梁间荷载 | 恒载输入"命令，添加值为 18.5 的均布荷载和 37 的集中荷载，并布置在 1#楼梯梯梁处，如图 11-32 所示。

步骤 8　执行"梁间荷载 | 恒载输入"命令，添加值为 11.4 的均布荷载和 18.24 的集中荷载，并布置在 2#楼梯梯梁处，如图 11-33 所示。

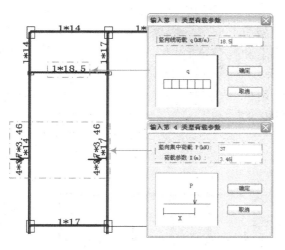

图 11-32　18.5 和 37 荷载布置

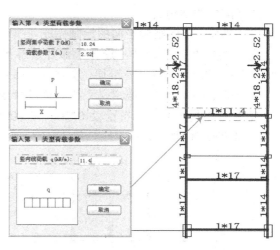

图 11-33　11.4 和 18.24 荷载布置

步骤 9　执行"梁间荷载 | 活载输入"命令，添加值为 4.48 的均布荷载和 8.96 的集中荷载，并布置在 1#楼梯梯梁处，如图 11-34 所示。

注意：将楼梯梯段板上的荷载换算为均布线荷载传导到梯段梁上，另一侧的梯段梁不方便布置，就再次将本该传导到此梁上的荷载转换为集中荷载，布置在梁两端。

步骤 10 执行"梁间荷载 | 活载输入"命令，添加值为 3.52 的均布荷载和 7.04 的集中荷载，并布置在 2#楼梯梯梁处，如图 11-35 所示。

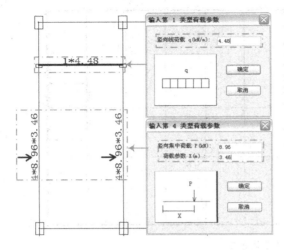
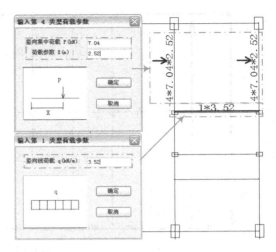

图 11-34 4.48 和 8.96 活荷载布置   图 11-35 3.52 和 7.04 活荷载布置

5. 换标准层

（1）第 2 标准层的绘制

在结构上首层和标准层布置有所不同，需要再建一层标准层的结构层。

步骤 1 首层结构平面图绘制完成，执行"楼层定义 | 换标准层"命令，选择"添加新标准层"和"全部复制"，形成第 2 标准层，如图 11-36 所示。

步骤 2 执行"楼层定义 | 柱布置"命令，对应建筑图第 2 层平面图，布置 240*300 和 800*240 的柱，如图 11-37 所示。

图 11-36 添加第 2 标准层

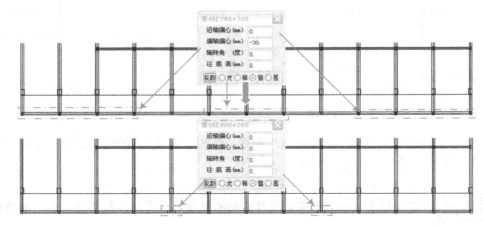

图 11-37 布置 240*300 和 800*240 的柱

步骤 3　执行"荷载输入｜梁间荷载｜恒载输入"命令，添加 10.54 的均布荷载和 21 的集中荷载，布置在 1#楼梯梯段梁上，如图 11-38 所示。

步骤 4　执行"模型编辑｜删除节点"命令和"楼层定义｜楼板生成｜板洞删除"命令，删除 2#楼梯中的构件及洞口，如图 11-39 所示。

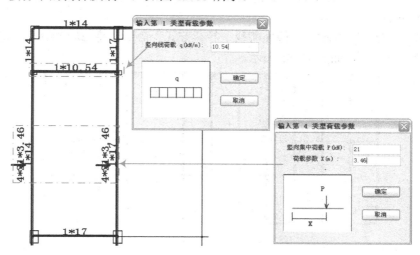

图 11-38　1#梯段梁恒荷载布置

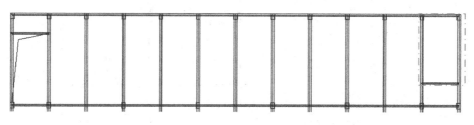

图 11-39　删除节点和板洞

步骤 5　执行"轴线输入｜平行直线"命令，以 C 轴与 12 轴的交点为起点，C 轴与 13 轴的交点为终点，输入平行距离为"-1800，-3640"，效果如图 11-40 所示。

步骤 6　执行"楼层定义｜柱布置"命令，布置 300*180 的柱，效果如图 11-41 所示。

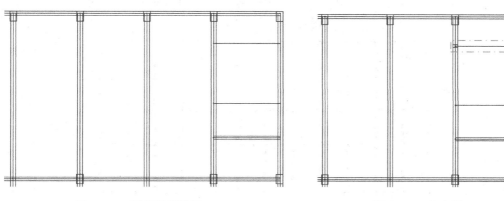

图 11-40　平行直线效果　　　　　　　图 11-41　柱布置

步骤7　执行"楼层定义｜主梁布置"命令，布置200*400的梁，效果如图11-42所示。

步骤8　执行"楼层定义｜本层修改｜主梁查改"命令，布置2#楼梯层间梁，设置梁两端顶标高为：-2250，-2250，如图11-43所示。

步骤9　执行"楼层定义｜楼板生成｜全房间洞"命令，布置2#楼梯梯段板为房间洞，如图11-44所示。

步骤10　执行"荷载输入｜楼面荷载｜导荷方式"命令，将2#楼梯梯段板处荷载导荷方式改为"对边传导"，如图11-45所示。

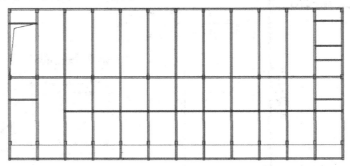

图 11-42　梁布置

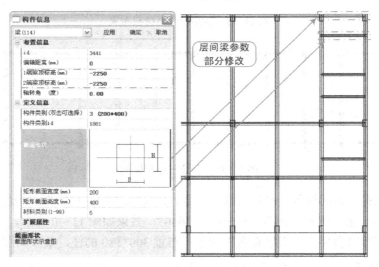

图 11-43　层间梁布置

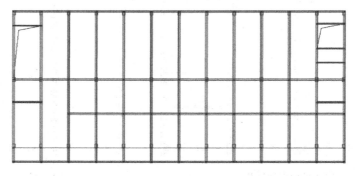

图 11-44　全房间洞布置

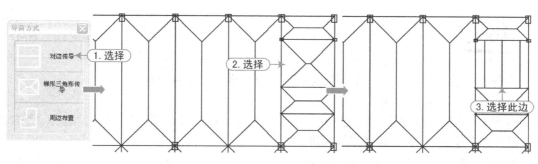

图 11-45 导荷方式修改

步骤 11 执行"荷载输入 | 梁间荷载 | 恒载输入"命令，添加 10.54 的均布荷载，布置在 2#楼梯梯段梁上，如图 11-46 所示。

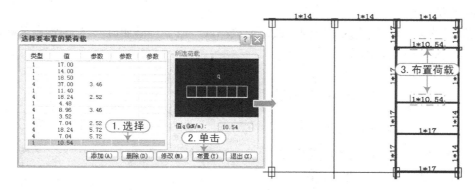

图 11-46 梯段梁恒荷载布置

注意：将楼梯梯段板上的荷载换算为线荷载传导到梯段梁上。

步骤 12 执行"荷载输入 | 梁间荷载 | 活载输入"命令，添加 3.64 的均布荷载，布置在 2#楼梯梯段梁上，如图 11-47 所示。

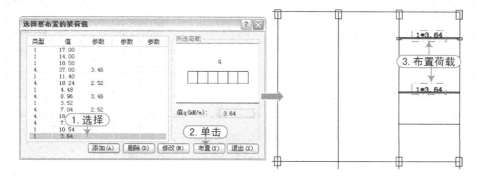

图 11-47 梯段梁活荷载布置

步骤 13 执行"荷载输入 | 梁间荷载 | 恒载修改"命令，修改均布荷载 17 为 15，修改均布荷载 14 为 13。

注意：层高由一层的 5000 改为二层的 4500，墙高度不同，导致墙自重荷载也不同。

步骤 14　执行"楼层定义 | 本层信息"命令，修改层高为 4500。

（2）第 3 标准层的绘制

步骤 1　再次执行"楼层定义 | 换标准层"命令，以第 2 标准层为样板，选择"添加新标准层"和"全部复制"，形成第 3 标准层。

步骤 2　执行"楼层定义 | 主梁布置"命令，布置梁 240*500，效果如图 11-48 所示。

步骤 3　执行"荷载输入 | 梁间荷载 | 恒载删除"命令，对应建筑第 6 层平面图上墙体布置，删除多余荷载，如图 11-49 所示。

步骤 4　执行"荷载输入 | 梁间荷载 | 恒载输入"命令，布置值为 14 的均布荷载，如图 11-50 所示。

步骤 5　执行"荷载输入 | 梁间荷载 | 恒载输入"命令，添加值为 5 的均布荷载，布置此荷载，如图 11-51 所示。

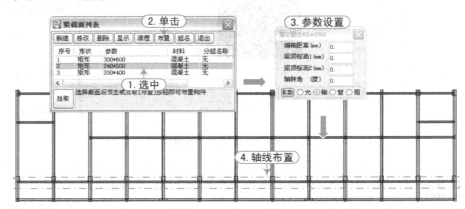

图 11-48　布置梁效果

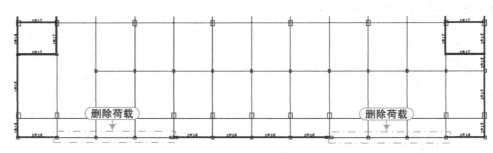

图 11-49　恒载删除

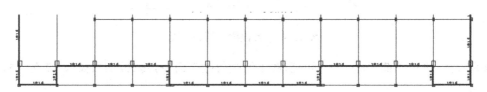

图 11-50　布置梁恒荷载 14

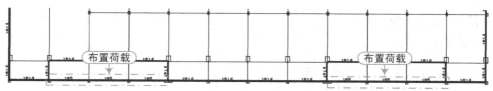

图 11-51 布置梁恒荷载 5

（3）第 4 标准层的绘制

步骤 1 执行 "楼层定义｜换标准层" 命令，以第 3 标准层为样板，选择 "添加新标准层" 和 "全部复制"，形成第 4 标准层。

步骤 2 执行 "楼层定义｜楼板生成｜楼板错层" 命令，将卫生间错层改为 0。

步骤 3 在下拉菜单中，执行 "模型编辑｜删除节点、删除网格" 命令，如图 11-52 所示。

步骤 4 执行 "轴线输入｜平行直线、两点直线" 命令，平行距离为 3400，最后添加轴线的效果如图 11-53 所示。

步骤 5 执行 "楼层定义｜构件删除" 命令，对应建筑屋顶平面图，删除部分柱，如图 11-54 所示。

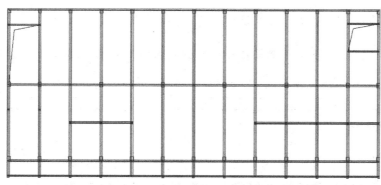

图 11-52 删除节点和网格效果

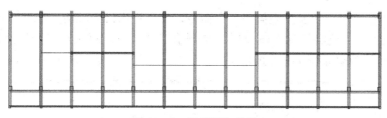

图 11-53 轴线添加效果

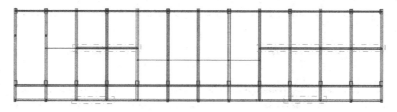

图 11-54 删除柱效果

步骤6　执行"楼层定义│柱布置"命令，对应建筑屋顶平面图，布置 300*300 的柱，如图 11-55 所示。

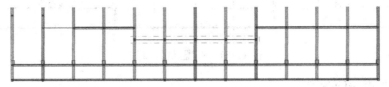

图 11-55　布置柱效果

步骤7　执行"楼层定义│主梁布置"命令，布置 240*500 的梁，如图 11-56 所示。

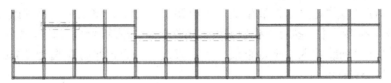

图 11-56　布置梁效果

步骤8　对应建筑屋顶层中楼梯图，执行"平行直线"命令，平行距离输入为"-4200"，重新布置楼梯梁，效果如图 11-57 所示。

注意：通过楼梯平面图和楼梯部分的剖面图，看出顶层楼梯的楼梯梯板长度为 4200，与标准层的 3640 长度不一样，梯段梁布置也不一样。

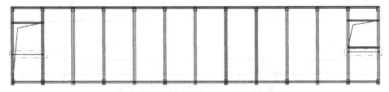

图 11-57　平行直线效果

步骤9　执行"楼层定义│主梁布置"命令，在平行而得的轴线上布置 200*400 的梁。

步骤10　执行"板洞删除"命令后，再删除多余节点，再执行"全房间洞"命令，重新布置楼梯板洞，效果如图 11-58 所示。

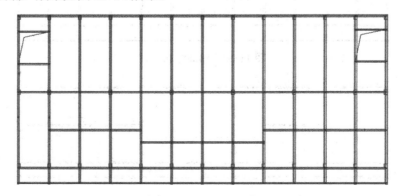

图 11-58　全房间效果

步骤 11　执行"荷载输入 | 恒活设置"命令，屋顶恒活设置为（5.0，2.5）。

步骤 12　执行"荷载输入 | 楼面荷载 | 楼面活载"命令，设置部分楼面活载为 2.0，如图 11-59 所示。

步骤 13　执行"荷载输入 | 梁间荷载 | 恒载删除"命令，删除全部梁间恒荷载。

步骤 14　执行"荷载输入 | 梁间荷载 | 恒载输入"命令，添加均布荷载 10.7、7.3 和 8.3，布置荷载如图 11-60 所示。

步骤 15　执行"荷载输入 | 梁间荷载 | 恒载输入"命令，添加新均布荷载 3.7，布置荷载，如图 11-61 所示。

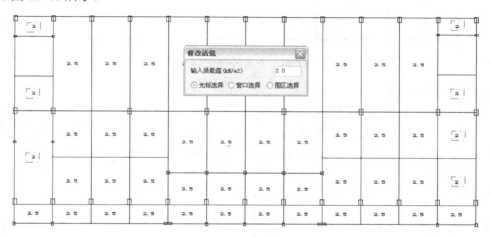

图 11-59　楼面活载

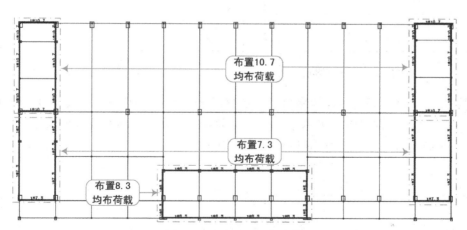

图 11-60　布置梁间恒荷载

步骤 16　执行"荷载输入 | 梁间荷载 | 恒载输入"命令，添加新均布荷载 17.3，布置在 1#和 2#楼梯梯段上。

步骤 17　执行"荷载输入 | 梁间荷载 | 活载删除"命令，删除全部活载。

步骤 18　执行"荷载输入 | 梁间荷载 | 活载输入"命令，添加新均布荷载 4.2，布置在 1#和 2#楼梯梯段上。

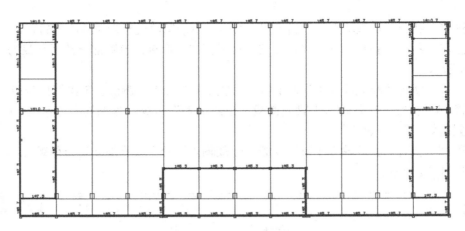

图 11-61　布置梁间恒荷载 3.7

（4）第 5 标准层的绘制

步骤 1　再次执行"楼层定义｜换标准层"命令，以第 4 标准层为样板，选择"添加新标准层"和"局部复制"，选择楼梯处建筑构件，形成第 5 标准层，如图 11-62 所示。

步骤 2　在下拉菜单中，执行"模型编辑｜删除节点"命令，删除部分节点，效果如图 11-63 所示。

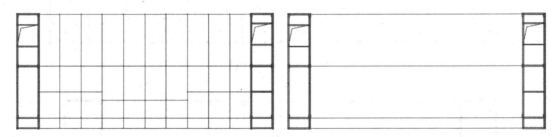

图 11-62　第 5 标准层　　　　　　　　　　图 11- 63　删除节点效果

步骤 3　执行"楼层定义｜楼板生成｜板洞删除"命令，删除洞口，如图 11-64 所示。

步骤 4　执行"楼层定义｜本层修改｜主梁查改"命令，将楼梯层间梁处理为平层梁（即修改梁两端梁高为 0），三维渲染效果，如图 11-65 所示。

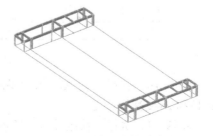

图 11-64　删除板洞效果　　　　　　　　　　图 11-65　修改楼梯梁效果

步骤 5　执行"荷载输入｜恒活设置"命令，设置恒活荷载为（5.0，0.5）。

步骤6　执行"荷载输入｜楼面荷载｜楼面活载"命令，将楼面活载全部修改为0.5。

步骤7　执行"荷载输入｜梁间荷载｜恒载删除"命令，删除全部恒载。

步骤8　执行"荷载输入｜梁间荷载｜活载删除"命令，删除全部活载。

步骤9　执行"楼层定义｜本层信息"命令，注意修改层高为3500。

（5）第6标准层的绘制

步骤1　再次执行"楼层定义｜换标准层"命令，以第4标准层为样板，选择"添加新标准层"和"局部复制"，选择楼梯处建筑构件，形成第6标准层，如图11-66所示。

步骤2　在下拉菜单中，执行"模型编辑｜删除节点"命令，删除部分节点，效果如图11-67所示。

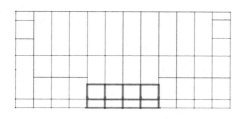
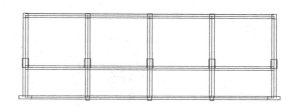

图11-66　第6标准层　　　　　图11-67　删除节点效果

步骤3　执行"荷载输入｜恒活设置"命令，设置恒活荷载为（5.0，0.5）。

步骤4　执行"荷载输入｜梁间荷载｜恒载删除"命令，删除全部恒载。

步骤5　执行"网格生成｜上节点高"命令，屋脊高度为2500，按照建筑平面图所示，布置上节点，如图11-68所示。

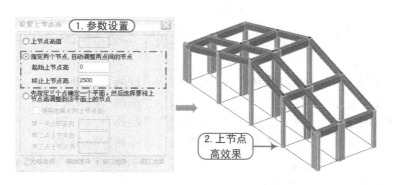

图11-68　上节点高

步骤6　执行"楼层定义｜本层信息"命令，注意修改层高为5000。

6．楼层组装

全楼数据设置好之后，可查看整栋建筑的三维模型，按照如下步骤进行操作。

步骤1　执行"楼层定义｜设计参数"命令，在"楼层组装—设计参数"对话框中，修改楼层组装设计参数，如图11-69所示。

图 11-69　设置参数

步骤 2　执行"楼层组装 | 楼层组装"命令，按照如下方式组装，如图 11-70 所示。

图 11-70　楼层组装

➤ 选择"复制层数"为 1，选取"第 1 标准层"，勾选"自动计算底标高"，输入"层高"为 6500。

➤ 选择"复制层数"为 3，选取"第 2 标准层"，"层高"为 4500。

➤ 选择"复制层数"为 1，选取"第 3 标准层"，"层高"为 4500。

➤ 选择"复制层数"为 1，选取"第 4 标准层"，"层高"为 4500。

➤ 选择"复制层数"为 1，选取"第 5 标准层"，"层高"为 3500。

➤ 选择"复制层数"为 1，选取"第 6 标准层"，去掉勾选"自动计算底标高"，在其下文本框中输入底标高为 29m，输入"层高"为 5000。

> **注意**：结构首层层高不是建筑给出的首层层高 5000，而是应从基础顶面算起的柱的高度，对本建筑即是：建筑层高+室内外高差+基础埋置深度。

步骤 3　执行"楼层组装 | 整楼模型"命令，程序自动生成此建筑的结构构件整楼模型，如图 11-71 所示。

步骤 4　执行"保存"命令后执行"退出"命令，选择"存盘退出"。

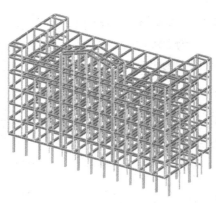

图 11-71 全楼效果

11.4 生成 SATWE 数据

视频\11\生成SATWE数据.avi
案例\11\厂房

选择 SATWE 主菜单的项目，即可对所绘结构图进行计算和分析。

选择 SATWE 主菜单的第 1 项"1.接 PM 生成 SATWE 数据"，单击"应用"按钮进入"SATWE 前处理"对话框。

步骤 1　依次单击"补充输入及 SATWE 数据生成│1.分析与设计参数补充定义"选项，单击"应用"按钮进入参数设计对话框，程序提供了 11 项参数的设置，如图 11-72 所示，按照如下叙述设置参数。

图 11-72　11 项参数的设置

1)"总信息"选项卡下，设置参数，如图 11-73 所示。

➤ 设置"混凝土容重"为"26"。

➤ 设置"恒活荷载计算信息"为"模拟施工加载 3"。

图 11-73　"总信息"选项卡参数的设置

2）"风荷载信息"选项卡下，设置参数，如图 11-74 所示。

➢ 确定"地面粗糙度类别"为"B 类"。

➢ 确定"修正后的基本风压"为"0.35"。

图 11-74 "风荷载信息"选项卡参数的设置

3）"地震信息"选项卡下，设置参数，如图 11-75 所示。

➢ 选择"结构规则性信息"为"规则"。

➢ 选择"设防地震分组"为"第二组"。

➢ 选择"场地类别"为"II类"。

➢ 选择"砼框架抗震等级"为"三级"。

➢ 设置"计算振型个数"为"12"。

➢ 勾选"考虑偶然偏心"和"考虑双向地震作用"。

图 11-75 "地震信息"选项卡参数的设置

4）"活荷信息"选项卡下，在"柱墙设计时活荷载"中选择"折减"选项，如图 11-76 所示。

图 11-76 "活荷信息"选项卡参数的设置

5）"配筋信息"选项卡下，设置"边缘构件箍筋强度"为"270"，如图 11-77 所示。

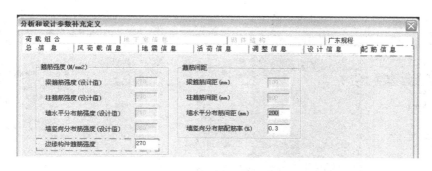

图 11-77 "配筋信息"选项卡参数的设置

6）其他选项卡下参数均按程序初始值确定，无须修改。

步骤 2 依次单击"补充输入及 SATWE 数据生成 | 2.特殊构件补充定义"选项，单击"应用"按钮进入特殊构件补充定义绘图环境。

步骤 3 执行"特殊柱 | 角柱"命令，在当前的第 1 层选择柱定义为角柱。

步骤 4 执行"换标准层"命令，重复执行"特殊柱 | 角柱"命令，在其余标准层选择柱定义为角柱。

步骤 5 执行"保存"命令后执行"退出"命令，返回"SATWE 前处理"对话框中。

步骤 6 依次单击"补充输入及 SATWE 数据生成 | 8.生成 SATWE 数据文件及数据检查"选项，单击"应用"按钮，开始数据的生成和检查，如图 11-78 所示。

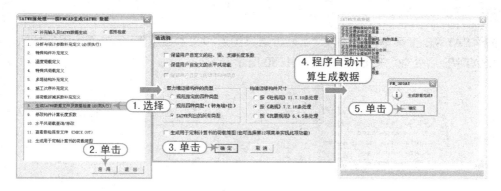

图 11-78 数据生成及检查操作

步骤 7 在"SATWE 前处理"对话框中单击"退出"按钮 ，返回 SATWE 的主菜单。

11.5 SATWE 结构内力和配筋计算

选择 SATWE 主菜单的第 2 项"2.结构内力，配筋计算"，单击"应用"按钮，程序开始自动计算内力及配筋，如图 11-79 所示。

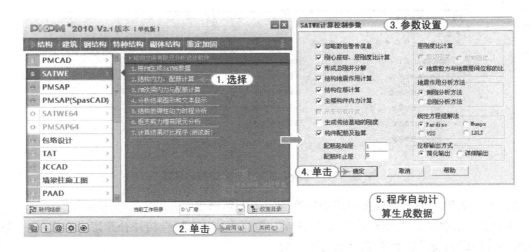

图 11-79　SATWE 计算

11.6　SATWE 计算结果分析与调整

视频\11\SATWE计算结果分析与调整.avi
案例\11\厂房

选择 SATWE 主菜单的第 4 项"4.分析结果图形和文本显示"，单击"应用"按钮，程序弹出"SATWE 后处理"对话框，如图 11-80 所示。

图 11-80　"SATWE 后处理"对话框

1．图形文件输出

步骤 1　依次单击"图形文件输出｜2.混凝土构件配筋及钢构件验算简图"选项，单击

"应用"按钮，程序自动显示第1层混凝土构件配筋及钢构件应力比简图，如图11-81所示。

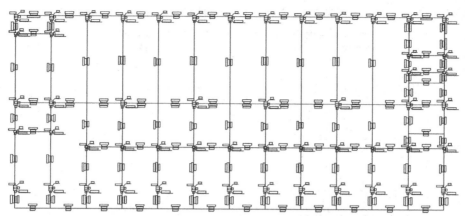

图 11-81　第 1 层混凝土构件配筋及钢构件应力比简图

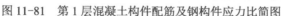

注意：在此图中，显示了梁和柱的配筋示意简图，如果某项配筋超限，程序将以红色突出显示；如果没有显示红色的数据，表示梁柱截面取值基本合适，没有超筋现象，符合配筋计算和构造要求，可以进入后续的构件优化设计阶段。

配筋超限处理方法，请参看本书"第 5 章　SATWE 多高层建筑结构有限元分析"。

图形分析：在第 1～6 层上均有梁柱超筋信息，本题中采取的是加宽梁和加大柱截面的处理办法（查看"案例\11\（已修改）厂房"）。

注意：为了与前面的模型相对应，下面的分析讲解仍旧用原模型，而非采用已修改的。

步骤 2　依次单击"图形文件输出｜9.水平力作用下结构各层平均侧移简图"选项，单击"应用"按钮，屏幕显示地震力作用下楼层反应曲线，如图 11-82 所示。

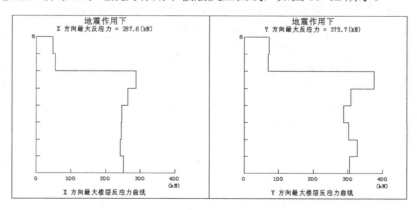

图 11-82　地震力作用下楼层反应曲线

图形分析：从图 11-82 中可以看出，在地震作用下，受影响最大的是第 6 层。

步骤 3　执行"地震│层剪力"命令，显示层剪力图形，如图 11-83 所示。

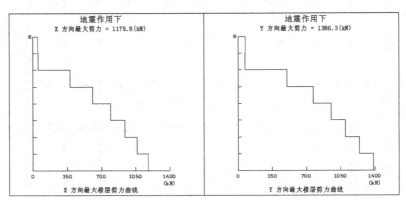

图 11-83　层剪力图形

步骤 4　执行"地震│倾覆弯矩"命令，显示倾覆弯矩图形，如图 11-84 所示。

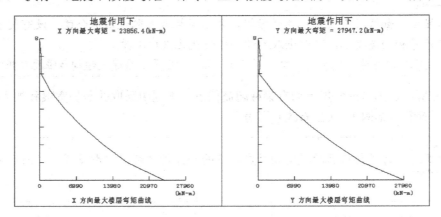

图 11-84　倾覆弯矩图形

步骤 5　执行"地震│层位移"命令，显示层位移图形，如图 11-85 所示。

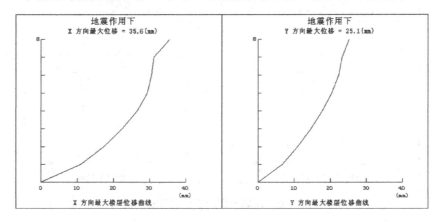

图 11-85　层位移图形

步骤6 执行"地震丨层位移角"命令，显示层位移角图形，如图11-86所示。

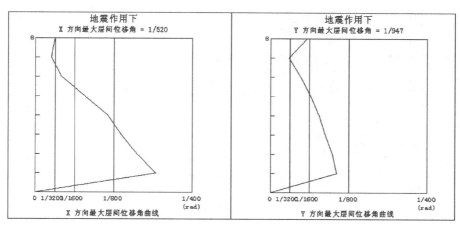

图11-86 层位移角图形

图形分析：比较X方向上的层间位移角1/520大于1/550，层间位移角不符合规范规定，Y方向1/947未大于1/550，层间位移角符合规范规定（查看"案例\11\（已修改）厂房"）。

步骤7 同样的，依次查看在风力作用下的各选项图形。

步骤8 执行"回前菜单"命令，返回"SATWE后处理"对话框。

步骤9 依次单击"图形文件输出丨13.结构整体空间振动简图"选项，单击"应用"按钮，然后选择振型查看图形，如图11-87所示。

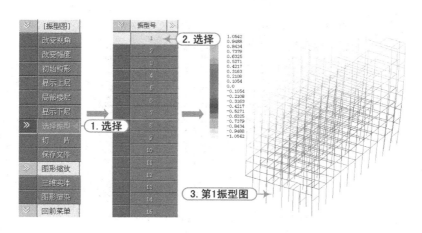

图11-87 第1振型图

2. 文本文件输出

步骤1 依次单击"文本文件输出丨1.结构设计信息"选项，查看其中重要信息，如图11-88所示。

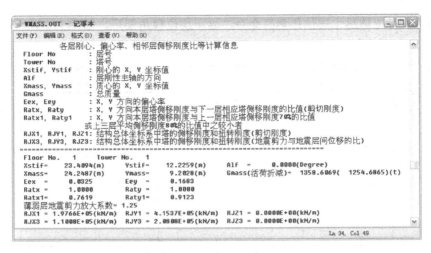

图 11-88　剪重比等参数

文本分析：在第 1 层第 1 塔中，"Ratx1=0.7619，Raty1=0.9123" 均小于 1.0，即表示 "X，Y 方向本层塔侧移刚度与上一层相应塔侧移刚度的比值" 小于 70% 或 "X，Y 方向本层塔侧移刚度与上三层平均侧移刚度的比值" 小于 80%，不符合要求，需要进行调整（查看 "案例\11\（已修改）厂房"）。

步骤 2　依次单击 "文本文件输出 | 2.周期、振型、地震力" 选项，单击 "应用" 按钮，查看其中重要信息，如图 11-89、图 11-90、图 11-91 所示。

图 11-89　周期、振型、地震力文本信息 1

文本分析：首先验算周期比，找到平动第 1 周期值为 1.8704，转动第 1 周期值为 1.8171，那么 1.8171/1.8704＞0.9，周期比不符合要求；地震作用最大的方向值为 0.301°＜15°，不需处理方向角。

注意：周期比不符合规范要求，处理结果查看 "案例\11\（已修改）厂房"。

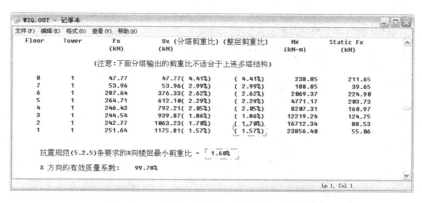

图 11-90　周期、振型、地震力文本信息 2

图 11-91　周期、振型、地震力文本信息 3

文本分析：注意 X 方向的楼层最小剪重比，有楼层小于 1.6%，不符合《抗规》的要求（修改查看"案例\11\（已修改）厂房"）；查看 X、Y 方向的有效质量系数均大于 90%，说明结构的振型个数取得足够了。

步骤 3　依次单击"文本文件输出 | 3.结构位移"选项，单击"应用"按钮，查看其中重要信息，如图 11-92、图 11-93、图 11-94、图 11-95 所示。

图 11-92　结构位移文本信息 1

图 11-93　结构位移文本信息 2

文本分析：在地震作用下，X、Y 方向的最大层间位移角和图形显示中数据相应相同。

图 11-94　结构位移文本信息 3

图 11-95　结构位移文本信息 4

　　文本分析：在考虑偶然偏心影响的规定水平地震力作用下，查看 X、Y 方向最大区域与层平均位移的比值，X 方向为 1.07，未超过 1.20，Y 方向为 1.22，已超过 1.20，不符合要求（修改查看"案例\11\（已修改）厂房"）。

　　步骤 4　依次单击"文本文件输出 | 6.超配筋信息"选项，单击"应用"按钮，查看信息，显示部分信息，如图 11-96 所示。

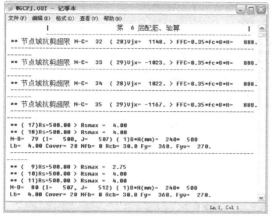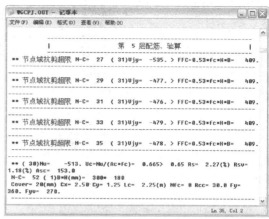

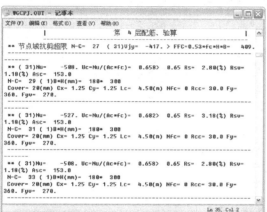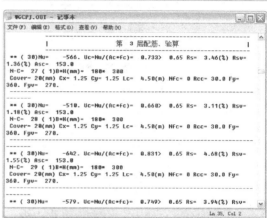

图 11-96　超配筋信息

文本分析：显示的信息对应于图形显示中的"2.混凝土构件配筋及钢构件验算简图"。

步骤 5　在"SATWE 后处理"对话框中单击"退出"按钮，返回 SATWE 主菜单。

11.7　梁施工图设计

视频\11\梁施工图设计.avi
案例\11\（已修改）厂房 ─────────── ⊢⊢○

选择"墙梁柱施工图"主菜单的第 1 项"1.梁平法施工图"，进入梁施工图绘图环境。

步骤 1　单击"应用"按钮后，程序自动弹出"定义钢筋标准层"对话框，如图 11-97 所示设置钢筋层后，程序自动生成初步梁配筋施工图。

步骤 2　执行"配筋参数"命令，修改"主筋选筋库"选项，操作如图 11-98 所示。

步骤 3　执行"挠度图"命令，查看此层梁挠度有没有超限，如图 11-99 所示。

注意：在除屋顶层外的各层梁挠度图中，均有梁挠度超限，在本案例中，处理方法详见第 6 章，修改结果查看"案例\11\（已修改）厂房"。

图 11-97　设钢筋层

图 11-98　配筋参数修改

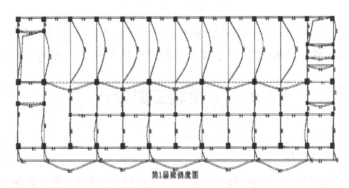

第1层梁挠度图

图 11-99　梁挠度图

步骤 4　执行"裂缝图"命令，查看此层梁裂缝值有没有超限，如图 11-100 所示。

> **注意**：在各层梁裂缝图中，有裂缝超限，在本案例中，处理方法是加高裂缝超限梁，
>
> 最后梁裂缝控制在 0.33 以内就可以了（具体查看"案例\11\（已修改）厂房"）。

步骤 5　执行"次梁加筋丨箍筋开关"命令，程序在需要布置箍筋的梁处显示箍筋。

步骤6 执行"移动标注"编辑菜单命令，编辑调整梁施工图，如图11-101所示。

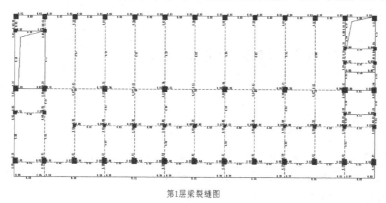

第1层梁裂缝图

图11-100 梁裂缝图

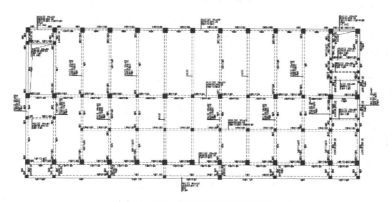

图11-101 梁施工图移动标注

步骤7 在下拉菜单区执行"标注轴线 | 自动标注"命令，在弹出的对话框中，勾选所有选项，单击"确定"按钮，轴线标注效果，如图11-102所示。

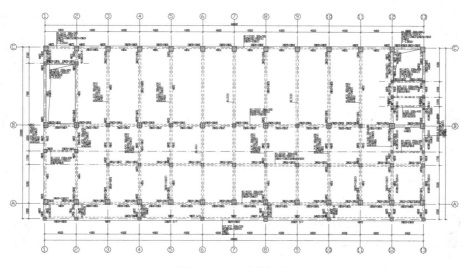

图11-102 轴线标注

步骤 8 在工具栏处单击右上角的倒三角符号，切换标准层，程序自动绘制出该层梁配筋施工图，再对该层进行轴线标注即可。

11.8 柱施工图设计

选择"墙梁柱施工图"主菜单的第 3 项"3.柱平法施工图"，进入柱施工图绘图环境。

步骤 1 执行"设钢筋层"命令，弹出"定义钢筋标准层"对话框，单击"确定"按钮，设置好钢筋层，如图 11-103 所示。

图 11-103 设置钢筋层

步骤 2 执行"归并"命令，程序自动按照设置的钢筋层归并钢筋，生成配筋施工图，如图 11-104 所示。

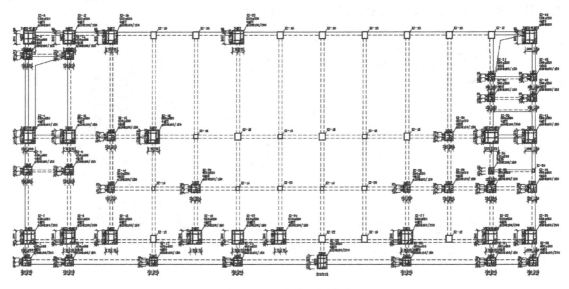

图 11-104 柱施工图生成

步骤3 在下拉菜单区执行"标注轴线 | 自动标注"命令，在弹出的对话框中，勾选所有选项，单击"确定"按钮，轴线绘制效果，如图 11-105 所示。

注意：在工具栏处单击右上角的倒三角符号 1-平法截面注写1 (原位) ▼ ，可切换柱的平法表示方式，如"2-平法截面注写2（集中）"，如图 11-106 所示。

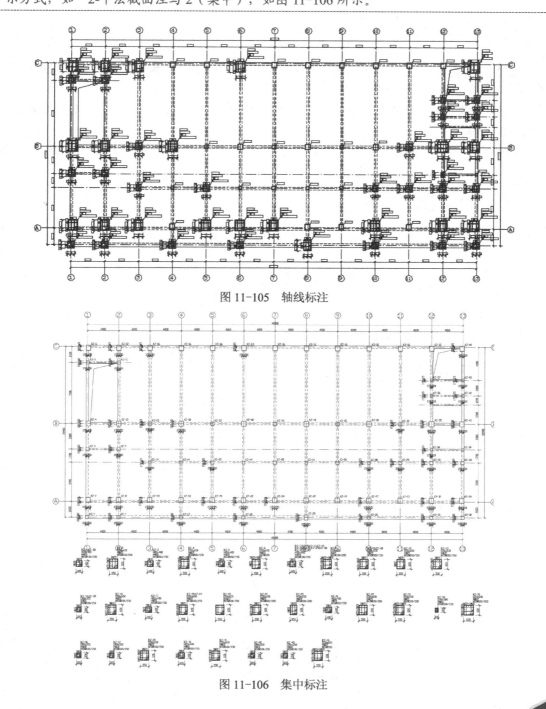

图 11-105 轴线标注

图 11-106 集中标注

步骤 4　在工具栏处单击右上角的倒三角符号 <u>1层　　6500　1</u> ，切换标准层，程序自动绘制出该层柱配筋施工图，再标注轴线即可。

11.9　板施工图设计

视频\11\板施工图设计.avi
案例\11\《已修改》厂房

选择 PMCAD 主菜单的第 3 项"3.画结构平面图"，单击"应用"按钮进入板施工图绘制界面，按照如下步骤进行设计。

步骤 1　执行"计算参数"命令，在弹出的"楼板配筋参数"对话框中，设置参数，如图 11-107 所示。

步骤 2　执行"绘图参数"命令，在弹出的"绘图参数"对话框中，设置参数如图 11-108 所示。

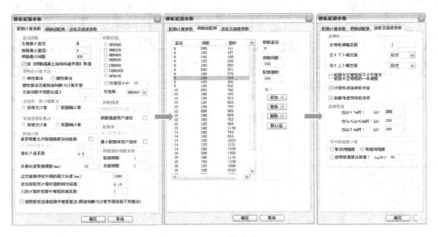

图 11-107　计算参数设置

图 11-108　绘图参数设置

步骤3 执行"楼板计算 | 自动计算"命令，程序自动形成边界并计算楼板。

步骤4 执行"楼板钢筋 | 逐间布筋"命令，按〈Tab〉键切换选择方式为窗选，框选所有楼板，效果如图11-109所示。

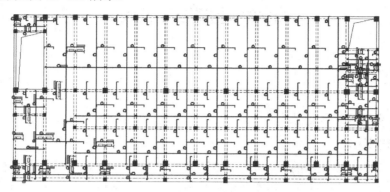

图11-109 楼板布筋

步骤5 在下拉菜单中，执行"设置 | 构件显示"命令，在弹出的"绘图参数"对话框中，勾选"柱涂实"，如图11-110所示，将柱填充显示。

图11-110 "绘图参数"对话框

步骤6 在下拉菜单区执行"标注轴线 | 自动标注"命令，在弹出的对话框中，勾选所有选项，单击"确定"，轴线绘制效果，如图11-111所示。

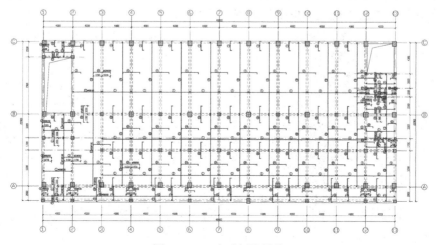

图11-111 自动标注轴线

步骤7　执行"画钢筋表"命令，在屏幕绘图区插入程序自动生成的钢筋表即可。

步骤8　换标准层，用同样的方法将其余层楼板施工图绘制完成。

11.10　基础施工图设计

视频\11\基础施工图设计.avi
案例\11\（已修改）厂房

现在开始基础施工图绘制。

1．地质资料输入

选择"JCCAD"主菜单的第2项"2.基础人机交互输入"，进入基础资料输入环境。

步骤1　执行"参数输入｜基本参数"命令，弹出"基本参数"对话框，设置参数，如图11-112所示。

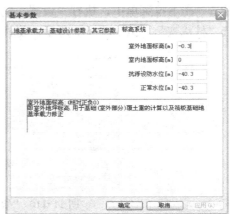

图11-112　基本参数设置

步骤2　执行"荷载输入｜读取荷载"命令，弹出"请选择荷载类型"对话框，选择"SATWE荷载"后单击"确认"按钮，如图11-113所示。

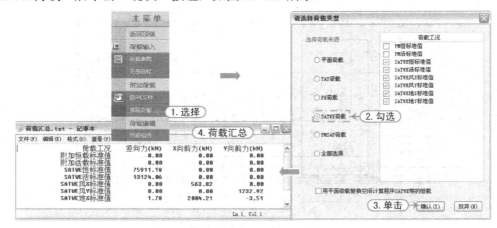

图11-113　读取荷载

步骤3　执行"柱下独基│自动生成"命令，操作如图 11-114 所示，生成的独立基础效果，如图 11-115 所示。

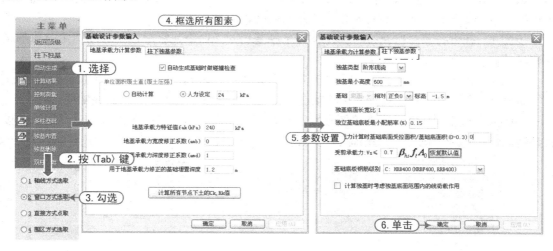

图 11-114　自动生成独基

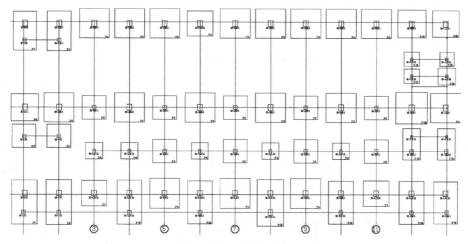

图 11-115　独基生成

步骤4　执行"结束退出"命令，操作如图 11-116 所示。

图 11-116　结束退出

2．基础施工图绘制

选择"JCCAD"主菜单的第 9 项"9.基础施工图"，单击"应用"按钮，进入基础施工图绘制，按照如下操作步骤进行基础施工图的绘制。

步骤 1　在下拉菜单区执行"标注构件 | 独基尺寸"命令，程序自动标注指定的独基底面积尺寸。

步骤 2　在下拉菜单区执行"标注字符 | 独基编号"命令，程序自动标注独基的编号。

步骤 3　在下拉菜单区执行"标注轴线 | 自动标注"命令，程序自动标注轴线。

步骤 4　执行"基础详图 | 绘图参数"命令，在随后弹出的"绘图参数"对话框中，设置参数，最后单击"确定"按钮即可，如图 11-117 所示。

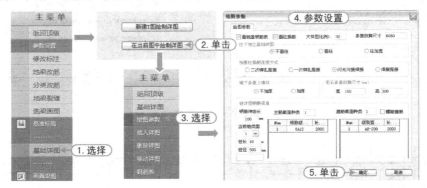

图 11-117　执行"绘图参数"命令

步骤 5　执行"基础详图 | 插入详图"命令，选择详图编号在屏幕空白位置插入即可。

步骤 6　执行"基础详图 | 钢筋表"命令，在屏幕空白位置插入即可。

步骤 7　在下拉菜单中执行"标注构件 | 插入图框"命令，插入程序指定的图框。

步骤 8　在下拉菜单中执行"标注构件 | 修改图签"命令，编辑插入的图框中的图签。

步骤 9　单击"保存"按钮🖫后执行"退出"命令，完成基础施工图，如图 11-118、图 11-119、图 11-120 所示。

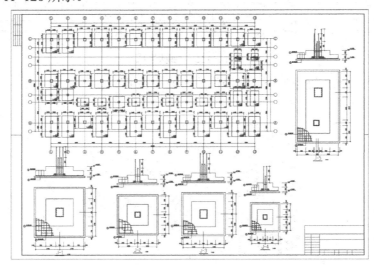

图 11-118　基础施工图 1

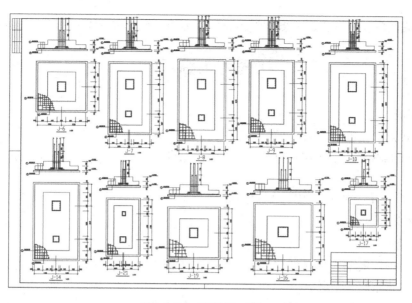

图 11-119 基础施工图 2

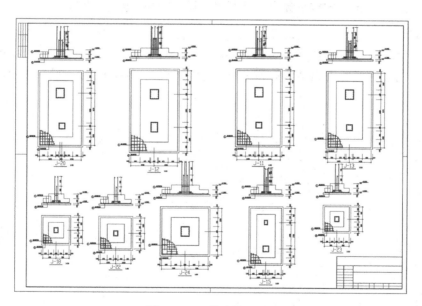

图 11-120 基础施工图 3

本 章 小 结

同一建筑施工图的结构设计可以用多种结构进行设计，只是根据实际情况可以选取最合适的结构进行设计，但在条件不足或有硬性要求时，应按照要求设计结构，并调整结构布置以符合相应结构的设计规范。

厂房是大跨度建筑，本应作为钢结构进行结构设计，若是按照框架混凝土结构进行设计，柱、梁截面应相应增大、增多，按照建筑墙体的布置，布置梁、柱钢筋混凝土结构。

思考与练习

1．填空题

（1）门式钢架二维设计的主要操作顺序为：＿＿＿＿＿→＿＿＿＿＿→＿＿＿＿＿→＿＿＿＿＿。

（2）对于常规的门式钢架设计中，按照有无设置＿＿＿＿＿，将标准榀的设置可分为两种。

（3）门式钢架三维设计中，想要对某一已经设定的标准榀进行二维设计，可以执行＿＿＿＿＿命令进行操作。

2．思考题

（1）三维钢框架的设计和框架混凝土结构的设计步骤大致相同，在施工图出图上又有所不同，请简述此相同与不同。

（2）钢框架结构设计中，应控制的设计参数有哪些？若超限应怎样进行相应的修改？

（3）请概括：钢桁架结构设计中，截面优化设计的基本操作过程。

3．操作题

请自行将本书中之前所举的各类建筑的其他结构的设计，转换为钢结构的相应适合的结构体系，再进行设计，练习钢结构设计操作步骤和优化调试结构布置，绘制相应施工图。